普通高等院校计算机教育"十三五"规划教材
厦门理工学院教材建设基金资助项目

深度学习
技术与应用

主　编◎郑晓东
副主编◎朱　薇　严靖宇　肖伟东

中国铁道出版社有限公司
CHINA RAILWAY PUBLISHING HOUSE CO., LTD.

内容简介

本书分为"基础篇"与"应用篇"两部分,共16章。"基础篇"从人工智能背景、机器学习与深度学习的发展开始介绍,通俗易懂地讲解深度学习的相关术语与算法,详细介绍了多种操作系统中实验环境的安装部署。"应用篇"从简单的视觉入门基础MNIST手写数字识别、CIFAR-10照片图像物体识别等入手,到复杂的多层感知器预测泰坦尼克号上旅客的生存概率、自然语言处理与情感分析等,每章都围绕着实例详细讲解,加深对知识点的掌握。

本书是为"深度学习"课程编写的教材,适合作为高等院校相关专业的教材或教学参考书,也可作为机构培训的辅导书。

图书在版编目(CIP)数据

深度学习技术与应用/郑晓东主编. —北京:中国铁道出版社有限公司,2020.11(2024.11重印)
普通高等院校计算机教育"十三五"规划教材
ISBN 978-7-113-26579-3

Ⅰ.①深… Ⅱ.①郑… Ⅲ.①机器学习-高等学校-教材 Ⅳ.①TP181

中国版本图书馆CIP数据核字(2020)第177718号

书　　名:深度学习技术与应用	
作　　者:郑晓东	
策　　划:潘晨曦	编辑部电话:(010)51873135
责任编辑:汪 敏 包 宁	
封面设计:郑春鹏	
责任校对:张玉华	
责任印制:赵星辰	

出版发行:中国铁道出版社有限公司(100054,北京市西城区右安门西街8号)
网　　址:https://www.tdpress.com/51eds
印　　刷:河北宝昌佳彩印刷有限公司
版　　次:2020年11月第1版 2024年11月第3次印刷
开　　本:787 mm×1 092 mm 1/16 印张:17.25 字数:435千
书　　号:ISBN 978-7-113-26579-3
定　　价:48.00元

版权所有　侵权必究

凡购买铁道版图书,如有印制质量问题,请与本社教材图书营销部联系调换。电话:(010)63550836
打击盗版举报电话:(010)63549461

前　言

对于人工智能、机器学习、深度学习的初学者而言，相关的专业术语名词、数学公式、各类算法等比较难以理解。本书通过通俗易懂的生活实例介绍这些概念，从而帮助学习者快速掌握深度学习入门知识，并能将知识应用于实战中。

一、起源

本书受厦门理工学院资助，属厦门理工学院教材建设基金资助项目的校企共建教材，编写过程中结合双方特长，相互协作完成书中的各个章节与实验模型。本书首先介绍人工智能背景、机器学习的发展过程以及深度学习日益流行的关键因素。然后通俗易懂地介绍了机器学习中常见的相关术语、深度学习的专业名词，详细介绍了深度学习的实验环境以及在各种平台上的搭建方法。最后由浅入深、从零开始学习深度学习。

二、结构

本书共分16章，第1章综述了人工智能、机器学习、深度学习的发展背景；第2章介绍机器学习基础术语；第3章和第4章详细介绍了实验环境与神经网络基础入门；第5~16章分别介绍了多层感知机的搭建、手写字识别、图像识别、信息预测、自然语言处理、人脸识别、面部情绪识别与面部关键点检测的应用实例。

三、使用

本书在教学实践中建议学时为64学时，第1章绪论与第2章机器学习基础术语建议4学时，第3~13章以及第16章建议每章各4学时，第14章人脸检测器的使用和第15章基于深度学习的面部情绪识别算法建议12学时。

本书中涉及的所有实验模型都是基于 Python 3.6 语言与 jupyter notebook 开发环境开发的。

本书中所有函数集与数据集都可以从网盘中获取，并且提供了完整的开发环境与"应用篇"中的所有实例的 vmware 虚拟机（虚拟机用户：tunm，密码：123456），既便于教学，又便于自学。

下载地址：https://pan.baidu.com/s/1MPdfblb6L_UyqxQmZwl1og

提取码：snld

扫描直接获取

四、致谢

本书由郑晓东任主编,由朱薇、严靖宇、肖伟东任副主编。朱薇、严靖宇、肖伟东负责拟定编写大纲,组织协调并定稿;李燕婷、宁庆斌参与编写。在本书的编写过程中得到了厦门理工学院、厦门鑫微思科技有限公司的大力支持和帮助,同时也特别感谢学院领导与许多老师所提出的宝贵意见和建议,在此表示衷心的感谢。

由于编者水平有限,书中疏漏与不足之处在所难免,恳请读者批评指正。

编 者
2020 年 6 月

目　　录

第一部分　基　础　篇

第1章　绪论 2
   1.1　人工智能 3
   1.2　机器学习 4
   1.3　浅层学习和深度学习 5

第2章　机器学习基础术语 7
   2.1　机器学习相关术语 7
   2.2　学习模型评估 11
   2.3　深度学习基础知识 13
      2.3.1　线性回归 13
      2.3.2　神经元 17
      2.3.3　人工神经网络 19
      2.3.3　卷积神经网络 22
   小结 24

第3章　实验环境安装部署 25
   3.1　下载说明 25
   3.2　Anaconda 的安装 25
   3.3　PyCharm 的安装 35
   3.4　虚拟机部署安装 39
   小结 41

第4章　神经网络入门 42
   4.1　常见深度学习框架介绍 42
   4.2　TensorFlow Playground 43
   4.3　Keras 神经网络的核心组件 48
   4.4　TensorFlow 实现神经网络 54
   小结 59

第二部分 应 用 篇

第 5 章 牛刀小试——深度学习与计算机视觉入门基础 ... 61
5.1 创建环境和安装依赖 ... 61
5.1.1 创建虚拟环境 ... 61
5.1.2 安装依赖 ... 61
5.2 构建项目 ... 62
5.3 数据操作——Numpy ... 63
5.3.1 多维数组的创建 ... 63
5.3.2 多维数组的基本运算和操作方法 ... 64
5.3.3 多维数组索引 ... 66
5.4 线性回归 ... 67
5.4.1 线性回归基本问题 ... 67
5.4.2 线性回归从零开始实现 ... 67
5.4.3 损失函数 ... 70
小结 ... 72

第 6 章 初试 Keras 与多层感知机的搭建 ... 73
6.1 构建项目 ... 73
6.2 MNIST 数据集下载和预处理 ... 73
6.2.1 导入相关模块和下载数据 ... 73
6.2.2 数据预处理 ... 74
6.3 首次尝试搭建多层感知机进行训练 ... 77
6.3.1 搭建模型 ... 77
6.3.2 神经网络训练 ... 78
6.4 增加隐藏层改进模型 ... 81
6.4.1 建模型 ... 81
6.4.2 神经网络训练 ... 81
6.5 对训练结果进行评估 ... 83
6.5.1 使用测试集评估模型准确率 ... 83
6.5.2 使用模型将测试集进行预测 ... 84
6.5.3 建立误差矩阵 ... 85
小结 ... 86

第 7 章 搭建多层感知机识别手写字符集 ... 87
7.1 构建项目 ... 87
7.2 搭建带有隐藏层的多层感知机模型 ... 87
7.3 误差说明与过拟合问题 ... 90
7.3.1 训练误差与泛化误差 ... 90

7.3.2 过拟合问题 91
7.4 处理模型过拟合问题 91
　　7.4.1 增加隐藏层神经元查看过拟合情况 91
　　7.4.2 加入 Dropout 功能来处理过拟合问题 93
　　7.4.3 建立两个隐藏层的多层感知机模型 94
7.5 保存模型 96
　　7.5.1 将模型结构保存为 json 格式 96
　　7.5.2 保存模型权重 99
小结 99

第 8 章　初识卷积神经网络——Fashion MNIST 100

8.1 卷积神经网络简介 100
　　8.1.1 多层感知机和卷积神经网络 100
　　8.1.2 卷积神经网络 100
8.2 LeNet-5 网络模型 101
8.3 Fashion MNIST 102
　　8.3.1 服装分类的数据集 102
　　8.3.2 数据集的下载与使用 102
　　8.3.3 了解 Fashion MNIST 数据集 103
8.4 进行 Fashion MNIST 数据集识别 104
　　8.4.1 初始处理数据 104
　　8.4.2 搭建 LeNet-5 与训练模型 105
　　8.4.3 训练过程与评估模型 106
　　8.4.4 卷积输出可视化 107
8.5 改进 LeNet-5 实现 Fashion MNIST 数据集识别 109
　　8.5.1 初始处理数据 109
　　8.5.2 搭建模型与训练 110
　　8.5.3 训练过程与评估模型 112
　　8.5.4 测试集预测 113
　　8.5.5 保存模型与网络结构 115
8.6 使用自然测试集进行预测 115
　　8.6.1 图片预处理 115
　　8.6.2 预测结果 117
小结 117

第 9 章　CIFAR-10 图像识别 118

9.1 准备工作 118
9.2 CIFAR-10 数据集下载与分析 120
　　9.2.1 CIFAR-10 数据的下载 121
　　9.2.2 查看训练数据 122

9.3 处理数据集与训练模型 ... 122
9.3.1 处理数据集 ... 122
9.3.2 模型的搭建 ... 123
9.3.3 模型的训练 ... 125
9.3.4 测试训练结果 ... 126
9.4 提升模型的准确率 ... 130
小结 ... 132

第10章 图像分类——Kaggle 猫狗大战 ... 133
10.1 准备工作 ... 133
10.2 数据集的处理 ... 134
10.2.1 数据集下载与存放 ... 134
10.2.2 数据文件处理 ... 134
10.2.3 读取和预处理数据集 ... 138
10.3 构建神经网络模型 ... 138
10.3.1 搭建简单的模型进行训练与评估 ... 139
10.3.2 利用数据扩充解决过拟合问题 ... 141
小结 ... 146

第11章 多输出神经网络实现 CAPTCHA 验证码识别 ... 147
11.1 准备工作 ... 147
11.2 数据集的处理 ... 147
11.2.1 CAPTCHA 验证码 ... 148
11.2.2 构建 CAPTCHA 验证码生成器 ... 148
11.3 深度神经网络模型 ... 153
11.3.1 搭建深度卷积神经网络模型 ... 153
11.3.2 训练模型 ... 157
11.4 模型评估与预测 ... 160
11.4.1 评估模型准确率 ... 160
11.4.2 生成数据集预测 ... 162
小结 ... 163

第12章 Keras 搭建模型预测泰坦尼克号游客信息 ... 164
12.1 项目构建 ... 164
12.2 数据预处理 ... 165
12.2.1 使用 DataFrame 分析数据和数据预处理 ... 165
12.2.2 使用 Numpy 进行数据预处理 ... 171
12.3 采用多层感知机模型进行预测 ... 173
12.3.1 模型建立 ... 173
12.3.2 开始训练 ... 175

12.3.3 模型评估 176
12.3.4 构建自由数据进行预测 176
小结 177

第13章 自然语言处理—IMDb 网络电影数据集分析 178

13.1 IMDb 数据库 178
13.2 Keras 自然语言处理 179
13.2.1 建立 Token 179
13.2.2 转换 179
13.2.3 截长补短 179
13.2.4 数字列表转成向量列表 180
13.3 构建项目 180
13.3.1 创建项目文件 180
13.3.2 下载 IMDb 数据集 180
13.4 IMDb 数据集预处理 181
13.4.1 读取数据 181
13.4.2 建立 Token 181
13.4.3 格式化数据操作 183
13.5 建立模型 184
13.5.1 建立多层感知机进行预测 184
13.5.2 尝试加大文字处理的规模 188
13.5.3 使用循环神经网络模型进行模型建立和预测 ... 192
13.5.4 使用 LSTM 方法进行模型建立和预测 196
13.6 随机预测影评 199
小结 201

第14章 人脸检测器的使用 202

14.1 准备工作 202
14.2 测试数据集 203
14.2.1 数据下载与安放 203
14.2.2 数据的读取和可视化 203
14.3 使用 haar 分类器进行人脸检测 206
14.3.1 安放 Haar 模型文件 206
14.3.2 使用 haarcascade 进行人脸检测实验 207
14.3.3 多张人脸检测实验 209
14.3.4 使用 haarcascades 存在的问题和局限性 ... 215
14.4 使用 MTCNN 进行人脸检测 218
14.4.1 MTCNN 简单介绍 218
14.4.2 MTCNN 人脸检测器下载与安装 218
14.4.3 使用 MTCNN 人脸检测器进行实验 219

- 14.4.4 多张人脸进行预测 ... 220
- 14.4.5 复杂场景检测 ... 222
- 14.4.6 昏暗场景检测 ... 223
- 14.4.7 大型合照测试 ... 224
- 14.4.8 损坏或遮挡的图像检测 ... 225
- 14.4.9 对person1000进行随机检测 ... 226
- 小结 ... 227

第15章 基于深度学习的面部情绪识别算法 ... 228
- 15.1 准备工作 ... 228
- 15.2 Fer2013人脸表情数据处理 ... 228
  - 15.2.1 数据集拆解与划分 ... 229
  - 15.2.2 将数据转换为图片和标签形式 ... 230
- 15.3 情绪分类器训练 ... 232
- 15.4 使用MTCNN人脸检测模块 ... 237
  - 15.4.1 预测模型 ... 239
  - 15.4.2 测试模型 ... 242
- 小结 ... 243

第16章 人脸面部关键点检测 ... 244
- 16.1 准备工作 ... 244
- 16.2 数据集预处理 ... 245
  - 16.2.1 对数据集进行预处理 ... 245
  - 16.2.2 分析数据集 ... 246
- 16.3 搭建简单的神经网络进行预测 ... 249
  - 16.3.1 搭建模型 ... 249
  - 16.3.2 训练模型 ... 250
  - 16.3.3 测试模型 ... 251
  - 16.3.4 保存模型 ... 252
- 16.4 搭建更加精确的卷积神经网络模型进行预测 ... 252
  - 16.4.1 定义数据扩充方法 ... 252
  - 16.4.2 建立模型 ... 253
  - 16.4.3 开始训练 ... 256
  - 16.4.4 训练过程评估 ... 256
  - 16.4.5 对模型进行预测 ... 257
- 16.5 自定义测试集预测 ... 260
- 16.6 搭配人脸检测器使用模型 ... 263
- 小结 ... 265

参考文献 ... 266

第一部分

基础篇

第 1 章 绪 论

本章内容
- 人工智能的背景
- 机器学习的发展
- 深度学习的发展

人工智能被认为是 21 世纪三大尖端技术（基因工程、纳米科学、人工智能）之一。人工智能从无到有已超过了半世纪，近几年在深度学习全面爆发下推动人工智能走向一个更为兴盛的阶段：Google AI 团队发布 BERT 模型；全球首个 AI 合成主播上岗；波士顿"网红"机器人、谷歌 Duplex 代替人类自动接打电话；"国家人工智能基础资源公共服务平台"发布；国内首个 AI 辅诊开放平台；"AI + AR"开启全面商业化；京东重型无人机正式投入使用，持续押注智慧物流等。在这个科技日新月异与 5G 高速网络的时代中，人工智能已经来到了人们身边。经历了漫长的沉淀期之后，人工智能的应用从语音识别发展到人形机器人，正在慢慢走向成熟化、体系化。

当然，在人工智能崛起之后，人类也面临着下一个问题：人工智能是否会颠覆人类文明。目前来看，这仍是个未解的命题。霍金说过："我们已经拥有原始形式的人工智能，而且已经证明非常有用。但我认为人工智能的完全发展会导致人类的终结。"对于未来或当前的机器学习从业者来说，我们的未来充满风险，人类应该学会如何避免风险，而且你可以在其中发挥积极的作用，正如智能机器人的发明者罗洛·卡彭特所言："我相信我们还将继续在相当长的时间内掌控科技和它的潜力，并解决世界上的许多问题。"

本章将介绍关于人工智能、机器学习以及深度学习的必要背景。

讲到人工智能时，需要搞清楚人工智能、机器学习与深度学习这三者之间的关系。如果用人工智能比喻人类大脑，那么机器学习就是人类去掌握认知能力的过程，而深度学习是这个过程中很有效率的一种教学体系。如图 1.1 所示，人工智能是一个综合性的领域，不仅包括机器学习、浅层学习、深度学习，还包括更多不涉及学习的方法。

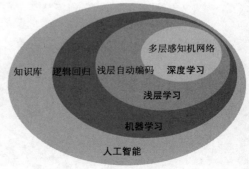

图 1.1 人工智能所包含的内容

1.1 人工智能

人工智能的起源,公认是 1956 年的达特茅斯会议。这年夏季,达特茅斯学院数学助理教授麦卡锡(McCarthy)、时任哈佛大学数学与神经学初级研究员马文·明斯基(Marvin Minsky)、IBM 信息研究经理罗切斯特(Rochester)、信息论的创始人克劳德·香农(Claude Shannon)等一批有远见卓识的年轻人聚集在一起,围绕着"自动计算机""如何为计算机编程使其能够使用语言""神经网络""计算规模理论"等一系列对于当时的世人而言完全陌生的话题,共同进行了探讨和研究,并首次提出了"人工智能"这一术语,这标志着"人工智能"作为一门新兴学科正式诞生。

人工智能是计算机科学的一个分支,是一门基于计算机科学、生物学、心理学、神经科学、数学和哲学等学科的科学和技术。人工智能可以简洁地定义为:努力将通常由人类完成的智力任务自动化。目前,人工智能主要有符号主义、连接主义、行为主义这三大学派。

(1)符号主义(symbolism),又称为逻辑主义、心理学派或计算机学派,其原理主要为物理符号系统(即符号操作系统)假设和有限合理性原理。

(2)连接主义(connectionism),又称仿生学派或生理学派,其主要原理为神经网络及神经网络间的连接机制与学习算法。

(3)行为主义(actionism),又称进化主义或控制论学派,其原理为控制论及感知-动作型控制系统。

人工智能的发展有如人类各个时代的崛起与兴衰一般走过了曲折的 60 年历程,如图 1.2 所示。

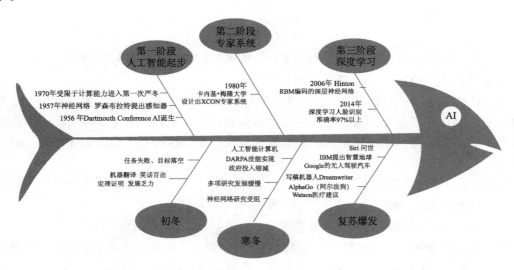

图 1.2 人工智能发展历程

人工智能发展道路虽然起伏曲折,但成就可谓硕果累累。无论是基础理论创新、关键技术突破,还是规模产业应用,都是精彩纷呈,使我们每一天都享受着这门学科带来的便利。

1.2 机器学习

从 20 世纪 70 年代中期开始,大量专家系统出现,在很多应用领域取得了大量成果。但是,人们逐渐认识到,专家系统面临着"知识工程瓶颈"问题。于是,专家学者们就想到了让机器能够自己学习知识。

人工智能先驱阿兰·图灵在其 1950 年发表的具有里程碑意义的论文"计算机器和智能"中介绍了图灵测试以及日后人工智能所包含的重要概念。机器学习的概念就来自于图灵这个问题:通过计算机是否能够学习与创新?他得出的结论是"能"。

机器学习是一种新的编程范式,在经典符号主义人工智能的范式中,人们输入的是程序规则和需要根据这些程序规则加工处理的数据,系统输出的是答案。而机器学习则输入的是数据和从这些数据中预期得到的答案,系统输出的是规则。这些规则随后可应用于新的数据,并使计算机自主生成答案。

通过图 1.3 可以看到机器学习输出的是规则,而不是答案。它会在这些数据与答案中找到统计结构,从而最终找到规则将任务自动化。

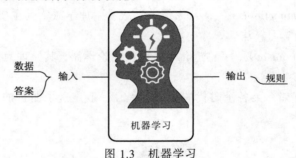

图 1.3 机器学习

机器学习算法可以根据再训练过程中受到的监督类型和程度进行划分,类型包括:监督学习、半监督学习、无监督学习、强化学习。

什么是监督学习?例如把书给学生进行分类训练,并且把哪本书属于哪些类别的分类结果也给了学生做标准参考。这时监督学习训练集包含了样本的输出(哪本书属于哪些类别的分类),利用已知类别的样本调整分类器的参数,使其达到所要求性能的过程,称为监督学习。

监督学习问题可以分为两类:

(1)分类问题:预测的输出变量属于一系列类别。

(2)回归问题:预测的输出变量是实数。

什么是无监督学习?例如把书给学生进行分类训练,不给哪本书属于哪些类别的分类参考,学生只能自己分析哪些书的类型比较接近,根据相同与相似点列出清单,说明哪些书比较可能是同一类别的。无监督学习只给出训练数据,不给结果(标签),因此无法准确地知道哪些数据具有哪些标签,只能通过分析数据的特征得到一定的成果,通常是得到一些集合,集合内的数据在某些特征上相同或相似。

无监督学习问题可以分为三类:

（1）关联：发现各种现象同时出现的概率。

（2）聚类：把样本分堆，使同一堆中的样本之间很相似，而不同堆之间的样本就有些差别。

（3）降维：降维意味着减少数据集中变量的个数，但是仍然保留重要的信息。

什么是半监督学习？例如，给学生很多未分类的书本与少量的样本，这些样本上说明哪些书属于同一类别。对于半监督学习，其训练数据的一部分是有标签的，另一部分没有标签，而没标签数据的数量常常远远大于有标签数据的数量。通过一些有标签数据的局部特征，以及更多没标签数据的整体分布，就可以得到可接受甚至是非常好的分类结果。

什么是强化学习？例如，你在训练一只小狗，每次小狗做了一些你满意的动作，你就会夸奖它并给它一些奖励。每次小狗做了一些咬沙发、翻垃圾桶等坏的事情你就会批评惩罚它，渐渐的，小狗学会了做正确的事情来获取奖励。强化学习就是一种让行动主体通过学习那些能够最大化奖励的行为是什么，然后根据当前状态来决定最优的下一步行动的机器学习算法。

强化学习通常通过试错的方式来学习最佳的行动。这些算法通常用在机器人学中。机器人可以通过在撞到障碍物后接收到的负反馈来学习如何避免碰撞。在视频游戏中，试错能帮助算法发现那些给予玩家奖励的特定动作。行动主体就能用这些正向奖励来理解什么是游戏中的最佳情形，并选择下一步行动。

1.3 浅层学习和深度学习

浅层学习（shallow learning）是机器学习的第一次浪潮。20 世纪 80 年代末期，用于人工神经网络的反向传播算法（又称 back propagation 算法或者 BP 算法）的发明，给机器学习带来了希望，掀起了基于统计模型的机器学习热潮。贝尔实验室于 1989 年第一次成功实现了神经网络的实践应用，当时 Yann LeCun 将卷积神经网络的早期思想与反向传播算法相结合，并将其应用于手写数字分类问题，由此得到名为 LeNet 的网络，在 20 世纪 90 年代被美国邮政署采用，用于自动读取信封上的邮政编码。

利用 BP 算法可以让人工神经网络模型从大量训练样本中学习统计规律，从而对未知事件做预测这种方法对基于人工规则的系统来说，在很多方面显出优越性。称这个时期的人工神经网络为多层感知机（multi-layer perception），由于多层感知机实际只含有一层隐层节点的浅层模型，故称其为浅层学习。

20 世纪 90 年代，各种各样的浅层学习模型相继被提出并获得巨大的成功。但是由于理论分析的难度大，训练方法又需要很多经验和技巧，浅层学习人工神经网络很快就被人们抛诸脑后了。

深度学习（deep learning）是机器学习的第二次浪潮。2006 年，加拿大多伦多大学教授、机器学习领域的泰斗 Geoffrey Hinton 和他的学生 Ruslan Salakhutdinov 在《科学》上发表了一篇文章，开启了深度学习在学术界和工业界的浪潮。这篇文章有两个主要观点：

（1）多隐层的人工神经网络具有优异的特征学习能力，学习得到的特征对数据有更本质的刻画，从而有利于可视化或分类。

（2）深度神经网络在训练上的难度，可以通过"逐层初始化"来有效克服。

在这篇文章中，逐层初始化是通过无监督学习实现的。由于浅层结构算法的局限性在于有限样本和计算单元情况下对复杂函数的表示能力有限，针对复杂分类问题其泛化能力受到一定制约。随着云计算、大数据、5G 时代的到来，计算能力的大幅度提高可缓解训练低效性，训练数据增加降低过拟合风险，深度学习这种复杂模型开始受到人们的关注。

深度学习的实质就是很深层的神经网络，在机器学习方法里，有一类算法称为人工神经网络（artificial neural network，ANN），简称神经网络（NN），是一种模仿生物神经网络（动物的中枢神经系统，特别是大脑）结构和功能的计算模型。经典的神经网络结构包含三个层次的神经网络，如图 1.4 所示，分别为输入层、输出层及隐藏层。

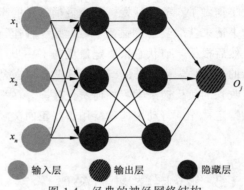

图 1.4　经典的神经网络结构

左边输入层负责接收输入数据；最右边为输出层，可以从输出层获取神经网络输出数据。输入层和输出层之间的层称为隐藏层。通过神经网络模型构建（大于 2）多隐藏层的神经网络来实现机器学习模型和海量的训练数据，从而最终提升分类或预测的准确性，称为深度神经网络。

深度机器学习方法也有监督学习与无监督学习之分。不同的学习框架下建立的学习模型不同。例如，CNN、fast-RCNN、faster-RCNN 就是一种深度的监督学习下的机器学习模型，而深度置信神经网络（DBN-DNN）就是一种无监督学习下的机器学习模型。

随着深度学习于 2012 年在计算机视觉领域成为新的最优算法，并最终在所有感知任务上都成为最优算法。2013 年，百度搜索成功上线基于海量用户反馈数据的 SimNet-BOW 语义匹配模型，实现了文本语义匹配特征的自动化提取，这也是深度学习技术首次成功应用于工业级搜索引擎中；Facebook 团队在 2014 年首次公布了 DeepFace 研究，通过神经网络将人脸识别正确率提升到 97.35%。这是一项重大突破，准确率比之前提高了 27%。这些逐步升温的业界投资热潮，远远超出了人工智能历史上曾经出现过的任何投资。

2016 年被称为人工智能的元年。在这一年里，不仅有 AlphaGo 与李世石的围棋对决事件，还涌现出很多基于机器和深度学习的产品和解决方案。机器学习，特别是深度学习，已成为这些科技巨头产品战略的核心。如果说人工智能是目的，是结果，那么深度学习、机器学习是方法，是工具。正如马克·库班说过："人工智能、深度学习、机器学习——不管你在从事什么工作，都需要了解这些概念。否则的话，三年之内你就会变成一只恐龙。"

第 2 章 机器学习基础术语

本章内容

- 机器学习的相关术语
- 机器学习的评估方法
- 深度学习的基础知识

对于人工智能、机器学习、深度学习的初学者而言，相关的专业术语名词比较难以理解。本章中将用不那么学术化的文字以及通俗易懂的生活实例来介绍这些概念。

在日常生活中有很多基于经验做出的预判，例如：蚂蚁搬家、燕子低飞，人们会预判要下雨了；朝霞不出门，晚霞行千里；等等。准备考研的同学都知道，如果细心对比一下历年的专业课考题，就会发现其知识点重复性很强，虽然题量和题型可能会有一些改动，但是每年考试的命题方向基本上不会有太大的变化，根据这些历年试卷"经验"或者"数据"来预判今年考试的重点。

好的预判是取胜的法宝。在羽毛球运动中，要想获得更多的主动权，就得比对手快一点，要想比对手快一点，除了步法移动需简练外，最重要的就是经验预判。机器学习正是这样一门学科，利用"经验数据"来改善系统自身的性能，机器学习的主要内容就是从数据中产生学习算法，通过这种学习算法（扣杀：双脚微屈，脚尖蹬地起跳；击打远球：侧身、扭腰、挥拍、抡臂、闪腕等）把经验数据提供给机器去学习，它就能根据这些数据产生模型。在面对对手跳起扣杀时，模型会给我们提供相应的判断（扣杀、假动作）。

2.1 机器学习相关术语

在机器学习中数据是产生学习算法的关键，要进行机器学习首先要有数据。如表 2.1 所示，假定收集了医学上按痰状、发热、体状、面色等咳嗽状态来辨证病情。

表 2.1 咳嗽病状表

病 情	痰 状	热 状	体 状	面 状
肺寒咳痰	痰色白清稀	微热	咳嗽胸痛	面色青白
肺热咳痰	痰色黄黏稠	中热	胸痛喘促	面红目赤
风邪犯肺	痰液白清稀	中热	头身痛	面色青白

续表

病情	痰状	热状	体状	面状
阴虚肺燥	痰带血黏稠	中热	胸痛	两颧红赤
湿邪犯肺	痰液白清稀	正常	眩晕嗜卧	—
湿热蕴肺	痰带血黏稠	高热	胸闷疼痛	面红目赤

在这组数据中，将肺寒、肺热、风邪犯肺、阴虚肺燥等病情以及其各种状况的总和称为"数据集"（data set）。表格中的每一行，也就是某咳嗽和其情况称为一个"示例"（instance）或"样本"（sample）。表格中的每一列（不包括病状），例如痰状、热状、体状、面状称为"属性"（attribute）或"特征"（feature）；而每一列中的具体数值，例如微热、高热等称为"属性值"（attribute value）。数据中也可能会有缺失数据（missing data），如湿邪犯肺病情的面状没有描述，将它视作缺失数据。

如果想诊断病人的病情，例如是伤风感冒还是流行性感冒，这些数据是不够的，除了咳嗽状态以外，还需要每个病人的具体病理。在机器学习中，它会被称为"标签"（label），用于标记数据。值得注意的是，数据集中不一定包含标签信息，而这种区别会引起方法上的差别。可以给上述示例加上一组标签，如表2.2所示。

表2.2 病情确诊表

病状	病因
肺寒咳痰	伤风感冒
肺热咳痰	流行性感冒

通过上述咳状辨证病情的例子，搞清楚了属性是反应某方面的表现或性质；属性值是某一方面上的取值。"属性空间"（attribute space）或"样本空间"（sample space）则是将数据集映射到一个更高维的空间，属性空间中的属性是对原始数据更高维的抽象。例如屏幕上每个像素点都是由红（R）、绿（G）、蓝（B）三种颜色属性组成，把这三个属性作为三个坐标轴，每一种颜色都可以在该属性空间中找到相应的坐标，每种颜色在属性空间中对应一个坐标向量，称为"特征向量"（feature vector）。

机器学习就是从数据中学得模型，这个过程称为"学习"（learning）或"训练"（training），用来进行机器学习的一个数据集往往会被分为两个数据集："训练数据"（training data）和"测试数据"（testing data）。顾名思义，训练数据在机器学习的过程中使用，目的是找出一套机器学习的方法；而测试数据用于判断找出的方法是否足够有效。如果在训练的过程中需要确定方法的准确度，有时会将训练数据分成"训练集"（training set）和"验证集"（validation set），"验证集"与"测试数据"不同的地方在于，验证集用于调优模型，而测试数据用于验证模型。

学习小结

数据集（data set）：数据集合或资料集合，是一种由数据所组成的集合。

样本（sample）/示例（instance）：研究中实际观测或调查的一部分个体。

特征（feature）/属性（attribute）：根据数据所共有的特性抽象出某一概念，即特征。

属性空间（attribute space）/样本空间（sample space）：为了研究试验，首先需要知道这个试验可能出现的结果。这些结果称为样本，样本全体构成样本空间。

第 2 章 机器学习基础术语

> 特征向量（feature vector）：将数据集映射到一个更高维的空间，属性空间中的属性是对原始数据更高维的抽象，而这组高维的抽象变换通常可以由其特征向量完全描述。
> 学习（learning）/训练（training）：从数据中学得模型的过程。
> 训练数据（training data）/训练集（training set）：机器学习在训练模型中使用的数据。
> 测试数据（testing data）/验证集（validation set）：测试数据用于判断学得模型是否足够有效。

在第 1 章中介绍了机器学习算法可以根据再训练过程中数据有无标签进行划分，类型包括：监督学习、半监督学习、无监督学习、强化学习。

监督学习是学习给定标签的数据集，比如说有一组病人，给出他们的详细资料，将他们是否已确诊伤风感冒作为标签，然后预测一名病人是否患有伤风感冒，就是一种典型的监督学习。监督学习中也有不同的分类，如果训练的结果为"是伤风感冒/不是伤风感冒"之类离散的类型，则称为"分类"（classification），如果类别只有两种则称为"二分类"（binary classification），通常称其中一个类为"正类"（positive class），另一个类为"反类"（negative class）；如果类别大于两种以上则称为"多分类"（multi-class classification）；如果训练结果是得伤风感冒的概率为 0.77、0.36、0.91 之类连续的数字，则称为"回归"（regression）。

无监督学习是学习没有给定标签的数据集，比如有一组病人到医院看病，护士会根据病人的体温、疼痛等级等信息自己分析那些状况类型比较接近的，根据相同与相似点列出分组清单，说明哪些病人比较可能是同一类别的，这个过程称为"聚类"（clustering）。将训练集中的样本分成若干组，每组称为一个"簇"（cluster），学习过程中的训练样本不拥有标记信息。聚类问题的标准一般基于距离：簇内距离（intra-cluster distance）和簇间距离（inter-cluster distance）。簇内距离是越小越好，簇内的元素越相似越好；而簇间距离越大越好，簇间（不同簇）元素越不相同越好。根据簇划分能力适用于没有在训练集中出现的样本，学习模型适用于新样本的能力称为"泛化能力"（generalization ability）。

护士根据病人的实际情况进行分组，分组的误差越低，病人诊断的效率自然就越高，把预测输出与样本的真实输出之间的差异称为"误差"（error）。护士根据平时经验进行判断分组时产生的误差称为"经验误差"（empirical error）或在训练集上的误差称为"训练误差"（training error），在新样本上的误差称为"泛化误差"（generalization error）。

显然，希望得到泛化误差小的算法。然而，事先并不知道新样本是什么样，实际能做的是努力使误差最小化。在努力实现误差最小化的过程中，一定会导致泛化性能出现精度过高与过低的现象，在机器学习中称为"过拟合"（overfitting），与"过拟合"相对的是"欠拟合"（underfitting）。拟合实际上是一组观测结果的数据统计与相应数值组的吻合度，下面通过柠檬识别例子详细说明"过拟合"与"欠拟合"带来的结果。首先收集柠檬的相关训练样本，特征相貌：果椭圆形或卵形、两端狭窄、顶部通常较狭长并有乳头状突出、颜色为黄色或黄绿色等，如图 2.1 所示。

图 2.1　柠檬训练样本

根据柠檬训练样本来判断新图片,进一步理解过拟合与欠拟合,如图 2.2 所示,过拟合在新样本中误以为青色圆形的柠檬没有两端狭窄、顶部没有乳头状突出的特征就不是柠檬。欠拟合在新样本中根据颜色特征黄色,误以为黄色的都是柠檬,将橙子识别为柠檬。通过这个例子可以发现,在训练样本中表现得过于优越,导致学习能力过于强大,以至于把训练样本所包含的不太一般的特

（a）过拟合　　　　（b）欠拟合

图 2.2　过拟合与欠拟合比较

征都学到了,导致了过拟合现象的出现;而欠拟合则通常是由于学习能力低下而造成。欠拟合比较容易克服,比如在模型中增加特征点、在机器学习中增加训练轮数等,而过拟合是机器学习的关键障碍,是各类学习算法都无法彻底避免的现象,只能减少过拟合的情况出现。

在机器学习中,希望输出的预测结果尽可能地接近实际值。在图 2.2 中,假定实现的函数依次为 $f_1(y)$、$f_2(y)$,根据给定的 y,这两个函数输出预测值 $\hat{y}$ 与真实值 Y 的异同情况用一个函数来度量拟合的程度,这个函数称为损失函数（loss function）或广义上的代价（成本）函数（cost function）。在损失函数中其损失值越小,就代表模型拟合得越好,上面说到模型拟合度太好了就会出现过拟合现象。而目标函数（object function）是一个与损失函数和代价函数相关但更广的概念,它是在一定的规则限制下的最小值,目标函数等于代价函数+正则化,正则化的目的是防止过拟合。

在一组病人中,护士发现有些病人有恶心、呕吐、腹泻、疼痛等并发症状,就把这些人归到消化内科检查,这个过程称为"关联"（associated）。通常情况下恶心必然就会有呕吐现象,呕吐常常伴随着腹泻等,关联的目的在于在一个数据集中找出项之间的关系。"频繁项集"（frequent item sets）就是经常出现在一起的症状的集合,而"关联规则"（association rules）则暗示两种症状之间可能存在很强的关系。

在这组病人中有一些人的症状各有不同,但都是体温高。护士很难进行判断,只能通过量体温进行归类,这个过程称为"降维"（dimension reduction）。降维意味着减少数据集中特征个数,但是仍然保留重要的信息。

学习小结

训练误差（training error）/经验误差（empirical error）：在训练数据集上表现出的误差称为训练误差/经验误差。

泛化能力（generalization ability）：学习模型适用于新样本的能力。

泛化误差（generalization error）：在新样本上表现出的误差。

过拟合（overfitting）/欠拟合（underfitting）：模型参数过度复杂导致对新样本的泛化性能下降称为过拟合,与之相反的则称为欠拟合。

分类（classification）：是指按照种类、属性特征或性质分别归类。

关联（associated）：事物相互之间发生牵连和影响关系。

关联规则（association rules）：反映一个事物与其他事物之间的相互依存性和关联性。

> 损失函数（loss function）：包括 0-1 损失函数、平方损失函数、绝对值损失函数、对数损失函数、指数损失函数。
>
> 降维（dimension reduction）：减少数据集中的特征数。

2.2　学习模型评估

　　医学是一门实践科学，也是一门探索性学科。因此，出现误诊是无法避免的，有些白血病病人早期也是表现为发热、咽喉痛、乏力，很像伤风感冒，而且反复发作，很容易被误诊为伤风感冒。被误诊的人数占看病总人数的比例称为"错误率"（error rate），称"1-错误率"为"精度"（accuracy）。

　　因此，为了提高医生临床诊断"精度"，降低"错误率"，医学院的学生必须经过长时间的学习，通过案例教学也就是机器学习里的"训练数据"和"测试数据"培养学生的诊断"泛化误差"能力。例如：医学院的学生在校学习了 100 个案例，学生完全掌握了这些案例就能够反映他们已经能够胜任临床诊断的工作了吗？答案是否定的，学生仅仅只是掌握了这 100 个案例，如果碰到这 100 个案例以外的情况就有可能出现误诊。

　　在机器学习模型上我们希望得到泛化性能强的模型，好比是希望学生对临床案例学得很好、对所学案例能够有更好的"泛化"能力。所有医学院的学生必须经过 3~5 年的临床诊断实习、各个科室实习等，培养学生的临床诊断能力，使他们在今后的实际工作中降低错误率。

　　机器学习的目的也是同样的道理，通过已知结果的样本进行训练使模型拥有在未知数据上进行预测获得尽可能高的准确率的能力，而过拟合则是核心难点。通过在已知结果的样本中进行学习后，需要让模型去正确掌握未知样本的结果，对模型的泛化能力有着极大的考验。所以能够可靠地衡量模型的泛化能力非常重要。在上一节中已经介绍过造成欠拟合与过拟合的主要原因。本节重点介绍机器学习评估模型。

　　在选择评估模型时，首先将数据划分为三个集合：训练集、验证集和测试集。在训练数据上训练模型，在验证数据上评估模型。一旦找到了最佳参数，就在测试数据上进行测试。下面介绍三种经典的机器学习评估方法：简单的留出验证法、交叉验证法、自助验证法。

　　（1）"留出验证法"（hold out），就是在数据集中将按一定比例的数据作为训练模型数据集，剩下的数据集作为测试集，通过测试集来验证训练模型结果。例如，在 100 个样本中采用留出验证法进行验证，示意图如图 2.3 所示。留出 30% 的数据作为测试集，在剩余 70% 数据上训练模型，然后在测试集上评估模型的误差作为对泛化误差的估计。需要注意的是，训练集与测试集的划分要尽可能保持数据分布的一致性，避免因数据划分过程引入额外的偏

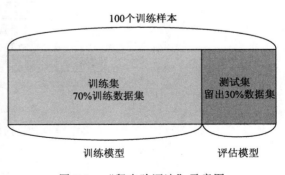

图 2.3　"留出验证法"示意图

差而对最终结果产生影响。

（2）"交叉验证法"（cross validation）又称"K 折验证"（K-fold validation），示意图如图 2.4 所示，先将数据划分为大小相同的 K 个分区。对于每个分区，在剩余的 K-1 个分区上训练模型，然后在测试分区上评估模型。最终求出 K 个测试结果的平均值。对于不同训练集与测试集的划分，如果模型性能的变化很大，那么这种方法很有用。与留出验证法一样，这种方法也需要独立的验证集进行模型校正。

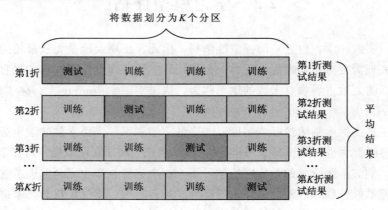

图 2.4 "交叉验证法"示意图

（3）"自助验证法"（bootstrapping）是一种从给定训练集中有放回的随机抽样，也就是说，每当选中一个样本，有可能再次选中已经选择过的样本并被再次添加到训练集中。例如给定包含 N 个样本的数据集 D，对它进行采样产生数据集 d。采样过程如图 2.5 所示：每次随机从 D 中挑选一个样本，将其副本放入 d 中，再将样本放回数据集 D 中，让这个样本在下次随机选取样本时仍有可能被选中。经过 N 次随机选取 N 个样本时，仍然约有 36.8%概率的样本未出现在数据集 d 中，于是将 d 作为训练集，D 作为测试集。

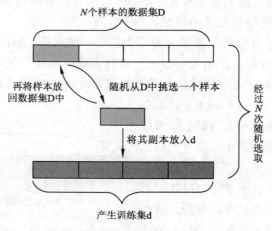

图 2.5 "自助验证法"示意图

> **学习小结**
>
> 留出验证法（hold out）：留出一定比例的数据作为测试集。留出验证法是一种简单易用的评估方法。缺点：在原始数据较少的情况下，验证集和测试集包含的样本很少，无法代表数据，如果在数据划分为三个集合之前，将数据进行随机打乱，存在着最终得到的模型性能差别很大的问题。
>
> 交叉验证法（cross validation）：交叉验证法又称 K 折验证，顾名思义将数据划分为大小相同的 K 个分区，在 K 次运算中选择不同的分区作为测试集。交叉验证法的缺点：在原始数据比较大时，训练计算开销较大。
>
> 自助验证法（bootstrapping）：从给定训练集中有放回的随机抽样，在数据集较小、难以有效划分训练集与测试集时经常使用自助验证法，自助验证法可以减少训练样本规模不同造成的影响，同时还能比较高效地进行实验估计。缺点：由于自助验证法产生的数据集改变了原始数据集的分布，这会产生估计偏差，不适合原始数据比较大的场合。在原始数据足够时，留出验证法和交叉验证法更常用。
>
> 评估模型的注意事项：
> （1）训练集和测试集都能够代表当前数据。
> （2）评估模型与预测时间有关时，应该确保测试集中所有数据的时间都晚于训练集数据，且划分数据前不应该随机打乱数据。
> （3）降低数据冗余，尽可能降低训练集和验证集之间的交集。

2.3 深度学习基础知识

深度学习是机器学习中一种基于对数据进行表征学习的方法，它的概念源于人工神经网络的研究，所以涉及的专业名词有神经元、多层感知机等。对于初次接触深度学习的人而言相关的计算公式及术语比较抽象，下面将用通俗易懂的方式推导相关计算公式并介绍深度学习相关基础知识。

2.3.1 线性回归

在学习深度学习基础知识之前，有必要了解线性回归模型，以便于后面理解神经网络中的激活函数、损失函数、反向传播等相关术语。

在统计学中，只包括一个自变量和一个因变量，且二者的关系可用一条直线近似表示，这种回归分析称为一元线性回归；如果回归分析中包括两个或两个以上的自变量，且自变量之间存在线性相关，则称为多重线性回归。

本节中只讨论一元线性回归，一元线性回归是分析只有一个自变量 X 和一个因变量 Y 的线性相关关系的方法。也就是说，对于自变量 X 的某个值 x_i，因变量 Y 对应的取值 y_i 不是唯一确定的，而是有很多的可能取值，它们分布在一条直线的上下，这是因为 Y 还受除自变量以外的其他因素的影响。这些因素的影响大小和方向都是不确定的，通常用一个随机变量（记

为 e）来表示，又称随机扰动项。e 是无法直接观测的随机变量，通常随机误差 e 的期望值为 0。在一元线性回归模型中还有 a 和 b 两个常数。其中，a 表示为总体回归直线在 Y 轴上的截距；b 表示为总体回归直线的斜率。根据理论回归模型式（2.1）将 Y 和 X 之间的依存关系可表示为一元线性回归方程式（2.2）。式（2.2）中 $\hat{y}$ 为 y 的估计值，也称 $\hat{y}$ 为 y 的拟合值或回归值。

$$y_i = a + bx_i + e_i \tag{2.1}$$

$$\hat{y}_i = a + bx_i \tag{2.2}$$

在统计学中根据散布点去拟合回归直线时采用误差（残差）平方最小化进行模型求解的方法称为最小二乘估计法，使得拟合回归直线上的 $\hat{y}$ 对应的实际观测值 y 之间的差为最小，而最优拟合线应该使各点到直线的距离的平方和（残差平方和 SSE）最小，即

$$Q = \sum_{i=1}^{n}(y_i - \hat{y}_i)^2 = \sum_{i=1}^{n}(y_i - a - bx_i)^2 \tag{2.3}$$

利用数学偏导数求极值的方法，通过对 Q 分别求 a 和 b 的偏导数

$$\frac{\partial Q}{\partial a} = -2\sum(y_i - a - bx_i) = 0 \tag{2.4}$$

$$\frac{\partial Q}{\partial b} = -2\sum(y_i - a - bx_i)x_i = 0$$

可得标准方程组，即式（2.5）

$$\sum y_i = na + b\sum x_i \tag{2.5}$$
$$\sum x_i y_i = a\sum x_i + b\sum x_i^2$$

根据公式进行求解，得到 a、b 的值，即

$$b = \frac{\sum x_i y_i - \frac{1}{n}(\sum x_i)(\sum y_i)}{\sum x_i^2 - \frac{1}{n}(\sum x_i)^2} \tag{2.6}$$

$$a = \frac{\sum y_i}{n} - b\frac{\sum x_i}{n}$$

根据式（2.6）推导得到的 a、b 值，代入式（2.2）计算出最佳情况的 $\hat{y}$ 值，分别求出 X、Y 的平均值：$\overline{X} = (\sum x_i)/n$、$\overline{Y} = (\sum y_i)/n$，可计算出回归平方和（sum of squares for regression，SSR）计算公式为

$$SSR = \sum_{i=1}^{n}(\hat{y}_i - \overline{y}_i)^2 \tag{2.7}$$

残差平方和（sum of squares for error，SSE）计算公式为

$$SSE = \sum_{i=1}^{n}(y_i - \hat{y}_i)^2 \tag{2.8}$$

根据回归平方和与残差平方和计算出总偏差平方和（sum of squares for total，SST）和均方误差（mean-square error，MSE）。

$$SST = SSR + SSE \tag{2.9}$$

$$MSE = \frac{SSE}{n} = \frac{1}{n}\sum_{i=1}^{n}(y_i - \hat{y}_i)^2 \tag{2.10}$$

均方根误差（root mean square error，RMSE）又称回归系统的拟合标准误差，是 MSE 的平方根，计算公式如下：

$$\text{RMSE} = \sqrt{\text{MSE}} = \sqrt{\frac{1}{n}\sum_{i=1}^{n}(y_i - \hat{y}_i)^2} \tag{2.11}$$

线性回归决定系数又称拟合优度 R^2，拟合优度表达式如下：

$$R^2 = \frac{\text{SSR}}{\text{SST}} \tag{2.12}$$

一般来说，拟合优度 $R^2 \geq 0.9$ 评估模型为优，$0.9 > R^2 \geq 0.8$ 评估模型为良好，$0.8 > R^2 \geq 0.6$ 评估模型为一般，$R^2 \leq 0.6$ 评估模型为差，拟合优度越大，自变量对因变量的解释程度越高。

下面通过蛋糕销售的例子对一元线性回归进一步加深理解。通常蛋糕中的材料投入越多，蛋糕就越好吃，销售额就会越高。所以，蛋糕的成本与销售额之间的关系是直接相关的关系。通过表 2.3 中生产总成本以及销售总金额等部分数据，创建一个线性回归模型，通过分析蛋糕的成本与价格数据的线性关系，来预测任意尺寸蛋糕的利润。

表 2.3 蛋糕销售毛利表

样本	尺寸/英寸	销售总数	生产总成本/万元	销售总金额/万元
1	4	1 100	1.5	3.3
2	5	652	2	4.5
3	6	562	2.5	5
4	7	918	4	9
5	8	921	5	11.8
6	9	561	6	10
7	10	1011	6	18
8	11	780	7	17
9	12	630	8	15
10	13	765	8	20.5
11	14	729	9	21
12	15	692	9	22
13	16	668	9.9	22.6
14	17	698	10	25
15	18	590	11	22.9
16	19	550	12	23
17	20	510	13	24
18	21	500	14	26
19	22	498	15	30.8
20	23	480	16	32

成本支出显然是影响销售额的一个重要因素，应该以表 2.3 中的生产总成本为自变量 X，以销售总金额为因变量 Y，表示在二维坐标内就能够得到一个散点图。图 2.6 所示为销售毛利散点图。当然蛋糕的销售额不仅受成本费用影响，同时还受许多其他因素影响，这些影响因素

存在不确定性,比如蛋糕的尺寸、口味等。

如果想进一步分析生产成本和销售金额的关系,就可以利用一元线性回归方程式(2.2)做出图2.7所示的拟合直线。

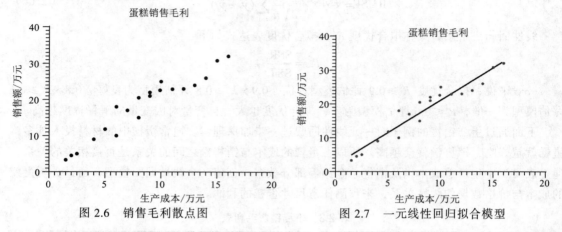

图2.6　销售毛利散点图　　　　　图2.7　一元线性回归拟合模型

图2.7中的这条拟合直线代表的并不是真实数据,是通过表2.3 中的样本数据(x, y)={(1.5,3.3),(2,4.5),(2.5,5),…,(16,32)}推算出来的,能粗略地表示毛利关系的一个线性方程。

将样本数据(x,y)代入式(2.3),采用最小二乘估计法的手段找出这个函数的最小值:$Q=(3.3-a-1.5b)^2+(3.3-a-1.5b)^2+(3.3-a-1.5b)^2+\cdots+(32-a-16b)^2$,通过标准方程组式(2.5)求解得到$a=2.061$,$b=1.907$。根据拟合优度$R^2$公式计算得到:$R^2$=SSR/SST=0.9216,因为拟合优度大于0.9,证明该评估模型为优。

由于拟合直线只是一个近似表达值,因此很多点都没有落在直线上,那么这条直线拟合程度到底怎么样呢?最理想的回归直线应该尽可能从整体来看最接近各个实际观察点,如图2.7所示,分别从散点图的各个数据标记点,做一条平行于y轴的平行线,相交于图中直线,即散点图中各点到回归直线的垂直距离,平行线的长度在统计学中称为"偏差"(bias)或在预测中称为"残差"。误差是指分析结果的运算值和实际值之间的差,残差大小可以衡量预测的准确性。平行线的距离越大,"偏差"值就越大,通俗地理解偏差越小拟合度就越高。

通过提升算法模型的复杂度,使用Sigmoidal算法拟合,图2.8可以明显看出点到模型的沿Y轴的垂直距离更小了,即拟合度更高了,可见当模型复杂度上升时,"偏差"减小了。图2.8所示为用95%的置信区间画出的偏差线。对样本的总体参数在一定概率下真值的取值范围(可靠范围)称为置信区间,其概率称为置信概率或置信度。简单地说,就是以测量值为中心,在一定范围内,真值出现在该范围内的概率。置信区间则是在某一置信度下,以测量值为中心,真值出现的范围。

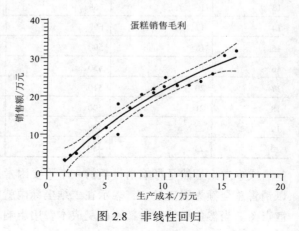

图2.8　非线性回归

2.3.2 神经元

人类神经系统最基本的结构和功能单位是神经细胞,即神经元,根据神经元的机能,可分为感知(传入)神经元、联络(中间)神经元、运动(传出)神经元。神经元接受来自体内外的刺激时,将神经冲动传输到其他神经元。如图 2.9 所示,当人们收到外部的感官刺激时,兴奋在相邻神经元之间传递,"树突"作为输入端接收传入的兴奋信息,"细胞体"处理收到的信息并将其转换成输出激活,从"轴突"将输出激活传送给"突触",突触小体释放"神经递质",神经递质经自由扩散到达突触后膜,作用于下一个神经元,引起神经元的兴奋或抑制。由于神经递质经过突触间隙时是一个扩散的过程,所以兴奋经过突触时的速度较慢。如果神经递质多,扩散的神经递质的量增加,释放的神经递质总体速度会加快,则会提高兴奋程度、传递兴奋的速度也会更快。从上述例子神经元处理流程归纳为:树突(输入)、轴突(传输)、突触(输出)。

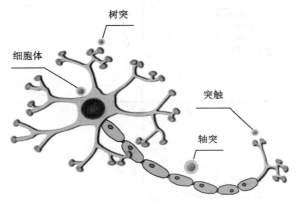

图 2.9　神经元

人工神经网络(artificial neural network,ANN)是一种模仿生物神经系统功能和结构的运算模型。从信息处理角度对神经网络进行抽象,建立某种模型。它由大量的神经元(节点)之间相互连接构成,每个神经元(节点)都有输入连接和输出连接,在神经网络中这些节点连接模拟了神经元"树突"与"突触"的行为,信息从一个神经元传递到另一个神经元,在传递过程中模拟了生物神经元之间传递的神经递质的量称为"权重"(weight),也就是训练出来的特征值,每一个连接都有"权重",发送到每个连接的值要乘以这个权重并加上"偏置",并在输出时作用了一个实现非线性结果的函数,称为激活函数(activation function)。

如图 2.10 所示,当 X 输入到神经元时,会乘以一个"权重"(weight),在训练过程中随机初始化权重,并通过反向求导更新这些权重。"偏置"主要是为了改变权重的范围,在添加偏置后,允许将激活函数向左或向右移位,偏置的存在是为了更好地拟合数据。权重的值是如何获得的呢?首先将权重初始化,然后通过神经元经过多轮迭代修改 W,直至训练完成训练出神经元的权重。

"激活函数"就是在人工神经网络的神经元上运行的函数,它通过一定的公式将输入的线性值逼近任何非线性值的函数,让神经网络可以应用到其他非线性模型中,如图 2.11 所示。

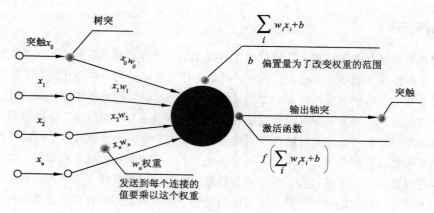

图 2.10　人工神经网络

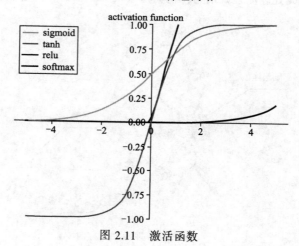

图 2.11　激活函数

常用的激活函数有 sigmoid、tanh、relu、softmax 和 relu 等，如图 2.12 所示，下面简单的介绍这些激活函数的区别。

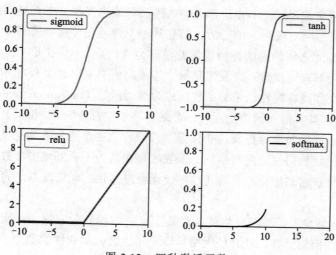

图 2.12　四种激活函数

（1）sigmoid 函数，取值范围为（0,1），在二分类的概率中常常用这个函数。在特征相差不大时效果较好，具有较好的对称性。sigmoid 最大的缺点是激活函数计算量大而且耗时，反向传播时，很容易就会出现梯度消失的情况，从而无法完成深层网络的训练。

（2）tanh 函数又称双曲正切函数，取值范围为（-1,1），它不会像 sigmoid 函数在导数从 0 开始很快就又趋近于 0，而造成梯度消失现象，虽然解决了原点对称问题，但是并没有彻底解决梯度消失现象。tanh 函数相较于 sigmoid 函数收敛速度更快，在实际应用中更好，在特征相差明显时的效果会很好，在循环过程中会不断扩大特征效果。

（3）relu 函数又称线性整流函数，用于隐藏层神经元输出，弥补了 sigmoid 函数以及 tanh 函数的部分梯度消失问题，而且收敛速度更快、计算速度更快。如图 2.7 所示，当输入值为负时，输出始终为 0。这个缺点导致神经元无法激活，也就是神经元不学习了，这种现象称为死神经元。为了解决 relu 函数的这个缺点，在 relu 函数的负半区间引入一个泄露（leaky）值，所以称为 leaky relu 函数。

（4）softmax 函数又称归一化指数函数，取值范围为[0,1]，用于多分类神经网络输出，是二分类函数 sigmoid 在多分类上的推广，在二分类问题时与 sigmoid 函数是一样的，softmax 函数的目的是将多分类的结果以概率的形式展现出来且概率和为 1。

2.3.3 人工神经网络

通过上面的介绍我们对神经元有了进一步的了解，每个神经元的权重和偏置，在神经网络训练期间根据错误进行更新。激活函数对线性组合进行非线性转换后生成输出。

当然，单个神经元无法执行高度复杂的任务，因此，使用多个神经元构成一个层，在这样的层中每个神经元都连接到第二层的所有神经元，即输入层与输出层，称其为"感知机"（perception）。如果在输入层与输出层之间加入新的层，则称为隐藏层，具有多个隐藏层的神经网络就构成了所谓的"多层感知机"（multi-layer perception，MLP）。

当输入层数据通过隐藏层到输出层的传播，信息沿着一个方向前进，没有反向传播过程称为"前向传播"算法（forward propagation）。

假设存在一个网络结构如图 2.13 所示，图中 $X=0.2$ 为输入值，$Y=0.6$ 为实际值。

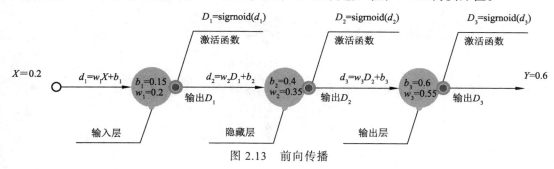

图 2.13 前向传播

初始权重：$w_1=0.2$、$w_2=0.35$、$w_3=0.55$；偏置设置为：$b_1=0.15$、$b_2=0.4$、$b_3=0.6$。图 2.13 中 d_i 为输入值乘以权重 w_i 并加上一个偏置量 b_i，D_i 为激活函数作用后的输出结果。根据计算公式（2.13）

$$\hat{y} = f\left(\sum_{i}^{n} w_i x_i + b\right) \quad (2.13)$$

进行前向传播计算

$$f\left(w_3 \cdot f\left(w_2 \cdot f\left(w_1 \cdot X + b_1\right) + b_2\right) + b_3\right)$$

分别求出输入层、隐藏层、输出层的结果：

$$d_1 = w_1 \times X + b_1 = 0.2 \times 0.2 + 0.15 = 0.19$$

$$D_1 = \text{sigmoid}(d_1) = \frac{1}{1+e^{-d_1}} = 0.547\ 357\ 6$$

$$d_2 = w_2 \times D_1 + b_2 = 0.35 \times 0.547\ 357\ 6 + 0.4 = 0.591\ 575$$

$$D_2 = \text{sigmoid}(d_2) = \frac{1}{1+e^{-d_2}} = 0.643\ 726$$

$$d_3 = w_3 \times D_2 + b_3 = 0.55 \times 0.643\ 726 + 0.6 = 0.954$$

$$D_3 = \text{sigmoid}(d_3) = \frac{1}{1+e^{-d_3}} = 0.721\ 9$$

至此前向传播过程结束，得到输出值为 $D_3=0.721\ 9$，与实际值 $Y=0.6$ 有一定的误差，由式（2.10）计算出均方误差 $\text{MSE}=E(Y-D_3)^2=(0.6-0.721\ 9)^2=0.014\ 859\ 61$。

神经网络中一旦获取了单次迭代的输出值，就可以计算网络的错误 MSE。把这个错误反馈给网络，以及损失函数的梯度来更新网络的权重。权重更新后可以减少后续迭代中的错误。使用损失函数梯度进行权重的更新称为反向传播（back propagation）。在反向传播中，网络的运动是反向的，误差随梯度从外层流入，穿过隐含层，权重被更新。

如图 2.14 所示，对误差进行反向传播求导，根据求导结果将初始化分配给每个节点的权重进行更新。

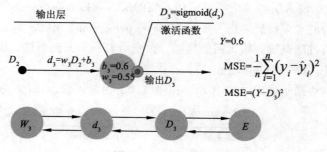

图 2.14　反向传播

输出层到隐含层的权重更新，根据链式法对 w_3 求导：

$$\frac{\partial E}{\partial w_3} = \frac{\partial E}{\partial D_3} \cdot \frac{\partial D_3}{\partial d_3} \cdot \frac{\partial d_3}{\partial w_3} \quad (2.14)$$

$$\frac{\partial E}{\partial D_3} = |2(Y-D_3)| = 0.243\ 8$$

$$\frac{\partial D_3}{\partial d_3} = \frac{-1 \cdot (-e^{-d_3})}{(1+e^{-d_3})^2} = 0.200\ 76$$

$$\frac{\partial d_3}{\partial w_3} = D_2 = 0.643\ 726$$

$$\frac{\partial E}{\partial w_3} = \frac{\partial E}{\partial D_3} \cdot \frac{\partial D_3}{\partial d_3} \cdot \frac{\partial d_3}{\partial w_3} = 0.031\ 51$$

通过整体误差 MSE 对 w_3 的偏导值，下面进行对 w_3 权重进行更新，设更新后的权重为 w_3^{new}，学习速率选择 $\eta=0.5$，由式（2.15）计算出新的权重 w_3^{new}。

$$w_3^{\text{new}} = w_3 - \eta \cdot \frac{\partial E}{\partial w_3} \tag{2.15}$$

$$w_3^{\text{new}} = 0.55 - 0.5 \times 0.031\ 51 = 0.534\ 245$$

学习速率（learning rate，η）决定着目标函数能否收敛到局部最小值以及何时收敛到最小值。学习速率选择必须合理，不能过高或过低。如何确定学习速率在很多文献中都有详细描述，本章不做介绍。

根据输出层到隐含层的权重更新方法，根据链式法则分别对隐含层与输入层的权重求导：

$$\frac{\partial E}{\partial w_2} = \frac{\partial E}{\partial D_3} \cdot \frac{\partial D_3}{\partial d_3} \cdot \frac{\partial d_3}{\partial D_2} \cdot \frac{\partial D_2}{\partial d_2} \cdot \frac{\partial d_2}{\partial w_2}$$

$$\frac{\partial E}{\partial w_2} = 2(Y-D_3) \cdot \frac{e^{-d_3}}{(1+e^{-d_3})^2} \cdot w_3 \cdot \frac{e^{-d_2}}{(1+e^{-d_2})^2} \cdot D_1$$

$$\frac{\partial E}{\partial w_2} = 0.003\ 379\ 32$$

$$\frac{\partial E}{\partial w_1} = \frac{\partial E}{\partial D_3} \cdot \frac{\partial D_3}{\partial d_3} \cdot \frac{\partial d_3}{\partial D_2} \cdot \frac{\partial D_2}{\partial d_2} \cdot \frac{\partial d_2}{\partial D_1} \cdot \frac{\partial D_1}{\partial d_1} \cdot \frac{\partial d_1}{\partial w_1}$$

$$\frac{\partial E}{\partial w_1} = 2(Y-D_3) \cdot \frac{e^{-d_3}}{(1+e^{-d_3})^2} \cdot w_3 \cdot \frac{e^{-d_2}}{(1+e^{-d_2})^2} \cdot w_2 \cdot \frac{e^{-d_1}}{(1+e^{-d_1})^2} \cdot X$$

$$\frac{\partial E}{\partial w_1} = 0.000\ 107\ 07$$

由式（2.15）分别求出 w_1、w_2 的新权重：$w_2^{\text{new}}=0.348\ 31$、$w_1^{\text{new}}=0.199\ 946\ 46$。至此对误差进行反向传播求导完成，根据更新后的权重，重新计算输出 $D_3^{\text{new}}=0.719\ 865$，第一次迭代之后，原来的均方误差 $\text{MSE}=0.014\ 859\ 61$ 下降到 $\text{MSE}_{\text{new}}=0.014\ 367\ 62$，通过反向传播求导多次迭代后求出最终模型的权重。

在前向传播与反向传播的例子中所使用的激活函数都是 sigmoid 函数，如图 2.15 所示，从求导结果可以看出，sigmoid 导数的取值范围为 0~0.25。

在多个隐藏层的神经网络中，如果初始化节点的权重较小，那么各个层次的相乘都是 0~1 的小数，而激活函数 sigmoid 的导数也是 0~1，函数在反向传播过程中连乘，随着隐藏层数目的增加，结果变得越来越小，这种现象称为"梯度消失"（vanishing gradient）。

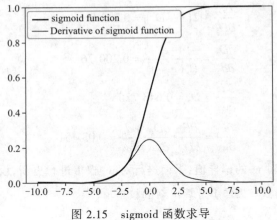

图 2.15　sigmoid 函数求导

"梯度爆炸"（exploding gradient）与梯度消失正好相反，在反向传播过程中，初始化节点的权重非常高，权重大到乘以激活函数的导数都大于 1，那么连乘后，可能会导致求导的结果很大，而其他节点的权重显得微不足道。

2.3.3　卷积神经网络

卷积神经网络（convolutional neural networks，CNN）大部分用于处理图像数据。图 2.16（a）所示图片大小为 200×200 像素的黑白图片，每个像素点只有一个值，总的数值个数为 40 000 个特征。

图 2.16（b）所示为彩色图片，彩色图片由 RGB 三通道组成，意味着总的数值有 200×200×3=120 000 个特征的输入。如果将这张彩色图片作为神经网络输入，即神经网络当中与若干个神经元连接，假设第一个隐层是 10 个神经元，就会有 120 000×10 个权重参数。随着图像的大小增加，参数的数量变得非常大。这样的神经网络参数更新不仅需要大量的计算，而且很难达到理想效果，于是在 1974 年，Paul Werbos 提出了误差反向传导来训练人工神经网络，使得训练多层神经网络成为可能。1979 年，Kunihiko Fukushima（福岛邦彦）提出了 Neocognitron，卷积、池化的概念基本形成。

（a）

（b）

图 2.16　对比图片

卷积神经网络由一个或多个卷积层、池化层以及全连接层等组成。与其他深度学习结构相比，卷积神经网络在图像等方面能够给出更好的结果。这一模型也可以使用反向传播算法进行训练。相比较其他浅层或深度神经网络，卷积神经网络需要考量的参数更少，使之成为一种颇具吸引力的深度学习结构。通过图 2.17 可以更清晰地了解卷积神经网络的整个工作流程。卷积层的目的是提取输入的不同特征，某些卷积层可能只能提取一些低级的特征，如边缘、线条和角等层级，更多层的网络能从低级特征中迭代提取更复杂的特征。

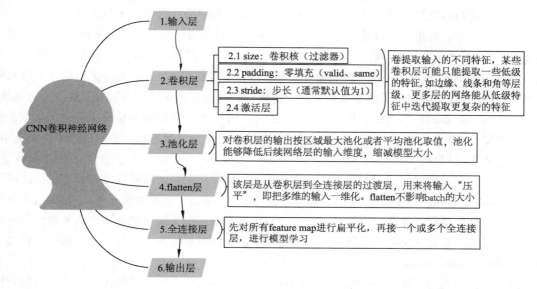

图 2.17　卷积神经网络

为了更详细地理解卷积层运算过程，下面用图 2.18 来表示更好理解些。假设图片长宽相等，$N=5$，$F=3\times 3$ 为卷积核/过滤器大小。卷积层中重要的参数分别为 size、padding、stride。

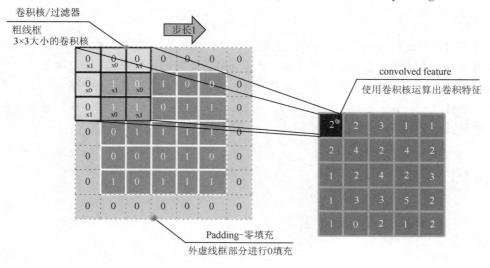

图 2.18　卷积运算过程

（1）size：卷积核又称过滤器，选择有 1×1、3×3、5×5。过滤器就像一个加权矩阵，将输入图像的一部分相乘，生成一个复杂的输出。一般情况下卷积核为奇数维度的过滤器，如果卷积核不是奇数而是偶数个,就会造成最终计算结果非整数情况,这样的填充不均匀,所以卷积核默认都使用奇数维度大小。

(2)padding:又称零填充,如图 2.18 所示,原来的图片大小 $N=5$,卷积核 $F=3$ 时,得到的卷积特征为 3×3。进行卷积之后的图片变小了,如果换一个更大的卷积核或者加入很多层卷积之后,得到的卷积特征可能越变越小,对于原始图片当中的边缘像素来说,只计算了一遍,对于中间的像素会有很多次过滤器与之计算,这样导致对边缘信息的丢失。padding 有两种形式填充:valid 不填充、same 输出大小与原图大小一致填充。所以为了避免上述情况,默认选择 same 填充卷积计算方式,图 2.18 中外框虚线部分进行了零填充,零在权重乘积和运算中对最终结果不造成影响,能够在避免图片增加额外干扰信息的情况下有效地解决边缘信息的丢失问题。

(3)stride:卷积核移动的步长,通常默认为 1。图 2.18 中看到的都是每次移动一个步长计算后的结果,如果将这个步长修改为 2 或者更大的数值,也会出现卷积运算后的卷积特征变小、边缘信息丢失的问题。

池化层,在卷积层之间引入池化层是很常见的,池化层主要对卷积层学习到的特征图进行亚采样(subsampling)处理。池化层有最大池化(max pooling)和平均池化(avg pooling)两种处理方式。最大池化是取窗口内的最大值作为输出,平均池化是取窗口内所有值的均值作为输出。池化层的主要意义是降低后续网络层的输入维度、缩减模型大小、提高计算速度、提高了图像的特征(feature map)的健壮性、防止过拟合。

全连接层与进行扁平化层(flatten),flatten 层主要是对卷积层、池化层所学习到的特征(feature map)进行扁平化,全连接层在整个卷积神经网络中起到"分类器"的作用。

小 结

线性回归(linear regression):在统计学中,线性回归是利用称为线性回归方程的最小平方函数对一个或多个自变量和因变量之间关系进行建模的一种回归分析,在机器学习中是入门的学习模型,线性模型形式简单、易于建模,但蕴涵着机器学习中一些重要的基本思想。

测试数据(testing data)/验证集(validation set):测试数据用于判断学得模型是否足够有效。

第 3 章 实验环境安装部署

本章内容

- 软件下载与安装
- Anaconda 的配置与部署
- Pycharm 的安装与部署

本章首先介绍了实验所需相关软件的下载,并详细介绍了在 Linux、Mac、Windows 三种常用操作系统上进行安装部署。最后介绍了如何部署安装本书提供的完整实验环境的虚拟机。

3.1 下载说明

Anaconda 是一个用于科学计算的 Python 发行版本,支持 Linux、macOS、Windows 系统,其包含了 conda、Python 等 180 多个科学包及其依赖项,是当前流行的 Python 科学计算发行版,可以有效解决多版本并存、切换以及第三方包安装管理问题,Anaconda 包含 Python 和相关的配套工具,可进行包和环境的管理。在神经网络学习中使用 Python 来编写程序,但是 Python 在使用过程中会出现各种各样的问题,Anaconda 可以很有效地解决这些问题,且里面有非常丰富的包,可以让用户快速学习。所以在学习之前需要先下载 Anaconda。

3.2 Anaconda 的安装

1. 下载 Anaconda

在浏览器中输入 Anaconda 的网站 https://www.Anaconda.com/,在官方网站首页中单击 Download 按钮,进入下载页面,选中适合自己计算机系统的版本,如图 3.1 所示。Anaconda 可支持 Windows、macOS、Linux 三种操作系统,选择下载 Python 3.7 version,考虑到兼容性,本书实验环境均在 Python 3.6 环境下运行,由于 Anaconda 是 Python 的一个包管理工具,可以根据自己的需求创建各个 Python 版本的虚拟环境,所以只需下载适合自身操作系统的 Anaconda 版本即可。

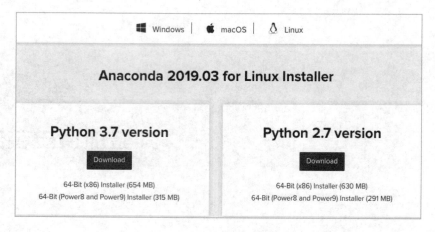

3.1 Anaconda 下载页面

2. Windows 下的安装步骤

（1）Anaconda 作为 Python 的集成环境，自带较为全面的包，在 Windows 操作系统中下载安装比较简单，双击已经下载好的安装包，出现图 3.2 所示界面，单击 Next 按钮。

（2）在图 3.3 的条约确定界面中，单击 I Agree 按钮同意条约进入安装界面。

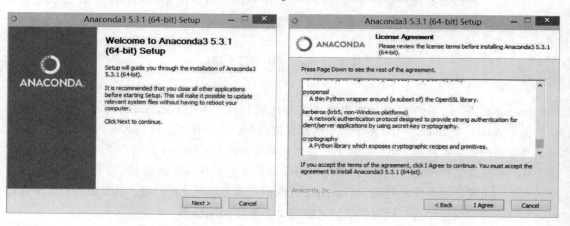

图 3.2　初始安装界面　　　　　　　　图 3.3　条约确定界面

（3）在图 3.4 所示的 Select Installation Type 界面的 Install for 列表组中选择 All Users（requires admin privileges）单选按钮，选择该选项的安装用户必须具有管理员权限。如果选择 Just Me（recommended）单选按钮，将安装在%USERPROFILE%当前用户的路径中。在上述两种类型中，如果安装路径中包含非英文字符，将影响程序执行。

（4）选择好安装类型后进入安装路径修改界面，如图 3.5 所示，这里可以对安装路径中包含非英文字符的问题进行更换路径，选择好安装路径，单击 Next 按钮进行安装。

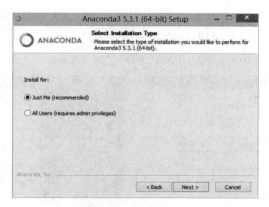

图 3.4 安装类型

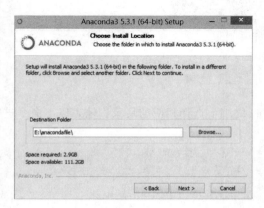 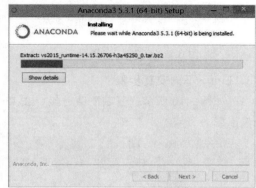

图 3.5 路径选择

（5）在图 3.6 所示界面中有两个复选框，默认不选中 Add Anaconda to my PATH environment variable 复选框，如果选中该复选框，将会添加 Anaconda 到"我的路径"环境变量中，这样将会影响其他程序的使用。选中 Register Anaconda as my default Python 3.7 复选框，则是将 Anaconda 注册为默认的 Python 3.7 版本，如果打算使用多个版本的 Anaconda 或者多个版本的 Python，不建议选中该复选框。

（6）单击 Install 按钮开始安装，安装需要一定时间，耐心等待安装完毕，如图 3.7 所示，单击 Next 按钮。

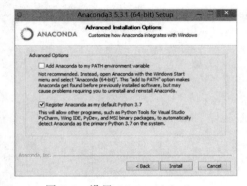 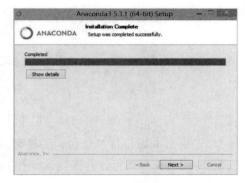

图 3.6 设置 Advanced Options　　　　　　　　图 3.7 安装完毕

（7）单击 Next 按钮之后，出现图 3.8 所示界面，询问是否安装 VSCode，Visual Studio Code 是一款轻量编辑器，读者可自行决定是否安装；若不安装，单击 Skip 按钮即可。

（8）弹出界面如图 3.9 所示，单击 Finish 按钮完成 Anaconda 安装。

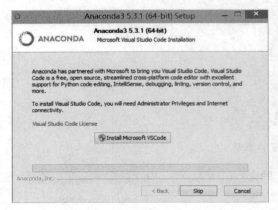 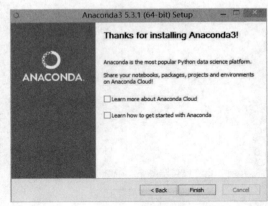

图 3.8　VSCode 选择　　　　　　　　　　图 3.9　完成安装

3. Linux 下的安装步骤

（1）如图 3.10 所示，复制下载链接，在 Linux 终端下选择相应的目录，输入以下命令进行安装包下载。

```
cd /home/ubuntu/Download/
wget https://repo.Anaconda.com/archive/Anaconda3-2019.03-Linux-x86_64.sh
```

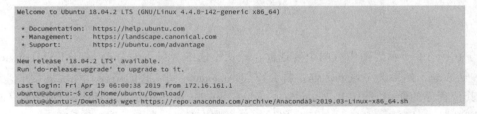

图 3.10　下载 Anaconda

（2）下载完毕后使用 bash 命令进行安装，输入命令后会进入安装选项中，如图 3.11 所示，按【Enter】键继续安装。

```
ubuntu@ubuntu:~/Download$ bash Anaconda3-2019.03-Linux-x86_64.sh
```

图 3.11　安装 Anaconda

（3）进入 Anaconda 许可证的相关说明，按任意键进行浏览阅读，阅读完毕即可进行安装，如图 3.12 所示，在阅读完毕后输入 yes，继续安装。

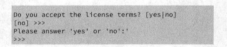

图 3.12　同意许可

（4）如图 3.13 所示，图中提示输入安装的路径，Anaconda 已经给出默认的安装路径，默认路径为用户目录下，如果需要将软件安装在其他路径下，重新输入指定目录后直接按【Enter】键即可安装，这里选择采用默认安装目录进行安装。

（5）安装需要一定的时间，安装完成后会提示安装是否初始化 Anaconda 的配置，这里选择 no，如图 3.14 所示。

```
Anaconda3 will now be installed into this location:
/home/ubuntu/anaconda3

  - Press ENTER to confirm the location
  - Press CTRL-C to abort the installation
  - Or specify a different location below

[/home/ubuntu/anaconda3] >>> 
```

图 3.13　选择安装路径

```
installing: astropy-3.1.2-py37h7b6447c_0 ...
installing: statsmodels-0.9.0-py37h035aef0_0 ...
installing: seaborn-0.9.0-py37_0 ...
installing: anaconda-2019.03-py37_0 ...
installation finished.
Do you wish the installer to initialize Anaconda3
by running conda init? [yes|no]
[no] >>> 
```

图 3.14　安装完成

（6）安装 Anaconda 完毕后，还需要配置环境变量，在当前用户的目录下进行环境变量的配置，使用 vi 或 vim 命令打开用户目录下的.bashrc 文件，如果没有安装 vim，则使用 vi，或者直接输入“sudo apt-get install vim”下载安装 vim 编辑器。打开.bashrc 文件后，在文件后面追加如下一行：“export PATH="/home/ubuntu/Anaconda3/bin:$PATH”，如图 3.15 所示，这里 PATH=后面是 Anaconda 的安装位置，用户也可根据自己的路径进行选择，使用 vi/vim 编辑器打开文件后按【a】可以进行编辑，编辑完成后按【Esc】键可退出编辑，输入:wq 按【Enter】键保存并退出。

```
if [ -f ~/.bash_aliases ]; then
    . ~/.bash_aliases
fi

# enable programmable completion features (you don't need to enable
# this, if it's already enabled in /etc/bash.bashrc and /etc/profile
# sources /etc/bash.bashrc).
if ! shopt -oq posix; then
  if [ -f /usr/share/bash-completion/bash_completion ]; then
    . /usr/share/bash-completion/bash_completion
  elif [ -f /etc/bash_completion ]; then
    . /etc/bash_completion
  fi
fi

export PATH="/home/ubuntu/anaconda3/bin:$PATH
```

图 3.15　安装环境配置

（7）保存配置文件后，输入 source 命令：ubuntu@ubuntu:~/Download$ source ~/.bashrc。环境激活成功后，使用命令 ubuntu@ubuntu:~/Download$ conda -V 查看 Anaconda 版本，验证安装是否成功，提示版本则表示安装成功，如图 3.16 所示。

```
ubuntu@ubuntu:~/Download$ conda -V
conda 4.6.11
ubuntu@ubuntu:~/Download$ 
```

图 3.16　验证安装

（8）修改 Anaconda 相关资源国内镜像源的下载地址，Anaconda 默认下载源的服务器在国外，下载速度较慢，所以需要换成国内的镜像源。这里将 conda 和 pip 的下载源地址换成国内镜像地址后，明显提高了下载速度并且比较稳定。使用 conda 命令进行镜像源更换，直接输入下面命令。

```
conda config --add channels https://mirrors.tuna.tsinghua.edu.cn/Anaconda/pkgs/free/
```

```
conda config --add channels https://mirrors.tuna.tsinghua.edu.cn/Anaconda/cloud/conda-forge
conda config --add channels https://mirrors.tuna.tsinghua.edu.cn/Anaconda/cloud/msys2/
conda config --set show_channel_urls yes
```

pip 作为 Python 原来的包管理工具，会经常使用到，所以这里也进行镜像源的修改。在用户目录下建立一个 .pip 文件夹后，进入文件夹创建一个 pip.conf 文件，详细命令如下：

```
ubuntu@ubuntu:~/Download$ mkdir ~/.pip
ubuntu@ubuntu:~/Download$ cd ~/.pip/
ubuntu@ubuntu:~/.pip$ vim pip.conf
```

在 pip.conf 中将国内镜像源添加进去，详细代码如下：

```
[global]
index-url = https://pypi.tuna.tsinghua.edu.cn/simple
```

保存后使用 pip 命令下载 django 进行测试，如图 3.17 所示，提示从刚刚添加的镜像源进行下载，并且下载成功。

```
ubuntu@ubuntu:~/.pip$ pip install django
```

```
ubuntu@ubuntu:~/.pip$ pip install django
Looking in indexes: https://pypi.tuna.tsinghua.edu.cn/simple
Collecting django
  Downloading https://pypi.tuna.tsinghua.edu.cn/packages/54/85/0bef63668fb170888c1a2970ec897d4528d6072f32dee276
53381a332642/Django-2.2-py3-none-any.whl (7.4MB)
    100% |████████████████████████████████| 7.5MB 984kB/s
Requirement already satisfied: pytz in /home/ubuntu/anaconda3/lib/python3.7/site-packages (from django) (2018.9
)
Collecting sqlparse (from django)
  Downloading https://pypi.tuna.tsinghua.edu.cn/packages/ef/53/900f7d2a54557c6a37886585a91336520e5539e3ae2423ff
1102daf4f3a7/sqlparse-0.3.0-py2.py3-none-any.whl
Installing collected packages: sqlparse, django
Successfully installed django-2.2 sqlparse-0.3.0
```

图 3.17　pip 测试镜像源

接下来尝试使用 conda 命令进行安装测试，这里需要把刚刚安装的 django 卸载。

```
ubuntu@ubuntu:~/.pip$ pip uninstall django
ubuntu@ubuntu:~/.pip$ conda install django
```

如图 3.18 所示，可以看到成功加载了新镜像源，并且安装成功。

```
Proceed ([y]/n)? y

Downloading and Extracting Packages
django-2.2           | 4.6 MB    | ################################################### | 100%
conda-4.6.12         | 2.1 MB    | ################################################### | 100%
certifi-2019.3.9     | 149 KB    | ################################################### | 100%
Preparing transaction: done
Verifying transaction: done
Executing transaction: done
```

图 3.18　conda 测试镜像源

（9）创建虚拟环境，输入 python，查看是否可以打开相对 Python 的 shell 命令窗口，由于默认安装时 Python 为 3.7 版本，本书所有实验均在 Python 3.6 环境下运行，所以这里需要创建一个 Python 3.6 环境。如图 3.19 所示，出现了 Python 3.7 的 shell 命令窗口，输入 exit() 后按【Enter】键退出。

```
ubuntu@ubuntu:~/Download$ python
Python 3.7.3 (default, Mar 27 2019, 22:11:17)
[GCC 7.3.0] :: Anaconda, Inc. on linux
Type "help", "copyright", "credits" or "license" for more information.
>>> exit()
```

图 3.19　Python 命令窗口

创建新的虚拟环境，这里将新环境命名为 py36。

```
conda create -n py36 python=3.6
```

如图 3.20 所示，创建过程中会提示是否安装相关的包文件，输入 y 确定继续，下载过程需要一定的时间。

```
The following NEW packages will be INSTALLED:

  ca-certificates    anaconda/cloud/conda-forge/linux-64::ca-certificates-2019.3.9-hecc5488_0
  certifi            anaconda/cloud/conda-forge/linux-64::certifi-2019.3.9-py36_0
  libffi             anaconda/cloud/conda-forge/linux-64::libffi-3.2.1-he1b5a44_1006
  libgcc-ng          pkgs/main/linux-64::libgcc-ng-8.2.0-hdf63c60_1
  libstdcxx-ng       pkgs/main/linux-64::libstdcxx-ng-8.2.0-hdf63c60_1
  ncurses            anaconda/cloud/conda-forge/linux-64::ncurses-6.1-hf484d3e_1002
  openssl            anaconda/cloud/conda-forge/linux-64::openssl-1.1.1b-h14c3975_1
  pip                anaconda/cloud/conda-forge/linux-64::pip-19.0.3-py36_0
  python             anaconda/cloud/conda-forge/linux-64::python-3.6.7-h381d211_1004
  readline           anaconda/cloud/conda-forge/linux-64::readline-7.0-hf8c457e_1001
  setuptools         anaconda/cloud/conda-forge/linux-64::setuptools-41.0.0-py36_0
  sqlite             anaconda/cloud/conda-forge/linux-64::sqlite-3.26.0-h67949de_1001
  tk                 anaconda/cloud/conda-forge/linux-64::tk-8.6.9-h84994c4_1001
  wheel              anaconda/cloud/conda-forge/linux-64::wheel-0.33.1-py36_0
  xz                 anaconda/cloud/conda-forge/linux-64::xz-5.2.4-h14c3975_1001
  zlib               anaconda/cloud/conda-forge/linux-64::zlib-1.2.11-h14c3975_1004


Proceed ([y]/n)?
```

图 3.20　安装虚拟环境

如图 3.21 所示，安装成功后，会提示激活环境和取消激活的两行代码。

```
Executing transaction: done
#
# To activate this environment, use:
# > conda activate py36
#
# To deactivate an active environment, use:
# > conda deactivate
#
```

图 3.21　激活确认

使用 conda activate 命令激活 Python 3.6 环境时会出错，提示没有正确配置为使用 conda activate："your shell has not been properly configured to use 'conda activate'"，如图 3.22 所示，解决办法先使用 conda deactivate 命令退出激活环境，再次进行激活。也可以使用 source activate 命令进行激活。

```
ubuntu@ubuntu:~/.pip$ conda activate py36

CommandNotFoundError: Your shell has not been properly configured to use 'conda activate'.
To initialize your shell, run

    $ conda init <SHELL_NAME>

Currently supported shells are:
  - bash
  - fish
  - tcsh
  - xonsh
  - zsh
  - powershell

See 'conda init --help' for more information and options.

IMPORTANT: You may need to close and restart your shell after running 'conda init'.
```

图 3.22　错误信息

采用 source activate 命令进行激活,完成后显示效果如图 3.23 所示,终端进入了 py36 环境,在这个环境下执行 Python 命令可以看到环境下的 Python 为 3.6 版本,输入 exit()后按【Enter】键退出 shell 命令。

```
(py36) ubuntu@ubuntu:~/.pip$ python
Python 3.6.7 | packaged by conda-forge | (default, Feb 28 2019, 09:07:38)
[GCC 7.3.0] on linux
Type "help", "copyright", "credits" or "license" for more information.
>>>
```

图 3.23　source activate 激活

4．macOS 下的安装

（1）在 Anaconda 官网下载 macOS 版本进行安装。单击下载的 Anaconda 安装包,进入安装欢迎界面,单击"继续"按钮可进行下一步。如图 3.24 所示,单击"更改安装位置"按钮可以修改 Anaconda 的安装路径,这里推荐使用默认的路径,即当前 User 目录下,无须修改。需要放置到别的位置时可单击"更改安装位置"按钮进行修改。

确定好安装路径后,单击"安装"按钮进行安装,安装时长大约需要几分钟,安装完成后进入 Microsoft VSCode 选择界面,如图 3.25 所示,单击 Install Microsoft VSCode 按钮可以安装一款微软的轻量级编辑器,如果有需要可以自行安装,也可以日后进行安装,本书所有代码均在 Jupyter Notebook 和 Pycharm 环境下运行。

图 3.24　路径更改

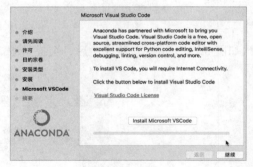
图 3.25　VSCode

选择安装 VSCode 后,单击"继续"按钮完成 Anaconda 的安装,如图 3.26 所示,安装成功后单击"关闭"按钮。

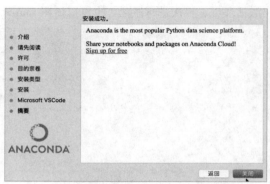
图 3.26　安装成功

（2）配置环境变量，使用以上方式安装 Anaconda 会自行配置环境变量，可以打开配置文件查看 Anaconda 配置好的环境变量代码，打开终端输入以下命令。

```
jingyudeMacBook-Pro:~jingyuyan$ vi ~/.bash_profile
```

翻到底部，如图 3.27 所示，可以看到环境变量已经配置成功。

```
# >>> conda initialize >>>
# !! Contents within this block are managed by 'conda init' !!
__conda_setup="$('/Users/jingyuyan/anaconda3/bin/conda' 'shell.bash' 'hook' 2> /dev/null)"
if [ $? -eq 0 ]; then
    eval "$__conda_setup"
else
    if [ -f "/Users/jingyuyan/anaconda3/etc/profile.d/conda.sh" ]; then
        . "/Users/jingyuyan/anaconda3/etc/profile.d/conda.sh"
    else
        export PATH="/Users/jingyuyan/anaconda3/bin:$PATH"
    fi
fi
unset __conda_setup
# <<< conda initialize <<<
```

图 3.27　查看环境变量

重新打开终端或者直接使用 source activate base 命令激活 base 环境。

```
jingyudeMacBook-Pro:~jingyuyan$ source activate base
```

如果终端命令行前出现（base）标识，如图 3.28 所示，则表示环境激活成功。

```
(base) jingyudeMacBook-Pro:~ jingyuyan$ source activate base
(base) jingyudeMacBook-Pro:~ jingyuyan$
(base) jingyudeMacBook-Pro:~ jingyuyan$
```

图 3.28　base 环境激活成功

激活成功后，如图 3.29 所示，使用 conda 命令查看 Anaconda 版本。

```
(base) jingyudeMacBook-Pro:~jingyuyan$ conda -V
```

```
(base) jingyudeMacBook-Pro:~ jingyuyan$ conda -V
conda 4.6.12
```

图 3.29　查看版本

（3）在 macOS 系统下修改 Anaconda 相关资源的下载地址，与 Linux 环境下安装一样，这里将 conda 和 pip 的下载源修改成国内的镜像源，修改代码如下：

```
conda config --add channels https://mirrors.tuna.tsinghua.edu.cn/Anaconda/pkgs/free/
conda config --add channels https://mirrors.tuna.tsinghua.edu.cn/Anaconda/cloud/conda-forge
conda config --add channels https://mirrors.tuna.tsinghua.edu.cn/Anaconda/cloud/msys2/
```

修改 pip 下载源，在用户目录下建立一个 .pip 文件夹后，进入文件夹创建并打开 pip.conf 文件：

```
(base) jingyudeMacBook-Pro:~jingyuyan$ mkdir ~/.pip
(base) jingyudeMacBook-Pro:~jingyuyan$ cd ~/.pip/
(base) jingyudeMacBook-Pro:.pipjingyuyan$ vim pip.conf
```

将清华大学的镜像源地址添加到 pip.conf 中,添加内容如下:

```
[global]
index-url = https://pypi.tuna.tsinghua.edu.cn/simple
```

保存后分别使用 pip 和 conda 的安装命令尝试下载一些包。使用 pip 下载 flask 进行测试。

```
(base) jingyudeMacBook-Pro:~jingyuyan$ pip install flask
```

如果提示从 https://pypi.tuna.tsinghua.edu.cn 中拉取文件则表示配置成功。

(4)创建新的虚拟环境,首先输入 python,查看是否可以打开相对的 Python 的 shell 命令窗口,这里安装的是 Python 3.7,如图 3.30 所示。

```
(base) jingyudeMacBook-Pro:.pip jingyuyan$ python
Python 3.7.3 (default, Mar 27 2019, 16:54:48)
[Clang 4.0.1 (tags/RELEASE_401/final)] :: Anaconda, Inc. on darwin
Type "help", "copyright", "credits" or "license" for more information.
>>> exit()
```

图 3.30　shell 命令窗口

本书中所有实验均在 Python 3.6 环境下运行,所以创建一个 Python 3.6 虚拟环境,输入 exit() 退出 python 3.7 的 shell 环境。使用下列命令重新创建一个名为 py36 的 python 3.6 虚拟环境。

```
(base) jingyudeMacBook-Pro:~jingyuyan$ conda create -n py36 python=3.6
```

如图 3.31 所示,创建过程中会提示是否安装一些依赖的包,输入 y 确定继续,下载过程需要一定的时间。

```
The following packages will be downloaded:

    package                    |            build
    ---------------------------|-----------------
    openssl-1.1.1c             |       h1de35cc_1         3.4 MB  https://mirrors.tuna.tsinghua.edu.cn/anaconda/pkgs/main
    pip-19.1.1                 |           py36_0         1.9 MB  https://mirrors.tuna.tsinghua.edu.cn/anaconda/pkgs/main
    setuptools-41.0.1          |           py36_0         641 KB  https://mirrors.tuna.tsinghua.edu.cn/anaconda/pkgs/main
    sqlite-3.28.0              |       ha441bb4_0         2.3 MB  https://mirrors.tuna.tsinghua.edu.cn/anaconda/pkgs/main
    wheel-0.33.4               |           py36_0          39 KB  https://mirrors.tuna.tsinghua.edu.cn/anaconda/pkgs/main
                                          ------------------------------------------------------------
                                                        Total:         8.3 MB

The following NEW packages will be INSTALLED:

    ca-certificates    anaconda/pkgs/main/osx-64::ca-certificates-2019.5.15-0
    certifi            anaconda/pkgs/main/osx-64::certifi-2019.6.16-py36_0
    libcxx             anaconda/pkgs/main/osx-64::libcxx-4.0.1-hcfea43d_1
    libcxxabi          anaconda/pkgs/main/osx-64::libcxxabi-4.0.1-hcfea43d_1
    libedit            anaconda/pkgs/main/osx-64::libedit-3.1.20181209-hb402a30_0
    libffi             anaconda/pkgs/main/osx-64::libffi-3.2.1-h475c297_4
    ncurses            anaconda/pkgs/main/osx-64::ncurses-6.1-h0a44026_1
    openssl            anaconda/pkgs/main/osx-64::openssl-1.1.1c-h1de35cc_1
    pip                anaconda/pkgs/main/osx-64::pip-19.1.1-py36_0
    python             anaconda/pkgs/main/osx-64::python-3.6.8-haf84260_0
    readline           anaconda/pkgs/main/osx-64::readline-7.0-h1de35cc_5
    setuptools         anaconda/pkgs/main/osx-64::setuptools-41.0.1-py36_0
    sqlite             anaconda/pkgs/main/osx-64::sqlite-3.28.0-ha441bb4_0
    tk                 anaconda/pkgs/main/osx-64::tk-8.6.8-ha441bb4_0
    wheel              anaconda/pkgs/main/osx-64::wheel-0.33.4-py36_0
    xz                 anaconda/pkgs/main/osx-64::xz-5.2.4-h1de35cc_4
    zlib               anaconda/pkgs/main/osx-64::zlib-1.2.11-h1de35cc_3

Proceed ([y]/n)?
```

图 3.31　安装虚拟环境

安装成功后可以根据提示激活新的环境,如图 3.32 所示。

第 3 章 实验环境安装部署

```
Downloading and Extracting Packages
sqlite-3.28.0        | 2.3 MB   | #################################### | 100%
wheel-0.33.4         | 39 KB    | #################################### | 100%
openssl-1.1.1c       | 3.4 MB   | #################################### | 100%
setuptools-41.0.1    | 641 KB   | #################################### | 100%
pip-19.1.1           | 1.9 MB   | #################################### | 100%
Preparing transaction: done
Verifying transaction: done
Executing transaction: done
#
# To activate this environment, use
#
#     $ conda activate py36
#
# To deactivate an active environment, use
#
#     $ conda deactivate
```

图 3.32　激活提示

如图 3.33 所示，输入 conda activate py36 命令激活新建的环境，看到 Python 3.6 标识后，表示激活成功，可以输入 exit() 退出。

```
(base) jingyudeMacBook-Pro:envsjingyuyan$ conda activate py36
```

```
(base) jingyudeMacBook-Pro:envs jingyuyan$ conda activate py36
(py36) jingyudeMacBook-Pro:envs jingyuyan$ python
Python 3.6.8 |Anaconda, Inc.| (default, Dec 29 2018, 19:04:46)
[GCC 4.2.1 Compatible Clang 4.0.1 (tags/RELEASE_401/final)] on darwin
Type "help", "copyright", "credits" or "license" for more information.
>>> exit()
```

图 3.33　激活成功

3.3　PyCharm 的安装

1. 下载 PyCharm

PyCharm 是由 JetBrains S.R.O 创建的一个开发软件，该软件是一个针对 Python 程序员的集成开发环境。可以帮助用户在使用 Python 开发的时候提高效率，此款 Python IDE 还提供一些高级功能。可到 PyCharm 下载安装文件，如图 3.34 所示，选择适合自己的操作系统（Windows 平台、Linux 平台、macOS 平台）的版本进行下载。

图 3.34　PyCharm 下载页面

其中，PyCharm 分为 Professional、Community、Edu 三种版本。Edu（教育版）只针对师生认证的用户才免费使用。Community（社区版）是免费的，Professional（专业版）需要付费。Professional 是功能最丰富的，与社区版相比，专业版增加了 Web 开发、Python We 框架、Python 分析器、远程开发、支持数据库与 SQL 等更多高级功能。

2. Windows 下的安装

（1）在 Windows 操作系统中，选择 Community 版本，下载完成后双击安装包，弹出安装向导，单击 Next 按钮进行下一步安装。如图 3.35 所示，选择安装路径，默认路径是系统盘，一般不建议放在系统盘。

（2）选择好安装路径后单击 Next 按钮，进入下一步安装。在安装选项页面中，选中图 3.36 所示的复选框。相关选项说明：Create Desktop Shortcut（创建桌面快捷方式），如果计算机是 32 位则选择 32-bit launcher，64 位则选择 64-bit launcher；Update PATH variable（更新路径变量，需要重新启动），选中该项则将启动器目录添加到路径中；Update context menu（更新上下文菜单），如果选中则添加打开文件夹作为项目。系统在安装之前没有其他 PyCharm 版本时不必选择；Create Associations（创建关联），关联扩展名为 .py，选中该项后双击该类型文件将用 PyCharm 打开；Download and install JRE x86 by JetBrains，建议不选中，PyCharm 是国外的软件，选中该选项后安装 PyCharm 时将连接国外网址进行下载，需要等待较长时间且不稳定，如果有需求，自己可以单独去官网下载安装 JRE。

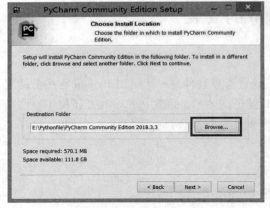
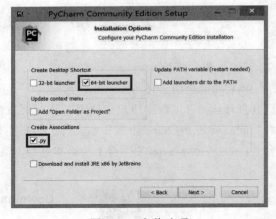

图 3.35　安装路径选择　　　　　　　　图 3.36　安装选项

（3）配置好安装选项页面后，单击 Next 按钮进图 3.37 所示页面，选择"开始"菜单文件夹配置界面，保持默认文件名称，单击 Install 按钮即可进行安装。

（4）安装完成后，选中 Run Pycharm Community Edition 选项，单击 Finish 按钮，完成 PyCharm 安装并运行 PyCharm。第一次运行时需要对 PyCharm 进行配置，进入图 3.38 所示界面，选择 Do not import settings 单选按钮，不导入设置直接进入 PyCharm。

第 3 章　实验环境安装部署

图 3.37　菜单文件夹

图 3.38　PyCharm 配置

3．Linux 下的安装

（1）Linux 有很多厂商发行的版本，本书采用 Ubuntu，而 Ubuntu 有 desktop 和 server 两种版本，对于初学者建议使用桌面版，也就是 Ubuntu desktop，图形化界面让长期使用 Windows 和 macOS 的用户更易入手，且 Ubuntu desktop 更适合神经网络的学习。如图 3.39 所示，将 PyCharm 的安装包复制提取到桌面，.tar.gz 文件是压缩包的扩展名，提取过程也就是解压。

（2）提取完毕后，在文件路径下打开终端，输入 sh ./pycharm.sh，或者直接按【Ctrl+Alt+T】组合键打开终端，cd 到 pycharm 的路径，再输入 sh ./pycharm.sh，安装 PyCharm，如图 3.40 所示。

图 3.39　提取文件

图 3.40　安装 PyCharm

（3）出现图 3.41 所示窗口时，选择 Do not import settings 单选按钮，不导入设置直接进入 PyCharm。

图 3.41　PyCharm 设置

4．macOS 下的安装

（1）如图 3.42 所示，将安装包拉进 Applications 里，准备安装。

（2）如图 3.43 所示，选择不导入设置（Do not import settings）后单击 OK 按钮进行安装。

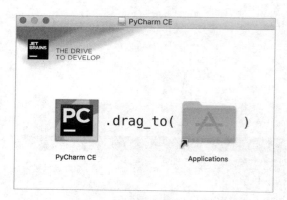

图 3.42　准备安装

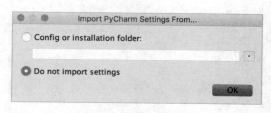

图 3.43　PyCharm 设置

（3）如图 3.44 所示，同意安装条款，一般是必须同意条款才可安装。

（4）如图 3.45 所示，选择不发送（Don't send）。

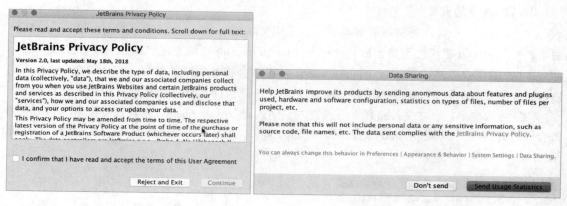

图 3.44　同意安装条款　　　　　　　　　图 3.45　选择 Don't send

（5）如图 3.46 所示，选择从未使用（I've never used PyCharm）。

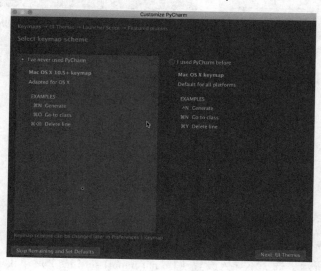

图 3.46　选择 I've never used PyCharm

（6）如图 3.47 所示，单击开始使用（Start using PyCharm）。

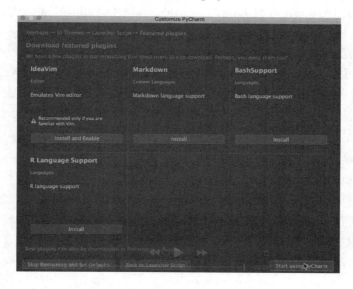

图 3.47　单击 Start using PyCharm

（7）出现图 3.48 所示界面，安装完成。

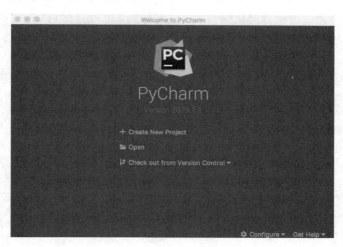

图 3.48　完成界面

3.4　虚拟机部署安装

1．安装虚拟机

安装虚拟机前需要准备以下材料：
- 物理机（Windows、macOS 或 Linux）。
- VMware 虚拟机（本次实验使用的版本为 13，读者可自行到 VMware 官网下载安装）。

- 虚拟机镜像文件（使用 VMware 将本书推荐的 ubuntu_tunm_16.04.ova 文件进行导入即可，ubuntu_tunm_16.04.ova 可到 https://pan.baidu.com/s/1MPdfblb6L_UyqxQmZwl1og 获取提取码为 snld）。

安装虚拟机的步骤：

（1）打开安装的 VMWare 版本，单击"打开虚拟机"按钮，选择要导入的 ova 文件。

（2）单击"确定"按钮后，会提示选择要导入虚拟机的"存储路径"；设置完存储路径后，单击"导入"按钮。

（3）系统执行导入文件操作。

（4）导入完成后，单击打开虚拟机即可。

2．启动虚拟机

虚拟机默认用户名：tunm，密码：123456。成功开启虚拟机后可以查看各个软件的环境安装情况，本书的实验环境均已通过虚拟机安装完成，读者无须自行安装。如果读者需要了解环境搭建和部署的相关信息，也可以自行搭建实验环境。

3．Ubuntu 下编译 Opencv3 源码

由于本书中"人脸检测"的相关实验需要使用到 Opencv 源码，所以这里需要读者自行编译和安装，如果已经使用作者提供的虚拟机 ubuntu_tunm_16.04.ova 进行本书的实验，那可跳过此步骤。本次安装使用的系统为 Ubuntu16.04-desktop，也是本书推荐使用的实验操作系统。

读者需要到本书提供的网盘中获取 Opencv3 的源码，也可自行到 Opencv 官网下载源码，然后进行解压。读者可根据以下安装步骤进行操作，首先需要打开终端。

（1）更新 Ubuntu。

```
sudo apt-get -y update
sudo apt-get -y upgrade
sudo apt-get -y dist-upgrade
sudo apt-get -y autoremove
```

（2）安装依赖。

```
sudo apt-get install -y build-essential cmake
sudo apt-get install -y qt5-default libvtk6-dev
sudo apt-get install -y zlib1g-dev libjpeg-dev libwebp-dev libpng-dev libtiff5-dev libjasper-dev libopenexr-dev libgdal-dev
sudo apt-get install -y libdc1394-22-dev libavcodec-dev libavformat-dev libswscale-dev libtheora-dev libvorbis-dev libxvidcore-dev libx264-dev yasm libopencore-amrnb-dev libopencore-amrwb-dev libv4l-dev libxine2-dev
sudo apt-get install -y libtbb-dev libeigen3-dev
sudo apt-get install -y python-dev python-tk python-numpy python3-dev python3-tk python3-numpy
```

（3）解压软件包配置。

解压好 Opencv 源码文件后，需要创建好 build 文件，进入该文件完成编译操作。

```
cd opencvx.x.x
mkdir build
cd build
sudo cmake ../          ## 此过程等待时间较长，请耐心等待
```

```
sudo make -j8
sudo make install
```

注意：若上述编译有报错，删除 build 目录重新创建。

（4）设置变量以及创建链接文件。

需要将 Opencv 的库添加到路径，从而可以让系统找到。

```
sudo vi /etc/ld.so.conf.d/opencv.conf
```

此命令打开的可能是一个空白文件，只需要在文件末尾添加路径即可。

```
/usr/local/lib
```

执行命令使刚才的配置路径生效。

```
sudo ldconfig
```

设置路径的变量。

```
sudo vi /etc/bash.bashrc
```

添加以下内容。

```
PKG_CONFIG_PATH=$PKG_CONFIG_PATH:/usr/local/lib/pkgconfig export PKG_CONFIG_PATH
```

保存，执行命令使其生效。

```
Source /etc/bash.bashrc
```

更新系统。

```
updatedb
```

小　　结

深度学习实验环境会碰到各种依赖的包文件，并且各种版本兼容问题比比皆是，而 Anaconda 能够有效地解决这些问题，本章着重介绍 Anaconda 与 PyCharm 的部署，并为读者提供了开发环境虚拟机的使用方法。

第 4 章 神经网络入门

本章内容

- 常见深度学习框架介绍
- 了解 TensorFlow playground 的使用
- Keras 神经网络的核心组件
- TensorFlow 实现神经网络

本章首先介绍了常见的深度学习框架，并通过谷歌乐园生动形象的图像更直观地了解了神经网络的工作原理。在充分理解神经网络工作原理后，本章将进一步介绍神经网络的核心组件，即层、目标函数和优化器等 Keras 神经网络的核心组件。

4.1 常见深度学习框架介绍

本书的案例全都使用 Keras+TensorFlow 框架实现。Keras 是一个用 Python 编写的高级神经网络 API，它能够以 TensorFlow、CNTK 或 Theano 作为后端运行，并且可以方便地定义和训练几乎所有类型的深度学习模型。能够以最小的时延把你的想法转换为实验结果，是做好研究的关键。除了本书所使用的框架外，常见的深度学习框架还有 PyTorch、Caffe、Theano、MXNet、CNTK、DeepLearning4j 等，这些深度学习框架被应用于计算机视觉、语音识别、自然语言处理与生物信息学等领域，并获取了极好的效果。下面将主要介绍当前深度学习领域影响力比较大的几个框架。

TensorFlow 是目前较流行的深度学习框架，它是由谷歌人工智能团队谷歌大脑（Google Brain）开发和维护，拥有包括 TensorFlow Hub、TensorFlow Lite、TensorFlow Research Cloud 在内的多个项目以及各类应用程序接口（application programming interface, API）。Google 在深度学习领域具有巨大影响力和强大的推广能力，在构建和训练先进的模型时，不会降低速度或性能。借助 Keras Functional API 和 Model Subclassing API 等功能，TensorFlow 可以灵活地创建复杂拓扑并实现相关控制。为了轻松地设计原型并快速进行调试，可使用即刻执行环境。

Theano 最初诞生于蒙特利尔大学 LISA 实验室，于 2007 年开始开发，是第一个有较大影响力的 Python 深度学习框架。Theano 可用于定义、优化和计算数学表达式，特别是多维数组。在解决包含大量数据的问题时，使用 Theano 编程可实现比手写 C 语言更快的速度，而通过 GPU

加速，Theano 甚至可以比基于 CPU 计算的 C 语言快上好几个数量级。2017 年 9 月 29 日 Yoshua Bengio 宣布了 Theano 停止更新维护，尽管 Theano 即将退出历史舞台，但作为第一个 Python 深度学习框架，它为深度学习研究人员的早期拓荒提供了极大的帮助，同时也为之后深度学习框架的开发奠定了基本设计方向。深度学习框架 2018 年增长率如图 4.1 所示。

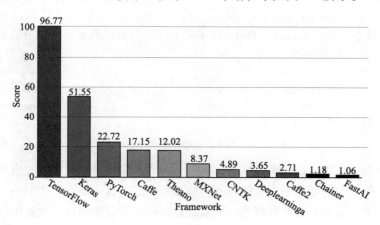

4.1　深度学习框架增长率

Keras 是由谷歌 AI 研究员 Francois Chollet 开发的，同时 Francois Chollet 也是被称为 Python 程序员深度学习"四大名著"之一 *Deep learing with Python* 的作者。Keras 是为人类而非机器设计的 API，Keras 并不能称为一个深度学习框架，它更像一个深度学习接口，Keras 构建于第三方框架之上，它有三个后端实现：TensorFlow 后端、Theano 后端和微软认知工具包（Microsoft cognitive toolkit，CNTK）后端。Keras 遵循减少认知困难的最佳实践，它提供一致且简单的 API，它将常见用例所需的用户操作数量降至最低，并且在用户错误时提供清晰和可操作的反馈。由于 Keras 易于学习和使用，因此本书选择该框架作为初学者的一个模型级的库，特别是，tf.keras 作为 Keras API 可以与 TensorFlow 工作流无缝集成。

PyTorch 旨在实现简单灵活的实验。PyTorch 现在是 GitHub 上增长速度第二快的开源项目。

MXNet 是一个支持大多数编程语言的深度学习框架之一，支持如 C++、Python、R、Julia、JavaScript、Scala、Go、Perl，MXNet 可以在多个 GPU 和较多的机器上有效地并行计算。MXNet 具有详细的文档并且易于使用，能够在命令式和符号式编程风格之间进行选择，使其成为初学者和经验丰富的工程师的理想选择。

4.2　TensorFlow Playground

Google 深度学习部门谷歌大脑（Google Brain）团队成员 Jeff Dean，在 Google Plus 上发布了 TensorFlow Playground。

TensorFlow 是 Google 推出的机器学习开源平台，而有了 TensorFlow Playground，就可以在浏览器中通过生动形象的图像更直观地了解神经网络的工作原理。正如该网站的标语一样："在你的浏览器中就可以玩神经网络！不用担心，怎么玩也玩不坏哦！"

下面了解一下 TensorFlow Playground 的配置界面。

在主页的标语下有一行选择菜单，如图 4.2 所示，Learning rate 是学习率，作为监督学习以及深度学习中重要的超参，其决定着目标函数能否收敛到局部最小值以及何时收敛到最小值。Activation 是激活函数，默认为非线性函数 Tanh，该网站上提供 ReLU、Tanh、sigmoid、Linear 四种激活函数。Regularization 是正则化，正则化是利用范数解决过拟合的问题，而 Regularization rate 则是用来调整正则化率的选项。Problem type 是问题类型，网站上提供分类（Classification）与回归（Regression）两种类型。

图 4.2　选择菜单

在图 4.3 中数据区域有四个调整项目，DATA 为数据集类型，网站上提供了四种数据集，用黄、蓝色小点所分布的形态来表示四种不同的数据状态，每一个小点代表一个样例，点的颜色代表样例的标签；因为只有两种颜色，所以这里是一个二分类问题，被选中的数据也会显示在最右侧的 OUTPUT 中。Ratio of training to test data 是数据用于测试的比例，可以直接对进度条进行操作即可调整。Noise 是对数据中引入噪声，调整该参数为零时，黄、蓝色小点分离得越清晰，当该参数越大时，黄、蓝色小点会出现交融现象。Batch size 是一次训练所选取的样本数，调整 Batch size 的大小将影响模型的优化程度和速度。

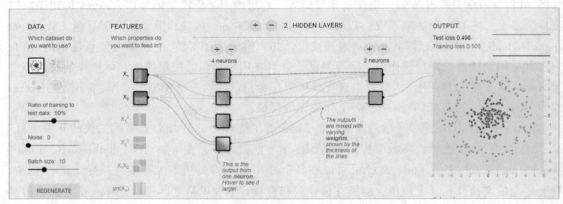

图 4.3　数据区域

在网页的网络结构调整区域中，FEATURES 特征向量是神经网络的输入，神经网络的主体如图中 4.4 所示，x_1、x_2……代表特征向量中每个特征的取值，在问题中实体的特征向量作为神经网络的输入，不同实体可以提取不同的特征向量。

HIDDEN LAYERS 为隐藏层，在输入和输出之间的神经网络层称为隐藏层，一般神经网络的隐藏层越多，这个神经网络越深，计算量就越大。可以通过+、-符号增加与减少隐藏层。

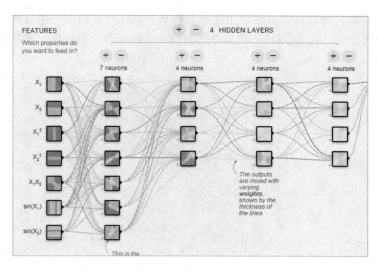

图 4.4　网络结构调整区域

在图 4.5 中可以看到神经网络中各层之间的连接线，连接线的粗细表示输出与不同的权重混合结果，可以通过单击该路径上的 Weight 修改权值。在输出结果 OUTPUT 区域中，通过设置上面的参数，单击运行即可观测到输出结果的变化。选中 Show test data 复选框可以显示未参与训练的测试数据集的情况，选中 Discretize output 复选框可以看到离散化后的结果。

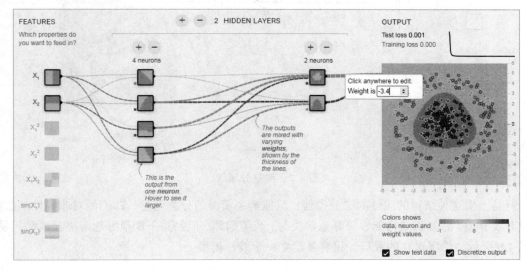

图 4.5　修改权值

下面利用 Playground 解决一个二分类问题，要区分一个数据点是橙色的还是蓝色的，该如何编写代码？也许用户会像图 4.6 一样任意画一条对角线来分隔两组数据点。

定义一个阈值以确定每个数据点属于哪一个组。其中 b 是确定线的位置的阈值。通过分别为 x_1 和 x_2 赋予权重 w_1 和 w_2，可以使代码的复用性更强。

$$w_1 x_1 + w_2 x_2 > b$$

此外，如果调整 w_1 和 w_2 的值，分隔线的角度将进行调整。也可以调整 b 的值来移动线的位置，如图 4.7 所示。所以可以重复使用这个条件来分类任何可以被一条直线分类的数据集。但问题的关键是必须为 w_1、w_2 和 b 找到合适的值——即所谓的参数值，然后指示计算机如何分类这些数据点。

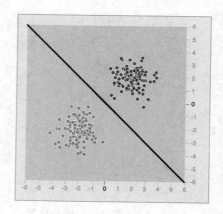

图 4.6　分隔线

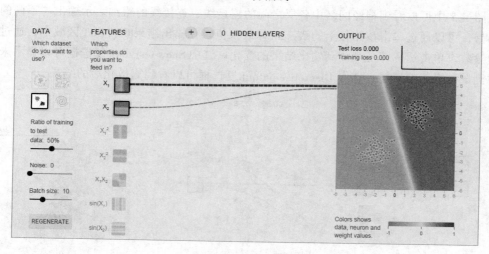

图 4.7　调整分隔线

但是上面这种结构的线性的二分类器，只能解决简单的分类问题，却不能对非线性的数据进行有效分类。感知机结构能够很好地解决与、或等问题，但是并不能很好地解决异或等问题。如图 4.8 所示，给出这样的数据，很容易建立一个线性模型。

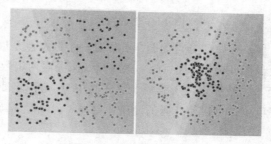

图 4.8　建立线性模型

单神经元结构感知机对两类标本的分类——playground 演示如图 4.9 所示，过于简单的神经元对于非线性的数据显得束手无策，如何解决这种问题呢？

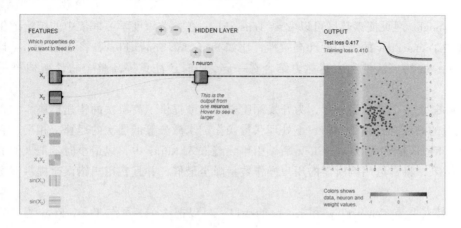

图 4.9　playground 演示

能不能多增加几个感知机解决这个问题呢？通过图 4.10 中逐渐增加神经元对比可以看出，多个神经元能够有效地解决非线性问题。

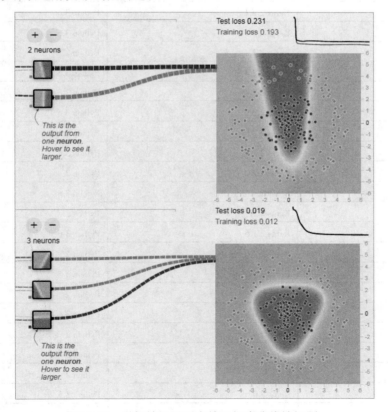

图 4.10　增加神经元可有效地解决非线性问题

4.3 Keras 神经网络的核心组件

根据 Google 网页搜索热度可以发现 TensorFlow 在各类深度学习框架中的统治地位，谷歌一直在增强 TensorFlow 的易用性和高效性，比如 Swift for TensorFlow，将 TensorFlow 计算图与 Eager Execution 的灵活性和表达能力结合在一起，同时还注重提高整个软件架构每一层的可用性。

而 Keras 是一个模型级的库，为开发深度学习模型提供了高层次的构建模块。它是一个用 Python 编写的高级神经网络 API，不处理张量操作、求微分等低层次的运算。相反，它依赖于后端引擎。Keras 能够将 TensorFlow 后端引擎无缝嵌入 Keras 中，以最小时延把人们的想法转换为实验结果，将常见用例所需的用户操作数量降至最低，并且在用户错误时提供清晰和可操作的反馈。

Keras 其实就是 TensorFlow 和 Keras 的接口，可以把 Keras 看作 TensorFlow 封装后的一个 AP，表 4.1 中分别给出了 TensorFlow、Keras、Python 相应的配套版本。

表 4.1 TensorFlow、Keras、Python 相应的配套版本

Tensor Flow	Keras	Python
TensorFlow 1.13.0	Keras 2.2.4	Python 3.6.
TensorFlow 1.12.0	Keras 2.2.4	Python 3.6.
TensorFlow 1.12.0	Keras 2.2.4	Python 2.
TensorFlow 1.11.0	Keras 2.2.4	Python 3.6.
TensorFlow 1.11.0	Keras 2.2.4	Python 2.
TensorFlow 1.10.0	Keras 2.2.0	Python 3.6.
TensorFlow 1.10.0	Keras 2.2.0	Python 2.
TensorFlow 1.9.0	Keras 2.2.0	Python 3.6.
TensorFlow 1.9.0	Keras 2.2.0	Python 2.
TensorFlow 1.8.0	Keras 2.1.6	Python 3.6.
TensorFlow 1.8.0	Keras 2.1.6	Python 2.
TensorFlow 1.7.0	Keras 2.1.6	Python 3.6.
TensorFlow 1.7.0	Keras 2.1.6	Python 2.
TensorFlow 1.5.0	Keras 2.1.6	Python 3.6.
TensorFlow 1.5.0	Keras 2.1.6	Python 2.
TensorFlow 1.4.0	Keras 2.0.8	Python 3.6.
TensorFlow 1.4.0	Keras 2.0.8	Python 2.
TensorFlow 1.3.0	Keras 2.0.6	Python 3.6.
TensorFlow 1.3.0	Keras 2.0.6	Python 2.
TensorFlow 1.2.0	Keras 2.0.6	Python 3.5.
TensorFlow 1.2.0	Keras 2.0.6	Python 2.
TensorFlow 1.1.0	Keras 2.0.6	Python 3.5.

续表

Tensor Flow	Keras	Python
TensorFlow 1.1.0	Keras 2.0.6	Python 2.
TensorFlow 1.0.0	Keras 2.0.6	Python 3.5.
TensorFlow 1.0.0	Keras 2.0.6	Python 2.
TensorFlow 0.12.1	Keras 1.2.2	Python 3.5.
TensorFlow 0.12.1	Keras 1.2.2	Python 2.

神经网络中的核心组件有：层、网络、目标函数和优化器。图4.11所示为神经网络剖析图，层是一种数据处理模块，也可以将它看作数据过滤器，多个层组合成多层神经网络模型，将输入的数据经过模型运算输出预测值。然后损失函数将这些预测值与目标进行比较，得到损失值，用于衡量网络预测值与预期结果之间的误差，损失函数用于学习的反馈信号，网络可以通过损失函数计算出的误差来衡量在训练数据上的性能，并通过误差的信息使网络如何朝着正确的方向前进。优化器使用这个损失值来更新网络的权重，优化器决定学习过程如何进行，基于训练数据和损失函数来更新网络的机制。

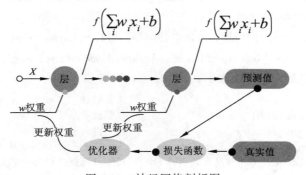

图4.11 神经网络剖析图

Keras主要包括14个模块包，下面主要对Models、Layers、Initializations、Activations、Objectives、Optimizers、Preprocessing、Metrics八个模块包展开介绍。

1. Models 包：keras.models

这是Keras中最主要的一个模块，用于对各个组件进行组装。Keras中有两种主要的模型类型：顺序模型Sequential和与功能性API一起使用的Model类。

下面是顺序模型Sequential通过将一系列图层实例传递给构造函数来创建模型：

```
from keras.models import Sequential
from keras.layers import Dense, Activation
model=Sequential([
    Dense(32, input_shape=(784,)),
    Activation('relu'),
    Dense(10),
    Activation('softmax'),
])
#可使用add方法组装组件
model=Sequential()
```

```
model.add(Dense(32, input_dim=784))
model.add(Activation('relu'))
```

Keras 功能 API 是定义复杂模型（如多输出模型，有向无环图或具有共享层的模型）的方法。

```
from keras.layers import Input, Dense
from keras.models import Model
#这将返回一个张量
inputs=Input(shape=(784,))
#在张量上可调用一个层实例，并返回张量
output_1=Dense(64,activation='relu')(inputs)
output_2=Dense(64,activation='relu')(output_1)
predictions=Dense(10,activation='softmax')(output_2)
#这将创建一个包含输入层和三个密集层的模型
model=Model(inputs=inputs,outputs=predictions)
model.compile(optimizer='rmsprop',
              loss='categorical_crossentropy',
              metrics=['accuracy'])
model.fit(data, labels)  #开始训练
```

2. Layers 包：keras.layers

该模块主要用于生成神经网络层，包含多种类型，如 Core Layers、Convolutional Layers、Pooling Layers、Normalization Layers、Recourrent Layers、Advanced Activations Layers、Embeddings Layers 等。

对于 Keras 层对象的操作方法如下：

```
layer.get_weights()                    #返回该层的权重（numpy array）
layer.set_weights(weights)             #将权重加载到该层
config=layer.get_config()              #保存该层的配置
layer=layer_from_config(config)        #加载一个配置到该层
#如果层仅有一个计算节点（即该层不是共享层），则可以通过下列方法获得输入张量、输出张量、输入数据的形状和输出数据的形状
layer.input
layer.output
layer.input_shape
layer.output_shape

#如果该层有多个计算节点，可以使用下面的方法
layer.get_input_at(node_index)
layer.get_output_at(node_index)
layer.get_input_shape_at(node_index)
layer.get_output_shape_at(node_index)
```

（1）Core Layers 层中定义了一系列常用的网络层，包括全连接层、激活层等，主要的常用层有：

- Dense 就是常用的全连接层，它有比较多的参数，全连接层的作用是根据特征的组合进行分类，它大大减少特征位置对分类带来的影响。
- Activation 激活层对一个层的输出施加激活函数。
- Dropout 层为输入数据施加 Dropout，Dropout 将在训练过程中每次更新参数时按一定概率随机断开输入神经元，Dropout 层用于防止过拟合。

- Flatten 层用来将输入实现扁平化,即把多维的输入一维化,常用在从卷积层到全连接层的过渡。
- Reshape 层用来将输入 shape 转换为特定的 shape,CNN 输入时将一维向量转换成二维向量。
- Permute 层将输入的维度按照给定模式进行重排,在将 RNN 和卷积网络连接在一起时使用该层。
- RepeatVector 层将输入重复 n 次。
- Lambda 层用以对上一层的输出施以任何 TensorFlow 表达式。
- ActivityRegularizer 层基于其激活值更新损失函数值。

(2) Convolutional Layers 卷积层,用于局部特征的提取,对于图像识别来说,卷积神经网络通常会使用多层卷积层得到更深层次的特征。

(3) Pooling Layers 池化层,用于缩减模型的大小,提高计算速度,同时提高所提取特征的健壮性。

(4) Normalization Layers 归一化层,在该层中把数据映射到同一数量级下便于比较。归一化后使得数据的处理更为方便,它可以加快梯度下降求最优解的速度并提高精度。

(5) Locally-connected Layers 局部连接层,当数据集具有全局的局部特征分布时,也就是说局部特征之间有较强的相关性,适合用全卷积。在不同的区域有不同的特征分布时,适合用 local-Conv。

(6) Embedding Layers 嵌入层,将正整数(索引值)转换为固定尺寸的稠密向量。

(7) Merge Layers 合并层,该层提供了一系列用于融合两个层或两个张量的层对象和方法。

(8) Noise Layers 噪声层,应用于减轻过度拟合,仅在训练时才处于活动状态。

3. Initializations 包:keras.initializations

该模块初始化设置 Keras 层的初始随机权重的方法,初始化方法包括:Initializer、Zeros、Ones、Constant、RandomNormal、RandomUniform、TruncatedNormal、VarianceScaling、Orthogonal、Identity、lecun_uniform、glorot_uniform、he_normal、lecun_normal、he_uniform 等。

使用说明:

```
model.add(Dense(64,
              kernel_initializer='random_uniform',
              bias_initializer='zeros'))

#以下内置的初始化程序可作为 keras.initializers 模块的一部分使用

#初始化器基类:所有初始化器均从此类继承
keras.initializers.Initializer()
#生成张量初始化为 0 的初始化程序
keras.initializers.Zeros()
#生成张量初始化为 1 的初始化程序
keras.initializers.Ones()
#生成张量的初始化程序,张量初始化为一个恒定值
keras.initializers.Constant(value=0)
#初始化器,生成具有正态分布的张量
keras.initializers.RandomNormal(mean=0.0, stddev=0.05, seed=None)
```

```
#初始化器,生成具有正态分布的张量
keras.initializers.RandomUniform(minval=-0.05, maxval=0.05, seed=None)
#生成具有均匀分布的张量的初始化程序
```

4. Activations 包:keras.activations、keras.layers.advanced_activations(高级激活层 Advanced Activation)

该模块主要负责为神经层附加激活函数,如 softmax、selu、softplus、softsign、relu、tanh、sigmoid、hard_sigmoid、exponential、linear 以及高级激活层使用的 LeakyReLU、PReLU 等比较新的激活函数。

使用说明:

```
from keras.layers import Activation, Dense
model.add(Dense(64))
model.add(Activation('tanh'))
```

5. Objectives 包:keras.objectives

目标函数又称损失函数,该模块主要负责为神经网络附加损失函数,是编译一个模型必须的参数之一,目标函数用来估量模型的预测值与真实值的不一致程度,它是一个非负实值函数,目标函数越小,模型的健壮性就越好。

使用说明:

```
from keras import losses
model.compile(loss=losses.mean_squared_error, optimizer='sgd')
```

常用的主要目标函数有:

- mean_squared_error:均方误差。
- mean_absolute_error:平均绝对误差。
- mean_absolute_percentage_error:平均绝对百分比误差。
- mean_squared_logarithmic_error:均方对数误差。
- hinge:合页损失函数、铰链损失函数。
- squared_hinge:平方合页损失函数。
- categorical_hinge:分类合页损失函数。
- binary_crossentropy:对数损失函数。
- logcosh:回归损失函数。

6. Optimizers 包:keras.optimizers

优化器是编译 Keras 模型必要的两个参数之一,它与目标函数相互协作完成权重的更新,该模块主要负责设定神经网络的优化方法,如最基本的随机梯度下降 SGD,另外还有 RMSprop、Adagrad、Adadelta、Adam、Adamax、Nadam 等方法。

使用说明:

```
keras.optimizers.SGD(lr=0.01, momentum=0.0, decay=0.0, nesterov=False)
```

上面的代码是 SGD 的使用方法,lr 表示学习速率,momentum 表示动量项,decay 大于 0 的浮点数,每次更新后的学习率衰减值,nesterov 值为布尔值,确定是否使用 nesterov 动量。

```
keras.optimizers.RMSprop(lr=0.001, rho=0.9, epsilon=1e-06)
keras.optimizers.Adagrad(lr=0.01, epsilon=1e-06)
```

```
keras.optimizers.Adadelta(lr=1.0, rho=0.95, epsilon=1e-06)
keras.optimizers.Adam(lr=0.001, beta_1=0.9, beta_2=0.999, epsilon=1e-08)
keras.optimizers.Adamax(lr=0.002, beta_1=0.9, beta_2=0.999, epsilon=1e-08)
keras.optimizers.Nadam(lr=0.002, beta_1=0.9, beta_2=0.999,
epsilon=1e-08, schedule_decay=0.004)
```

其他优化器参数：rho 大于 0 的浮点数；epsilon 大于 0 的小浮点数，防止除 0 错误；beta_1/beta_2 浮点数，0<beta<1，通常很接近 1。以上优化器建议保持优化器的默认参数不变。

7. Preprocessing 包：keras.preprocessing

数据预处理模块，包括序列数据的处理、文本数据的处理和图像数据的处理等。对于图像数据的处理，keras 提供了 ImageDataGenerator 函数，实现数据集扩增，对图像做一些弹性变换，比如水平翻转、垂直翻转、旋转等。

文本预处理使用说明：

```
keras.preprocessing.text.text_to_word_sequence(text,filters=base_filter(),
lower=True, split=" ")
  keras.preprocessing.text.one_hot(text,n,filters=base_filter(),lower=True, split=" ")
  keras.preprocessing.text.Tokenizer(nb_words=None,filters=base_filter(),lower=True,
split=" ")
```

本函数将一个句子拆分成单词构成的列表，text 为字符串，待处理的文本，filters 为需要滤除的字符的列表或连接形成的字符串，lower 为布尔值，是否将序列设为小写形式，split 为字符串，单词的分隔符，如空格。

- text_to_word_sequence 句子分割，将一个句子拆分成单词构成的列表。
- one-hot 编码将一段文本编码为 one-hot 形式的码，即仅记录词在词典中的下标。
- Tokenizer 分词器是一个用于向量化文本或将文本转换为序列的类。

图片预处理使用说明：

```
keras.preprocessing.image.ImageDataGenerator(featurewise_center=False,
    samplewise_center=False,
    featurewise_std_normalization=False,
    samplewise_std_normalization=False,
    zca_whitening=False,
    rotation_range=0.,
    width_shift_range=0.,
    height_shift_range=0.,
    shear_range=0.,
    zoom_range=0.,
    channel_shift_range=0.,
    fill_mode='nearest',
    cval=0.,
    horizontal_flip=False,
    vertical_flip=False,
    rescale=None,
    dim_ordering=K.image_dim_ordering())
```

- featurewise_center：布尔值，使输入数据集去中心化（均值为 0），按 feature 执行。
- samplewise_center：布尔值，使输入数据的每个样本均值为 0。

- featurewise_std_normalization：布尔值，将输入除以数据集的标准差以完成标准化，按 feature 执行。
- samplewise_std_normalization：布尔值，将输入的每个样本除以其自身的标准差。
- zca_whitening：布尔值，对输入数据施加 ZCA 白化。
- rotation_range：整数，数据提升时图片随机转动的角度。
- width_shift_range：浮点数，图片宽度的某个比例，数据提升时图片水平偏移的幅度。
- height_shift_range：浮点数，图片高度的某个比例，数据提升时图片竖直偏移的幅度。
- shear_range：浮点数，剪切强度（逆时针方向的剪切变换角度）。
- zoom_range：浮点数的列表，随机缩放的幅度。
- channel_shift_range：浮点数，随机通道偏移的幅度。
- fill_mode：'constant'、'nearest'、'reflect'或'wrap'之一，当进行变换时超出边界的点将根据本参数给定的方法进行处理。
- cval：浮点数或整数，当 fill_mode=constant 时，指定要向超出边界的点填充的值。
- horizontal_flip：布尔值，进行随机水平翻转。
- vertical_flip：布尔值，进行随机竖直翻转。
- rescale: 重放缩因子，默认为 None。如果为 None 或 0 则不进行放缩，否则会将该数值乘到数据上（在应用其他变换之前）。
- dim_ordering：'tf'和'th'之一，规定数据的维度顺序。'tf'模式下数据的形状为 samples, height, width, channels，'th'模式下形状为该参数的默认值，即 Keras 配置文件~/.keras/keras.json 的 image_dim_ordering 值。

8. Metrics 包：keras.metrics

评价函数用于评估当前训练模型的性能。当模型编译后，评价函数应该作为 metrics 的参数来输入，评价函数和损失函数相似，只不过评价函数的结果不会用于训练过程中。

使用说明：

```
from keras import metrics
model.compile(loss='mean_squared_error',
              optimizer='sgd',
              metrics=[metrics.mae, metrics.categorical_accuracy])
```

常使用的评价函数有：binary_accuracy 二进制精度、categorical_accuracy 分类准确度、sparse_categorical_accuracy 稀疏分类精度、top_k_categorical_accuracy 最高分类准确度、sparse_top_k_categorical_accuracy 稀疏的目标值预测。

4.4 TensorFlow 实现神经网络

TensorFlow 是一个端到端开源机器学习平台，借助 TensorFlow，初学者和专家可以轻松地创建机器学习模型。Keras 是一个用于构建和训练深度学习模型的高阶 API。它将可配置的构造块连接在一起可以构建 Keras 模型，并且几乎不受限制。

本节使用了 TensorFlow 网站上服装图像分类的案例，训练一个神经网络模型来分类像运动鞋和衬衫这样的衣服的图像。对于初学者而言，在不是很清楚所有细节的情况下，这是一个对完整 TensorFlow 程序的快速理解的好案例。

本指南使用 tf.keras，一个高级 API 来构建和训练 TensorFlow 中的模型。

1．导入实例

```
import tensorflow as tf
from tensorflow import keras
```

无需自己去构造数据库集，在 keras.datasets 中获取相关现有数据集，这些数据集有：mnist 手写数字、fashion_mnist 时尚分类、cifar10（100）10 个类别分类。

使用实例：

```
fashion_mnist = keras.datasets.fashion_mnist
(train_images, train_labels), (test_images, test_labels) = fashion_mnist.load_data()
print(train_images, train_labels)
```

2．构建模型

在 Keras 中，可以通过组合层构建模型。模型通常是由层构成的图。最常见的模型类型是层的堆叠。

tf.keras.Sequential 模型实例：

```
from tensorflow.python.keras.layers import Dense
from tensorflow.python.keras.layers import DepthwiseConv2D
from tensorflow.python.keras.layers import Dot
from tensorflow.python.keras.layers import Dropout
from tensorflow.python.keras.layers import ELU
from tensorflow.python.keras.layers import Embedding
from tensorflow.python.keras.layers import Flatten
from tensorflow.python.keras.layers import GRU
from tensorflow.python.keras.layers import GRUCell
from tensorflow.python.keras.layers import LSTMCell
```

Flatten 实现将输入数据进行形状改变展开，Dense 则是添加一层神经元。

tf.keras.Sequential 构建类似管道的模型。

```
model = keras.Sequential([
    keras.layers.Flatten(input_shape=(28, 28)),
    keras.layers.Dense(128, activation=tf.nn.relu),
    keras.layers.Dense(10, activation=tf.nn.softmax)
])
```

3．训练与评估

通过调用 model 的 compile 方法配置该模型所需要的训练参数以及评估方法。

model.compile(optimizer,loss=None,metrics=None,准确率)：配置训练相关参数。

- optimizer：梯度下降优化器（keras.optimizers）。

```
from tensorflow.python.keras.optimizers import Adadelta
from tensorflow.python.keras.optimizers import Adagrad
from tensorflow.python.keras.optimizers import Adam
from tensorflow.python.keras.optimizers import Adamax
from tensorflow.python.keras.optimizers import Nadam
```

```
from tensorflow.python.keras.optimizers import Optimizer
from tensorflow.python.keras.optimizers import RMSprop
from tensorflow.python.keras.optimizers import SGD
from tensorflow.python.keras.optimizers import deserialize
from tensorflow.python.keras.optimizers import get
from tensorflow.python.keras.optimizers import serialize
from tensorflow.python.keras.optimizers import AdamOptimizer()
```

对于稀疏数据，尽量使用学习率可自适应的优化方法，不用手动调节，而且最好采用默认值，而 SGD 是梯度下降最常见的三种变形之一。BGD、SGD、MBGD 三种形式的区别取决于用户用多少数据来计算目标函数的梯度，SGD 通常训练时间更长，但是在好的初始化和学习率调度方案的情况下，结果更可靠。

Adagrad 算法可以对低频参数做较大的更新，对高频参数做较小的更新，因此，对于稀疏的数据它的表现很好，很好地提高了 SGD 的健壮性，RMSprop 和 Adadelta 都是为了解决 Adagrad 学习率急剧下降问题，RMSprop 对 RNN 效果很好。

Adam 算法是另一种计算每个参数的自适应学习率的方法。Adamax 是 Adam 的一种变体，此方法对学习率的上限提供了一个更简单的范围，而 Nadam 类似于带有 Nesterov 动量项的 Adam，可以看出，Nadam 对学习率有了更强的约束，同时对梯度的更新也有更直接的影响。一般而言，在想使用带动量的 RMSprop 或 Adam 的地方，大多可以使用 Nadam 取得更好的效果。

- loss=None：损失类型（keras.losses）。

```
from tensorflow.python.keras.losses import KLD
from tensorflow.python.keras.losses import KLD as kld
from tensorflow.python.keras.losses import KLD as kullback_leibler_divergence
from tensorflow.python.keras.losses import MAE
from tensorflow.python.keras.losses import MAE as mae
from tensorflow.python.keras.losses import MAE as mean_absolute_error
from tensorflow.python.keras.losses import MAPE
from tensorflow.python.keras.losses import MAPE as mape
from tensorflow.python.keras.losses import MAPE as mean_absolute_percentage_error
from tensorflow.python.keras.losses import MSE
from tensorflow.python.keras.losses import MSE as mean_squared_error
from tensorflow.python.keras.losses import MSE as mse
from tensorflow.python.keras.losses import MSLE
from tensorflow.python.keras.losses import MSLE as mean_squared_logarithmic_error
from tensorflow.python.keras.losses import MSLE as msle
from tensorflow.python.keras.losses import binary_crossentropy
from tensorflow.python.keras.losses import categorical_crossentropy
from tensorflow.python.keras.losses import categorical_hinge
from tensorflow.python.keras.losses import cosine
from tensorflow.python.keras.losses import cosine as cosine_proximity
from tensorflow.python.keras.losses import deserialize
from tensorflow.python.keras.losses import get
from tensorflow.python.keras.losses import hinge
from tensorflow.python.keras.losses import logcosh
from tensorflow.python.keras.losses import poisson
from tensorflow.python.keras.losses import serialize
from tensorflow.python.keras.losses import sparse_categorical_crossentropy
```

```
from tensorflow.python.keras.losses import squared_hinge
```

损失函数又称目标函数,是网络中的性能函数,也是编译一个模型必需的两个参数之一,mean_squared_error 均方误差,又称标准差,缩写为 MSE,可以反映一个数据集的离散程度。mean_absolute_error 平均绝对误差,缩写为 MAE,平均绝对误差是所有单个观测值与算术平均值偏差的绝对值的平均。

mean_absolute_percentage_error 平均绝对百分比误差,缩写为 MAPE,mean_squared_logarithmic_error 均方对数误差,缩写为 MSLE。

kullback_leibler_divergence 从预测值概率分布 Q 到真值概率分布 P 的信息增益,用以度量两个分布的差异。

binary_crossentropy 对数损失函数,categorical_crossentropy 多分类的对数损失函数,与 sigmoid 相对应的损失函数。

hinge 公式为 max(0,1-y_true*y_pred).mean(axis=-1),取 1 减去预测值与实际值的乘积的结果与 0 比相对大的值的累加均值。

squared_hinge 公式为 max(0,1-y_true*y_pred)^2.mean(axis=-1),取 1 减去预测值与实际值的乘积的结果与 0 比相对大的值的平方的累加均值。

cosine_proximity 用余弦来判断两个向量的相似性。

4. 实现多层神经网络进行时装分类

本实验使用时尚 MNIST 数据集,其中包含 70 000 个灰度图像,这些图像以低分辨率(28 像素×28 像素)显示衣服的各个物品,如图 4.12 所示。

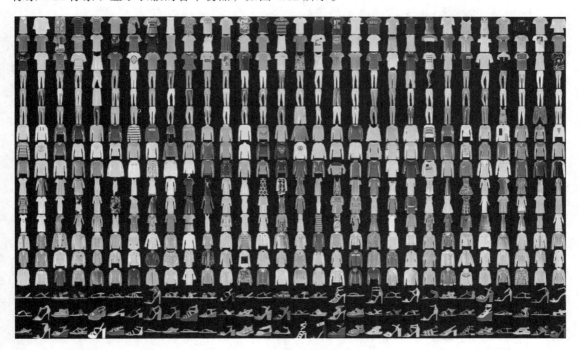

图 4.12 MNIST 数据集

fashion_mnist 数据集如表 4.2 所示,该数据集涵盖 10 个类别:T 恤衫、上衣、裤子、套衫、裙子、外套、凉鞋、衬衫、运动鞋、包包、短靴。

表 4.2 fashion_mnist 数据集

标 签	类 别	标 签	类 别
0	T 恤衫/上衣	5	凉鞋
1	裤子	6	衬衫
2	套衫	7	运动鞋
3	裙子	8	包包
4	外套	9	短靴

每个图像都映射到一个标签。由于类名不包含在数据集中，可将它们存储在一起，以便将来打印图像时使用。

```
class_names = ['T-shirt/top', 'Trouser', 'Pullover', 'Dress', 'Coat',
               'Sandal', 'Shirt', 'Sneaker', 'Bag', 'Ankle boot']
```

从 datasets 中获取相应的数据集，直接有训练集和测试集。

```
class SingleNN(object):

    def __init__(self):
        (self.train, self.train_label), (self.test, self.test_label) = keras.datasets.fashion_mnist.load_data()
```

进行模型编写：双层，128 个神经元，全连接层 10 个类别输出。

```
class SingleNN(object):

    model = keras.Sequential([
        keras.layers.Flatten(input_shape=(28, 28)),
        keras.layers.Dense(128, activation=tf.nn.relu),
        keras.layers.Dense(10, activation=tf.nn.softmax)
    ])
```

涉及网络的优化时，会有不同的激活函数供选择，但有一个问题是神经网络的隐藏层和输出单元用什么激活函数？这里选用 relu 与 sigmoid 函数，但有时其他函数的效果会更好，大多数是通过实践得来的，没有很好的解释性。

编译、训练以及评估。

```
    def compile(self):

        SingleNN.model.compile(optimizer=tf.train.AdamOptimizer(),
loss=tf.keras.losses.sparse_categorical_crossentropy,metrics=['accuracy'])
        return None
    def fit(self):
        SingleNN.model.fit(self.train, self.train_label, epochs=5)
        return None
    def evaluate(self):
        test_loss, test_acc = SingleNN.model.evaluate(self.test, self.test_label)
        print(test_loss, test_acc)
        return None
```

手动保存和回复模型。

```
SingleNN.model.save_weights("./ckpt/SingleNN")
def predict(self):
    if os.path.exists("./ckpt/checkpoint"):
        SingleNN.model.load_weights("./ckpt/SingleNN")
    predictions = SingleNN.model.predict(self.test)
    print(np.argmax(predictions, 1))
    return
```

小　　结

本章介绍了常用的深度学习框架与 TensorFlow Playground 的使用方法，通过谷歌乐园形象直观地理解神经网络原理。介绍了 Keras 神经网络中常用的核心组件。后续几章会经常遇到两个关键概念：损失和优化器。

第二部分

应用篇

第 5 章 牛刀小试——深度学习与计算机视觉入门基础

本章内容

- 实验环境安装依赖
- Numpy 基本数据类型的使用操作
- 如何利用 Keras 实现简单的一元线性回归

本章将介绍使用 Numpy 创建多维数组和使用 Keras 快速搭建神经网络并进行模型训练。下面从线性回归这种单层神经网络开始，从零开始手动利用 Keras 实现简单的一元线性回归。

5.1 创建环境和安装依赖

在实验环境部署章节中已经描述了如何安装 Anaconda 和 Jupyter notebook。Anaconda 作为一个 Python 的发行版，其中包含了大量的科学包和自带环境管理的工具 Conda，本书推荐使用 Conda 和 Pip 这两种方式去构建项目。

5.1.1 创建虚拟环境

Conda 是一个开源的软件包管理系统和环境管理系统，用于安装多个版本的软件包及其依赖关系，并在它们之间轻松切换。现在创建本书的第一个项目所需要用到的环境，将该环境命名为 dlwork，采用 Python 3.6 版本，打开终端，在命令行中输入"conda create –n 环境名 python=版本号"命令创建环境。创建环境的步骤在本书安装和配置 Anaconda 章节中有详细说明。

```
(base) jingyudeMacBook-Pro:~ jingyuyan$ conda create -n keras python=3.6
```

创建环境完毕后，需要激活已创建的环境，使用"conda activate + 环境名"方式激活：

```
(base) jingyudeMacBook-Pro:~ jingyuyan$ conda activate dlwork
```

或者使用"source activate + 环境名"方式进行激活：

```
(base) jingyudeMacBook-Pro:~ jingyuyan$ source activate dlwork
```

5.1.2 安装依赖

在新的环境下安装 jupyter notebook，推荐使用 conda install jupyter 命令进行安装。

```
conda install jupyter
```

jupyter notebook 安装完毕后，将继续安装 TensorFlow、Keras、OpenCV 等一些环境依赖。TensorFlow 作为 keras 的 backend，鉴于基础教程，本环境所使用的版本为 TensorFlow 1.14 的 CPU 版，下面会给出在 Anaconda 环境下 CPU 版和 GPU 版 TensorFlow 的安装，值得注意的是，CPU 版本下，使用 conda 安装的 CPU 版 TensorFlow 从 1.9.0 版本开始采用 MKL-DNN，相对于使用 pip 安装的 CPU 版的 TensorFlow 速度会更快；在 GPU 版本下（通常指 NVIDIA 的显卡），使用 Anaconda 会自动根据当前系统的 GPU 驱动自动安装 GPU 版的 TensorFlow，并自动配置好 cuda 和 cudnn 等工具，需要注意的是，安装 GPU 版本之前请确保有安装显卡驱动以及确认当前显卡是否支持。所以本书推荐使用 conda install 命令安装 TensorFlow。

```
# cpu 环境下安装 TensorFlow1.14
conda install tensorflow=1.14
# gpu 环境下安装 TensorFlow1.14
conda install tensorflow-gpu=1.14
```

Keras 作为 TensorFlow 的顶层 API 接口简化了很多复杂算法的实现难度，可以使用更简洁的代码实现神经网络的搭建和训练。安装代码如下：

```
conda install keras
```

OpenCV 作为一款跨平台计算机视觉库，它在图像处理方面具有非常强大的功能，值得注意的是，新版的 OpenCV 4.x 版本与 3.x 版本具有较大的差异，本书采用 OpenCV 3.4.20 版本：

```
pip install opencv-python==3.4.5.20
```

pandas 是基于 Numpy 的一种工具，纳入了大量库和一些标准的数据模型，提供了高效地操作大型数据集所需的工具。安装方法如下：

```
conda install pandas
```

安装完所有需要的依赖后使用 conda list 命令查看当前所安装的依赖情况。

```
conda list
```

5.2 构建项目

在指定的磁盘路径创建存放当前项目的目录，Linux 或 macOS 可使用 mkdir 命令创建文件夹目录，Windows 直接使用图形化界面右键新建文件夹即可。

例如，实验存放项目的目录名为 project01：

```
(dlwork) jingyudeMacBook-Pro:~ jingyuyan$ mkdir project01
```

创建成功后，在 dlwork 环境下，进入 project01 目录下，打开 jupyter notebook：

```
cd project01
jupyter notebook
```

新建一个 ipynb 文件，并且进入到文件中。

5.3 数据操作——Numpy

Numpy 是一个用 Python 实现的科学计算,包括强大的 N 维数组对象 Array、比较成熟的(广播)函数库、用于整合 C/C++和 Fortran 代码的工具包、实用的线性代数、傅里叶变换和随机数生成函数。本书仅简单解释 Numpy 的基本数据类型的使用操作与本书所需要使用到功能,具体详细的使用方法可以参考 Numpy 官网中的教程。

Numpy 的主要对象是同种元素的多维数组。这是一个所有元素都是一种类型、通过一个正整数元组索引的元素表格(通常是元素是数字)。在 Numpy 中维度(dimensions)称为轴(axes),轴的个数称为秩(rank)。

例如,3D 空间中点的坐标[1, 2, 1]具有一个轴。该轴有 3 个元素,所以说它的长度为 3。在下面的例子中,数组有 2 个轴,第 0 轴的长度为 2,第 1 轴的长度为 3。

```
[[ 1., 0., 0.],
 [ 0., 1., 2.]]
```

5.3.1 多维数组的创建

Numpy 的数组类称为 ndarray,通常称为数组。注意,Numpy.array 和标准 Python 库类 array.array 并不相同,后者只处理一维数组和提供少量功能。更多 ndarray 对象属性有:

(1)ndarray.ndim,数组轴的个数,在 Python 中,轴的个数称为秩。

(2)ndarray.shape,数组的维度,这是一个指示数组在每个维度上大小的整数元组。例如,一个 n 排 m 列的矩阵,其 shape 属性是(2,3),这个元组的长度显然是秩,即维度或者 ndim 属性。

(3)ndarray.size,数组元素的总个数,等于 shape 属性中元组元素的乘积。

(4)ndarray.dtype,一个用来描述数组中元素类型的对象,可以通过创造或指定 dtype 使用标准 Python 类型。另外,Numpy 提供自己的数据类型。

(5)ndarray.itemsize,数组中每个元素的字节大小。例如,一个元素类型为 float64 的数组 itemsize 属性值为 8(即 64/8),又如,一个元素类型为 complex32 的数组 item 属性为 4(即 32/8)。

(6)ndarray.data,包含实际数组元素的缓冲区,通常不需要使用这个属性,因为用户总是通过索引来使用数组中的元素。

导入 Numpy 包。

```
import Numpy as np
```

创建一个行向量。

```
x=np.arange(9)
x
array([0, 1, 2, 3, 4, 5, 6, 7, 8])
```

可以看到返回了一个多维数组,包含从 0 开始的 9 个连续的数。可以使用 shape 查看多维数组的形状。

```
x.shape
(9,)
```

也可以通过 size 属性查看多维数组的元素个数。

```
x.size
9
```

通过使用 reshape 把上面定义的行向量 x 形状改成(3,3)，也就是一个 3 行 3 列的方形矩阵 X。矩阵内的元素保持向量中的元素不变。

```
X = x.reshape((3, 3))
X
array([[0, 1, 2],
       [3, 4, 5],
       [6, 7, 8]])
```

此时，向量已经转变成一个矩阵。上面的 x.reshape((3,3))可以写成 x.reshape((-1,3))。因为 x 的元素个数是已知的，-1 是通过元素个数和其他维度大小推断出来的。

下面创建一个矩阵，包含的各个元素为 0，形状为(2,4,5)的张量。之前创建的向量和矩阵，实际上都是特殊的张量表达形式。

```
np.zeros((4, 5))
array([[0., 0., 0., 0., 0.],
       [0., 0., 0., 0., 0.],
       [0., 0., 0., 0., 0.],
       [0., 0., 0., 0., 0.]])
```

同理，可以创建各个元素为 1 的张量。

```
np.ones((4, 5))
array([[1., 1., 1., 1., 1.],
       [1., 1., 1., 1., 1.],
       [1., 1., 1., 1., 1.],
       [1., 1., 1., 1., 1.]])
```

当然，也可以创建随机元素的张量。

```
np.random.rand(4, 5)
array([[0.83723537, 0.16645513, 0.3920299 , 0.15969092, 0.77422813],
       [0.84615548, 0.24549784, 0.02062126, 0.63891162, 0.50217548],
       [0.63705748, 0.79238493, 0.66458034, 0.23791342, 0.07209047],
       [0.40152764, 0.52363615, 0.18834408, 0.53714454, 0.53512496]])
```

利用 Python 的列表（list）转换成 Numpy 的多维数组（ndarray）。

```
l=[[1,2,3],[4,5,6],[7,8,9]]
L=np.array(l)
L
array([[1, 2, 3],
       [4, 5, 6],
       [7, 8, 9]])
```

5.3.2 多维数组的基本运算和操作方法

Numpy 支持大量运算符计算，首先定义好所需要用到的数组 X 和 Y。

```
X=np.arange(0, 20).reshape(4, 5)
X
```

```
array([[ 0,  1,  2,  3,  4],
       [ 5,  6,  7,  8,  9],
       [10, 11, 12, 13, 14],
       [15, 16, 17, 18, 19]])
# arrange 的第三个参数 2 表示间隔
Y=np.arange(1, 40, 2).reshape(4, 5)
Y
array([[ 1,  3,  5,  7,  9],
       [11, 13, 15, 17, 19],
       [21, 23, 25, 27, 29],
       [31, 33, 35, 37, 39]])
```

做多维数组元素的加法运算：

```
X + Y
array([[ 1,  4,  7, 10, 13],
       [16, 19, 22, 25, 28],
       [31, 34, 37, 40, 43],
       [46, 49, 52, 55, 58]])
```

做多维数组元素的乘法运算：

```
X * Y
array([[  0,   3,  10,  21,  36],
       [ 55,  78, 105, 136, 171],
       [210, 253, 300, 351, 406],
       [465, 528, 595, 666, 741]])
```

做多维数组元素的除法运算：

```
X / Y
array([[0.        , 0.33333333, 0.4       , 0.42857143, 0.44444444],
       [0.45454545, 0.46153846, 0.46666667, 0.47058824, 0.47368421],
       [0.47619048, 0.47826087, 0.48      , 0.48148148, 0.48275862],
       [0.48387097, 0.48484848, 0.48571429, 0.48648649, 0.48717949]])
```

可以看到除法运算结果会转换成浮点型，获得矩阵的转置：

```
X.T
array([[ 0,  5, 10, 15],
       [ 1,  6, 11, 16],
       [ 2,  7, 12, 17],
       [ 3,  8, 13, 18],
       [ 4,  9, 14, 19]])
```

除了基本元素计算以外，还可以利用 dot 函数做矩阵或向量的乘法。

```
X.dot(Y.T)
array([[  70,  170,  270,  370],
       [ 195,  545,  895, 1245],
       [ 320,  920, 1520, 2120],
       [ 445, 1295, 2145, 2995]])
```

同理，可以通过连接函数（concatenate）拼接两个矩阵。axis 表示拼接矩阵的轴，如下是 axis=0 和 axis=1 所拼接的效果。注意，需要拼接的矩阵的轴必须相同。

```
np.concatenate([X, Y], axis=0)
array([[ 0,  1,  2,  3,  4],
```

```
         [ 5,  6,  7,  8,  9],
         [10, 11, 12, 13, 14],
         [15, 16, 17, 18, 19],
         [ 1,  3,  5,  7,  9],
         [11, 13, 15, 17, 19],
         [21, 23, 25, 27, 29],
         [31, 33, 35, 37, 39]])
np.concatenate([X, Y], axis=1)
array([[ 0,  1,  2,  3,  4,  1,  3,  5,  7,  9],
       [ 5,  6,  7,  8,  9, 11, 13, 15, 17, 19],
       [10, 11, 12, 13, 14, 21, 23, 25, 27, 29],
       [15, 16, 17, 18, 19, 31, 33, 35, 37, 39]])
```

Numpy 也存在行拼接（columnstack）与列拼接（rowstack）的方法。

```
np.column_stack([X,Y])
array([[ 0,  1,  2,  3,  4,  1,  3,  5,  7,  9],
       [ 5,  6,  7,  8,  9, 11, 13, 15, 17, 19],
       [10, 11, 12, 13, 14, 21, 23, 25, 27, 29],
       [15, 16, 17, 18, 19, 31, 33, 35, 37, 39]])
np.row_stack([X,Y])
array([[ 0,  1,  2,  3,  4],
       [ 5,  6,  7,  8,  9],
       [10, 11, 12, 13, 14],
       [15, 16, 17, 18, 19],
       [ 1,  3,  5,  7,  9],
       [11, 13, 15, 17, 19],
       [21, 23, 25, 27, 29],
       [31, 33, 35, 37, 39]])
```

5.3.3 多维数组索引

在 Numpy 中，多维数组的索引（index）代表了元素的位置。操作方式类似 Python 的索引，例如，截取一个列表 a 中 1~3 的元素，方法为：a[1:3]。下面定义一个多维数组尝试使用索引截取数据。

```
X=np.arange(0, 25).reshape(5, 5)
X
array([[ 0,  1,  2,  3,  4],
       [ 5,  6,  7,  8,  9],
       [10, 11, 12, 13, 14],
       [15, 16, 17, 18, 19],
       [20, 21, 22, 23, 24]])
```

截取该矩阵从 1 到 4 行的数据，所形成的结果如下：

```
X[1:4]
array([[ 5,  6,  7,  8,  9],
       [10, 11, 12, 13, 14],
       [15, 16, 17, 18, 19]])
```

若截取该矩阵 1~4 行的数据的同时再截取 1~4 列的数据，则结果如下：

```
X[1:4, 1:4]
array([[ 6,  7,  8],
```

```
            [11, 12, 13],
            [16, 17, 18]])
```

也可以访问单个元素，并进行赋值操作。

```
X[3, 4]=100
X
array([[  0,   1,   2,   3,   4],
       [  5,   6,   7,   8,   9],
       [ 10,  11,  12,  13,  14],
       [ 15,  16,  17,  18, 100],
       [ 20,  21,  22,  23,  24]])
```

也可以截取部分元素，进行范围性的赋值操作。

```
X[0:2, :]=100
X
array([[100, 100, 100, 100, 100],
       [100, 100, 100, 100, 100],
       [ 10,  11,  12,  13,  14],
       [ 15,  16,  17,  18, 100],
       [ 20,  21,  22,  23,  24]])
```

Numpy 的基础部分便讲到这里，更多内容可查阅官方文档。

5.4 线 性 回 归

在讨论线性回归之前，有必要了解"回归"这个词在机器学习当中的含义。回归具有"倒推"的含义。回归算法是相对于分类算法而言的，与想要预测的目标变量 y 的类型有关。回归问题在生活中随处可见，例如预测房屋价格、气温、销售等连续值的问题。与回归问题不同的是分类，分类问题所输出的结果是一个离散值，通常用于图像分类、垃圾邮件识别，疾病检测等输出为离散的问题都属于分类问题的范畴。

5.4.1 线性回归基本问题

下面以一个简单的房屋价格预测例子解释线性回归的基本问题。生活中的房价由多个因素影响，如房屋占地面积、地段、市场行情和开发商品牌效应等。为了简单地了解线性回归，仅以房屋占地面积作为影响房价的因素探索房屋占地面积（m^2）与房屋价格（万元）之间的具体关系。

以下是 y 的预测值的公式（5.1），w 代表权重（weight），b 表示偏差（bias）。$\hat{y}$ 表示对真实值 y 的预测，之所以为预测，说明它和真实值存在一定的误差。例如，估算一个面积为 60 m^2 的房屋售价为 81 万元或 78 万元，而实际价格为 80 万元，存在着一定的误差。

$$\hat{y} = wx + b$$

5.4.2 线性回归从零开始实现

下面描述如何利用 Keras 实现简单的一元线性回归。过程中需要使用一些 Keras 的函数，作为牛刀小试的环节，带读者体会从零手动实现线性回归，首先导入实验所需的包文件。

```
import keras
import Numpy as np
import matplotlib.pyplot as plt
from keras.models import Sequential
from keras.layers import Dense
```

这里构造一个简单人工数据集,能够直观地比较学到参数和真实模型参数的区别。x 表示随机生成的数据集,noise 表示一个正态分布标准差为 0.01 的噪声,表示毫无意义的干扰。建立自己的线性回归方程 y = w * x + b + noise。可以发现公式中的两个参数 w 和 b,分别表示为线性回归方程中的权重(weight)和偏移(bias)。这边设置权重和偏移量为-0.5 和 0.2,当然这个数字读者可以自行设置。

```
def create_dataset(num = 100):
    # 定义权重和偏移
    w = -0.5
    b = 0.2
    # 生成一个随机的数据集(0~1)
    x = np.random.rand(num)
    # 打乱生成数据集
    np.random.shuffle(x)
    noise = np.random.normal(0, 0.01, x.shape)
    y = w * x + b + noise
    return x, y
```

构建模型,构建一个 Keras 的顺序模型,其中 Dense 表示全连接层,sgd 表示随机梯度下降,误差采用 mse(均方误差)。为什么使用 mse 作为损失函数,下节会详细描述。

```
def build_model():
    model=Sequential()
    model.add(Dense(units=1,input_dim=1))
    model.compile(optimizer='sgd',loss='mse')
    return model
```

构建一个训练函数,传入参数分别为模型、数据集 x 和真实结果集 y。训练分为 3 000 个迭代,每间隔 500 次输出一次当前训练结果。

```
def train(model, x, y):
    for step in range(3000):
        cost = model.train_on_batch(x, y)
        if step%500 == 0:
            print('cost:',cost)
```

构建可视化函数,利用 matplotlib 定义绘制可视化的视图函数,参数 x、y 表示需要绘制的二维图像坐标,origin 相似,但为绘制红点,通常表示绘制预测结果的点。

```
def show(x, y, origin=None):
    if origin is not None:
        plt.scatter(origin[0], origin[1])
        plt.plot(x,y,'r-',lw=2)
    else:
        plt.scatter(x, y)
    plt.xlabel('x')
    plt.ylabel('y')
    plt.title('random')
```

第 5 章　牛刀小试——深度学习与计算机视觉入门基础

```
plt.show()
```

生成训练集，训练集中元素个数默认为 100 个，并且绘制出元素。

```
train_x, train_y = create_dataset()
show(train_x, train_y)
```

训练集结果如图 5.1 所示。

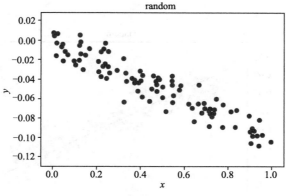

图 5.1　训练集结果图

构建模型并训练，传递训练集中的数据，并进行训练，得出的模型作为结果保存着权重。可以见到每一次输出的训练结果误差都在下降。

```
model = build_model()
train(model, train_x, train_y)

cost: 0.4223894
cost: 0.021369508
cost: 0.005917624
cost: 0.0016924017
cost: 0.00053704437
cost: 0.00022111919
```

预测训练结果，利用 evaluate 评估训练的结果，结果为误差值。

```
model.evaluate(train_x, train_y)
100/100 [==============================] - 0s 1ms/step




0.00013473228471411858
```

输出模型的权重，可以发现学习到的 weight 和 biases 分别是-0.50854903 和 0.20355268，是不是和刚刚所设置的-0.5 和 0.2 非常相近？

```
weight, biases = model.layers[0].get_weights()
print("weight:",weight)
print("biases:",biases)

weight: [[-0.50854903]]
```

```
biases: [0.20355268]
```

生成200个测试集数据,对已经训练好的模型进行测试集预测。并且绘制出结果。

```
test_x, test_y = create_dataset(200)
y_pred = model.predict(test_x)

show(test_x, y_pred, origin=(test_x, test_y))
```

预测结果如图5.2所示。

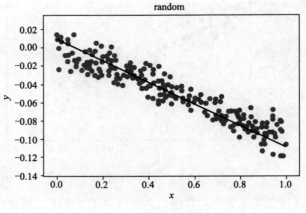

图5.2 预测结果图

可以看到图5.2所预测的结果中,中间的线是由预测结果的坐标所构建出来的一条近似于直线的值,而围绕在周围的点是通过附带偏差生成的测试集的结果。这样就通过Keras和Numpy搭建了一个简单的线性回归模型,并进行了数据集测试。

5.4.3 损失函数

通过学习上节内容发现,线性回归通俗地说,就是在现有一些数据中尽可能地拟合出线性点。通俗地理解,就是从一堆数据中找一条直线出来。这条直线的画法很多,例如,通过图5.3给定的几个点,要求画出一条与各个点相关的直线。

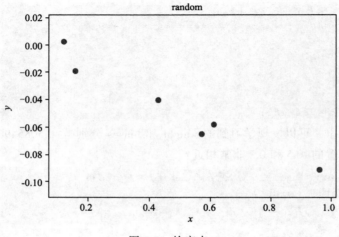

图5.3 给定点

第 5 章 牛刀小试——深度学习与计算机视觉入门基础

以下是几种尝试,可以发现,三种方式画出的直线都是不一样的,如图 5.4 所示。

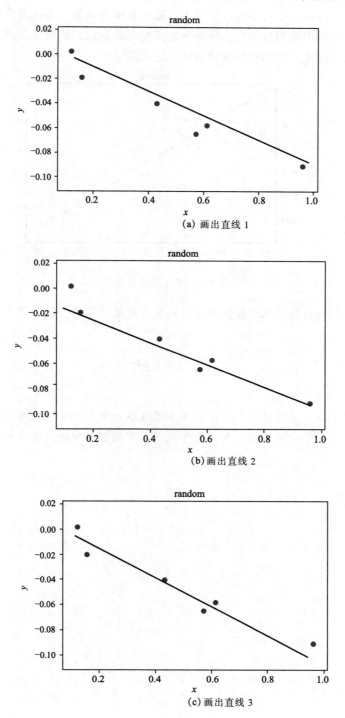

(a) 画出直线 1

(b) 画出直线 2

(c) 画出直线 3

图 5.4 示例画出的直线

所以,既然是需要找到一条直线,那肯定需要有一个标准的评判方式,来评判哪条直线最好。那么需要如何评判?

回到房屋价格和房屋面积大小的示例当中,把所有预测房价与实际房价的价格差距计算出来做个加和,就能量化出预测房价与实际房价之间存在的误差,如图 5.5 所示,每个点与直线的距离之间的一条小线就是实际结果和预测结果之间的差距。

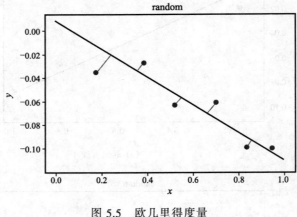

图 5.5　欧几里得度量

这样的距离该如何计算?最常使用的是欧几里得度量,又称欧氏距离:$\sum_{i=1}^{m}\left(y^{(i)}-\hat{y}^{(i)}\right)^{2}$。

小　　结

本章简单描述了如何快速使用 Numpy 创建多维数组和使用 Keras 快速搭建神经网络并进行模型训练。下面的章节中会详细阐述如何更加深入地学习更多和神经网络相关的知识和实践。

第 6 章 初试 Keras 与多层感知机的搭建

本章内容
- MNIST 手写数字的应用
- 搭建多层感知机进行训练
- 训练结果评估方法

本章的主要内容是构建模型进行 MNIST 手写数据集的识别。首先介绍了 MNIST 手写数字的模块的导入与数据预处理方法,并首次尝试搭建多层感知机进行训练,最后对训练结果评估方法进行介绍。

6.1 构建项目

在指定的磁盘路径创建存放当前项目的目录,Linux 或 macOS 可使用 mkdir 命令创建文件夹目录,Windows 直接使用图形化界面右键新建文件夹即可。如设置存放项目的目录名为 project02:

```
(dlwork) jingyudeMacBook-Pro:~ jingyuyan$ mkdir project02
```

创建成功后,在 dlwork 环境下,进入 project02 目录,打开 jupyter notebook:

```
cd project02
jupyter notebook
```

新建一个 ipynb 文件,并且进入文件中。

6.2 MNIST 数据集下载和预处理

MNIST 手写数字集是"卷积神经网络之父"Yann LeCun 所收集的。MNIST 数据是由几千张 28×28 的单色图片组成,比较简单,非常适合深度学习新生入门学习所使用。

6.2.1 导入相关模块和下载数据

导入需要使用的相关依赖模块:

```
import numpy as np
```

```
from keras.utils import np_utils
from keras.datasets import mnist
import pandas as pd
import matplotlib.pyplot as plt
Using TensorFlow backend.
```

导入 Keras 时，如果出现 Using TensorFlow backend 提示，表示系统自动将 TensorFlow 作为 keras 的 backend。使用 mnist.load_data()下载 MNIST 数据集，初次下载时间会比较长，请耐心等待，如图 6.1 所示。

```
(X_train_image,y_train_label),(X_test_image,y_test_label) = mnist.load_data()
```

```
(X_train_image,y_train_label),(X_test_image,y_test_labl) = mnist.load_data()
Downloading data from https://s3.amazonaws.com/img-datasets/mnist.npz
679936/11490434 [>.............................] - ETA: 1:04
```

图 6.1　下载 MNIST 数据集

Windows 系统下的数据集放在 C:\Users\XXX.keras\datasets\mnist.npz，Linux 和 macOS 系统下的数据集放在~/.keras/datasets/mnist.npz。

6.2.2　数据预处理

1. 读取数据集的信息

成功下载数据集后，需要重新执行一次读取数据集代码，如果没显示需要下载，则表示读取数据集成功。

```
# 读取数据集中的训练集合测试集
(X_train_image,y_train_label),(X_test_image,y_test_label) = mnist.load_data()
# 查看数据集中训练集合测试集数据的数量
X_train_image.shape, X_test_image.shape
((60000, 28, 28), (10000, 28, 28))
```

可以看到上述代码输出数据集中的训练集和测试集分别有 60 000 和 10 000 张 28×28 的单通道图片。

2. 查看数据集中图像和标签

为了更方便地理解数据集中所存在的图像与标签之间存在的关系，编写可视化脚本来输出图像与标签。

```
# 定义一个可输出图片和数字的函数
def show_image(images, labels, idx):
    fig = plt.gcf()
    plt.imshow(images[idx], cmap='binary')
    plt.xlabel('label:'+str(labels[idx]), fontsize = 15)
    plt.show()
show_image(X_train_image, y_train_label, 4)
```

可以看到上面的代码查看的是训练集中的第 5 个数据集中的图像和所对应的标签，均为 9，如图 6.2 所示。

第 6 章　初试 Keras 与多层感知机的搭建

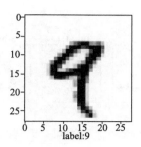

图 6.2　数据集中的样本

为了更加方便地查看数据集，定义一个显示多个图像的函数。

```
def show_images_set(images,labels,prediction,idx,num=10):
    fig = plt.gcf()
    fig.set_size_inches(12,14)
    for i in range(0,num):
        ax = plt.subplot(4,5,1+i)
        ax.imshow(images[idx],cmap='binary')
        title = "label:"+str(labels[idx])
        if len(prediction)>0:
            title +=",predict="+str(prediction[idx])
        ax.set_title(title,fontsize=12)
        ax.set_xticks([])
        ax.set_yticks([])
        idx+=1
    plt.show()
```

使用 showimagesset 显示训练集的数据。prediction 为传入预测结果数据集，这边暂时为空，idx 为需要从第几项数据开始遍历，默认值为 num=10 项。

```
show_images_set(images=X_train_image, labels=y_train_label, prediction=[], idx=0)
```

MNIST 数字图像样本如图 6.3 所示。

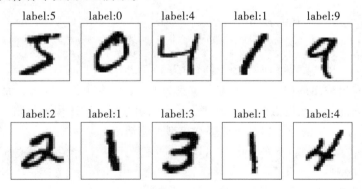

图 6.3　MNIST 数字图像样本

使用 showimagesset 显示测试集的数据。

```
show_images_set(images=X_test_image, labels=y_test_label, prediction=[], idx=0)
```

图 6.4 所示为测试集数据。

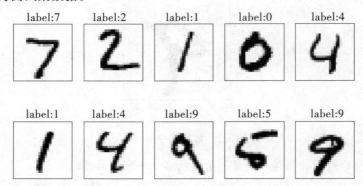

图 6.4　显示测试集的数据

3. 数据集图像预处理操作

将数据集中的图像（28×28）转换成一维向量，再转换数据类型为 Float32。

```
X_Train = X_train_image.reshape(60000, 28*28).astype('float32')
X_Test = X_test_image.reshape(10000, 28*28).astype('float32')
```

将转换后的数据输出查看，这边查看第 5 项数据。

```
X_Train[4]
array([ ...

        0.,    0.,    0.,    0.,    0.,    0.,    0.,    0.,    0.,  218.,  252.,
       56.,    0.,    0.,    0.,    0.,    0.,    0.,    0.,    0.,    0.,    0.,
        0.,    0.,    0.,    0.,    0.,    0.,    0.,    0.,    0.,    0.,    0.,
        0.,    0.,    0.,    0.,   96.,  252.,  189.,   42.,    0.,    0.,    0.,
        0.,    0.,    0.,    0.,    0.,    0.,    0.,    0.,    0.,    0.,   14.,
      184.,  252.,  170.,   11.,    0.,    0.,    0.,    0.,    0.,    0.,    0.,
        0.,    0.,    0.,    0.,    0.,    0.,    0.,    0.,    0.,    0.,    0.,
        0.,    0.,    0.,    0.,    0.,   14.,  147.,  252.,   42.,    0.,
        0.,    0.,    0.,    0.,    0.,    0.,    0.,    0.,    0.,    0.,    0.,
        0.,    0.,    0.], dtype=float32)
```

可以清晰地看出输出的向量中，大部分位置为 0，表示无颜色的区域，而 0 到 255 之间的数均为图像中代表的每个灰度点的颜色程度。转换完图像后，对图像进行归一化处理，便是将 0～255 的数映射到 0～1 的数，这样可以提高模型训练精度。

```
X_Train_normalize = X_Train / 255
X_Test_normalize = X_Test / 255
```

因篇幅限制这里只显示部分数据，通过归一化结果可以看出，在进行归一化并输出数据后，所有 0～255 的数均映射到 0～1 的数。

```
X_Train_normalize[4]
array([
       ...
       0.9882353 , 0.99215686, 0.45490196, 0.        , 0.        ,
```

```
       0.        ,  0.        ,  0.        ,  0.        ,  0.        ,
       0.        ,  0.        ,  0.        ,  0.        ,  0.        ,
       0.        ,  0.        ,  0.        ,  0.        ,  0.3764706 ,
       0.9882353 ,  0.9882353 ,  0.7176471 ,  0.05490196,  0.        ,
       0.        ,  0.36078432,  0.9882353 ,  0.9882353 ,  0.88235295,
       0.08235294,  0.        ,  0.        ,  0.        ,  0.        ,
       0.        ,  0.        ,  0.        ,  0.        ,  0.        ,
       0.        ,  0.        ,  0.        ,  0.        ,  0.        ,
       ...
       0.        ,  0.        ,  0.        ,  0.        ,  0.        ,
       0.        ,  0.        ,  0.        ,  0.        ,  0.        ,
       0.        ,  0.        ,  0.        ,  0.        ], dtype=float32)
```

4．数据集图像预处理操作

label 标签字段原本是 0～9 的数字，必须以 One-Hot Endcoding（一位有效编码）转换为 10 个 0 或者 1 的组合，对应着神经网络最终输出层的 10 个结果。

```
y_TrainOneHot = np_utils.to_categorical(y_train_label)
y_TestOneHot = np_utils.to_categorical(y_test_label)
```

转换后提取数据集中的标签进行比对。

```
y_train_label[:3]
array([5, 0, 4], dtype=uint8)
y_TrainOneHot[:3]
array([[0., 0., 0., 0., 0., 1., 0., 0., 0., 0.],
       [1., 0., 0., 0., 0., 0., 0., 0., 0., 0.],
       [0., 0., 0., 0., 1., 0., 0., 0., 0., 0.]], dtype=float32)
```

比如第一项的标签数字 5 经过转换后变成 0000010000。

6.3　首次尝试搭建多层感知机进行训练

6.3.1　搭建模型

首先搭建一个最简单的模型，仅有输入层和输出层，输入层的参数为 28×28＝784；输出层为 10，对应着数字的 10 个数。

```
from keras.models import Sequential
from keras.layers import Dense,Dropout,Flatten,Conv2D,MaxPooling2D,Activation
Using TensorFlow backend.
# 设置模型参数
CLASSES_NB=10
INPUT_SHAPE=28*28
# 建立 Sequential 模型
model=Sequential()
# 添加一个 Dense 层
model.add(Dense(units=CLASSES_NB, input_dim=INPUT_SHAPE,))
```

```
# 定义输出层，使用softmax将0~9共10个数字的结果通过概率的形式进行激活转换
model.add(Activation('softmax'))
```

搭建好模型后，使用summary()查看模型的摘要。

```
model.summary()
_____
Layer (type)                 Output Shape              Param #
=================================================================
dense_1 (Dense)              (None, 10)                7850
_____
activation_1 (Activation)    (None, 10)                0
=================================================================
Total params: 7,850
Trainable params: 7,850
Non-trainable params: 0
_____
```

模型结构如图6.5所示。

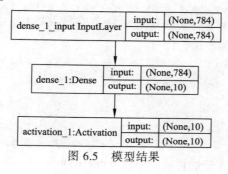

图 6.5　模型结果

6.3.2　神经网络训练

多层感知机模型已经建立完毕，可以使用反向传播的方式进行模型训练，Keras的训练需要使用compile对模型设置训练参数：

- loss：损失函数使用交叉熵损失函数cross_entropy进行训练。
- optimizer：使用adam优化器的方式进行梯度下降算法的优化，可以加快神经网络收敛速度。
- metrics：评估方式设置为准确率accuracy。

```
# 设置训练参数
model.compile(loss='categorical_crossentropy',optimizer='adam',metrics=['accuracy'])
```

建立好了训练参数后，开始训练。训练之前需要配置训练过程中的一些参数：

```
# 验证集划分比例
VALIDATION_SPLIT=0.2
# 训练周期
EPOCH=10
# 单批次数据量
BATCH_SIZE=128
```

```
# 训练 LOG 打印形式
VERBOSE = 2
```
- epochs：设置训练周期为 10 轮。
- batch_size：设置每一个批次传入 128 项的数据。
- validation_split：验证集是用于模型每轮训练中，划分一部分进行测试，设置验证集比例为 0.2 表示将训练的数据和验证数据划分为 8:2 的形式，例如，训练数据为 60 000 项，则划分出来的验证集就为 12 000 项。

```
# 传入数据，开始训练
# verbose 为表示显示打印的训练过程
train_history=model.fit(
    x=X_Train_normalize,
    y=y_TrainOneHot,
    epochs=EPOCH,
    batch_size=BATCH_SIZE,
    verbose=VERBOSE,
    validation_split=VALIDATION_SPLIT)
WARNING:tensorflow:From/Users/jingyuyan/anaconda3/envs/dlwork/lib/python3.6/
site-packages/tensorflow/python/ops/math_ops.py:3066: to_int32 (from tensorflow.
python.ops.math_ops) is deprecated and will be removed in a future version.
Instructions for updating:
Use tf.cast instead.
Train on 48000 samples, validate on 12000 samples
Epoch 1/10
 - 1s - loss: 0.7762 - acc: 0.8076 - val_loss: 0.4124 - val_acc: 0.8963
Epoch 2/10
 - 1s - loss: 0.3929 - acc: 0.8955 - val_loss: 0.3348 - val_acc: 0.9091
Epoch 3/10
 - 0s - loss: 0.3402 - acc: 0.9076 - val_loss: 0.3087 - val_acc: 0.9167
Epoch 4/10
 - 0s - loss: 0.3154 - acc: 0.9132 - val_loss: 0.2947 - val_acc: 0.9207
Epoch 5/10
 - 1s - loss: 0.3014 - acc: 0.9160 - val_loss: 0.2847 - val_acc: 0.9212
Epoch 6/10
 - 1s - loss: 0.2913 - acc: 0.9191 - val_loss: 0.2803 - val_acc: 0.9212
Epoch 7/10
 - 1s - loss: 0.2841 - acc: 0.9205 - val_loss: 0.2742 - val_acc: 0.9249
Epoch 8/10
 - 1s - loss: 0.2784 - acc: 0.9222 - val_loss: 0.2714 - val_acc: 0.9255
Epoch 9/10
 - 1s - loss: 0.2738 - acc: 0.9231 - val_loss: 0.2688 - val_acc: 0.9255
Epoch 10/10
 - 1s - loss: 0.2702 - acc: 0.9249 - val_loss: 0.2660 - val_acc: 0.9278
```

从上面打印的日志可以得知，经过 10 轮的训练会发现 loss 逐渐降低，准确率不断在提升。定义一个函数，绘制出训练过程中的数据，以图表的形式呈现。

```
def show_train_history(train_history,train,validation):
    plt.plot(train_history.history[train])
    plt.plot(train_history.history[validation])
```

```
plt.title('Train histoty')
plt.ylabel(train)
plt.xlabel('Epoch')
plt.legend(['train','validation',],loc='upper left')
plt.show()
```

传入训练结果,绘制出训练过程中的准确率图像。

```
show_train_history(train_history,'acc','val_acc')
```

训练过程中的准确率图像如图 6.6 所示。

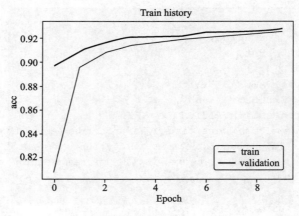

图 6.6　准确率图像

从图 6.6 可得,蓝色的线为准确率(acc),在每一轮训练中都在不断地提升。

继续使用绘制函数绘制出误差率的图像。

```
show_train_history(train_history,'loss','val_loss')
```

训练过程中的误差率图像如图 6.7 所示。

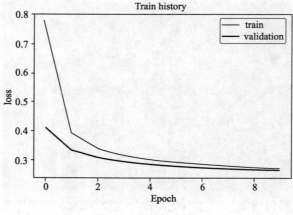

图 6.7　误差率图像

由图 6.7 可得,蓝色的线为误差率(loss),在每一轮训练中都在不断地降低。通过训练日志可以看到该模型仅有 0.92 左右的准确度,下一节将添加隐藏层神经网络提高模型的精度。

6.4 增加隐藏层改进模型

6.4.1 建模型

从现在开始,将逐步建立多层感知机模型。输入层的神经元个数共有 784 个,隐藏层共有 256 个,而输出层则有 10 个,分别对应 10 个 0~9 之间的数字结果。

```
CLASSES_NB=10
INPUT_SHAPE=28*28
UNITS=256
```

重新搭建模型,添加一个隐藏层,加深和加厚模型的深度和宽度。

```
# 建立 Sequential 模型
model=Sequential()
# 添加一个 Dense,Dense 的特点是上下层的网络均连接
# 该 Dense 层包含输入层和隐藏层
model.add(Dense(units=UNITS,
          input_dim=INPUT_SHAPE,
          kernel_initializer='normal',
          activation='relu'))

# 定义输出层,使用 softmax 将 0 到 9 共 10 个数字的结果通过概率的形式进行激活转换
model.add(Dense(CLASSES_NB, activation='softmax'))
# 搭建完成后输出模型摘要
model.summary()

Layer (type)                 Output Shape              Param #
=================================================================
dense_2 (Dense)              (None, 256)               200960
_____
dense_3 (Dense)              (None, 10)                2570
=================================================================
Total params: 203,530
Trainable params: 203,530
Non-trainable params: 0
```

- 隐藏层:共 256 个神经元。
- 输出层:共 10 个神经元。
- dense_1 参数:784×256+256 = 200 960。
- dense_2 参数:256×10+10 = 2 570。
- 训练的总参数:200 960+2 570 = 203 530。

6.4.2 神经网络训练

多层感知机模型已经建立完毕,下面可以使用反向传播的方式进行模型训练,Keras 的训练需要使用 compile 对模型设置训练参数。

```python
# 验证集划分比例
VALIDATION_SPLIT=0.2
# 训练周期提升到15轮
EPOCH=15
# 单批次数据量增加到300
BATCH_SIZE=300
# 训练LOG打印形式
VERBOSE=2
# 设置训练参数
model.compile(loss='categorical_crossentropy',optimizer='adam',metrics=['accuracy'])
```

将训练的轮数和批次进行适当增加。

```python
# 传入数据,开始训练
# verbose用于显示打印的训练过程
train_history=model.fit(
        x=X_Train_normalize,
        y=y_TrainOneHot,
        epochs=EPOCH,
        batch_size=BATCH_SIZE,
        verbose=VERBOSE,
        validation_split=VALIDATION_SPLIT)
Train on 48000 samples, validate on 12000 samples
Epoch 1/15
 - 2s - loss: 0.4466 - acc: 0.8794 - val_loss: 0.2219 - val_acc: 0.9395
Epoch 2/15
 - 1s - loss: 0.1926 - acc: 0.9462 - val_loss: 0.1618 - val_acc: 0.9553
Epoch 3/15
 - 1s - loss: 0.1383 - acc: 0.9612 - val_loss: 0.1339 - val_acc: 0.9625
Epoch 4/15
 - 1s - loss: 0.1092 - acc: 0.9700 - val_loss: 0.1181 - val_acc: 0.9664
Epoch 5/15
 - 1s - loss: 0.0878 - acc: 0.9756 - val_loss: 0.1065 - val_acc: 0.9684
Epoch 6/15
 - 1s - loss: 0.0730 - acc: 0.9793 - val_loss: 0.0961 - val_acc: 0.9716
Epoch 7/15
 - 1s - loss: 0.0614 - acc: 0.9829 - val_loss: 0.0928 - val_acc: 0.9718
Epoch 8/15
 - 1s - loss: 0.0525 - acc: 0.9860 - val_loss: 0.0895 - val_acc: 0.9739
Epoch 9/15
 - 1s - loss: 0.0439 - acc: 0.9885 - val_loss: 0.0861 - val_acc: 0.9744
Epoch 10/15
 - 1s - loss: 0.0378 - acc: 0.9906 - val_loss: 0.0837 - val_acc: 0.9755
Epoch 11/15
 - 1s - loss: 0.0326 - acc: 0.9921 - val_loss: 0.0816 - val_acc: 0.9749
Epoch 12/15
 - 1s - loss: 0.0275 - acc: 0.9934 - val_loss: 0.0789 - val_acc: 0.9765
Epoch 13/15
 - 1s - loss: 0.0233 - acc: 0.9951 - val_loss: 0.0809 - val_acc: 0.9754
Epoch 14/15
```

```
 - 1s - loss: 0.0198 - acc: 0.9963 - val_loss: 0.0800 - val_acc: 0.9758
Epoch 15/15
 - 1s - loss: 0.0174 - acc: 0.9967 - val_loss: 0.0793 - val_acc: 0.9759
```

通过日志可以看到，引入隐藏层后，相比上一个仅有输入层和输出层的网络，该模型的准确率有所上升，损失有所下降。使用上节定义的 showtrainhistory 函数分别绘制出训练的准确率和损失率的图像。

```
show_train_history(train_history,'acc','val_acc')
```

由图 6.8 可得，细线为准确率（acc），在每一轮训练中都在不断地提升，但是验证集准确率（val_acc）在训练时后面的阶段却低于准确率。

```
show_train_history(train_history,'loss','val_loss')
```

从图 6.9 可得，细线为误差率（loss），在每一轮训练中都在不断地降低，而验证集误差率（val_loss）在训练时后面的阶段却高于误差率。

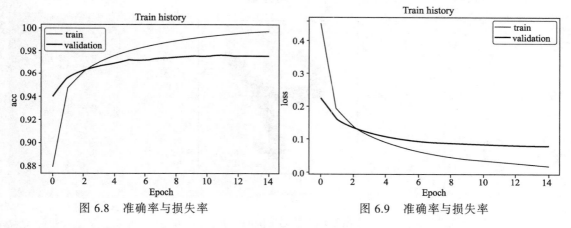

图 6.8　准确率与损失率　　　　　图 6.9　准确率与损失率

为什么在训练后面的阶段验证集准确率会低于准确率，验证集误差率会高于误差率？这里涉及过拟合的现象。后面的章节会阐述。

6.5　对训练结果进行评估

6.5.1　使用测试集评估模型准确率

现在需要使用到之前所加载的测试集数据，测试集数据共有 10 000 张。由于测试集数据是不参与模型训练的，通常用于模型训练完毕后，对模型的准确率进行评估时所使用的数据集。

定义一个 scores 用于存放所有的评估结果，使用 evaluate 函数，将测试集图片和标签传入到模型中进行评估测试。

```
scores = model.evaluate(X_Test_normalize, y_TestOneHot)
10000/10000 [==============================] - 0s 24us/step
```

测试预测完毕后打印预测结果，首先打印出模型的损失和准确率。

```
print('loss: ',scores[0])
```

```
print('accuracy: ',scores[1])
loss:   0.070918190152477447
accuracy:   0.9782
```

使用多层感知机引入隐藏层后,训练的模型在测试集下预测的准确率可达到 0.97。

6.5.2 使用模型将测试集进行预测

将测试集传入模型进行预测,这里分别使用 predict 和 predict_classes,观察不同之处。

```
result = model.predict(X_Test)
result_class = model.predict_classes(X_Test)
```

分别输出预测的第 5 项数据的真实结果和预测结果。

```
# 使用之前定义的显示图片的函数
show_image(X_test_image, y_test_label, 6)
```

由图 6.10 可得,第 5 项数据的图像和标签均为 4。

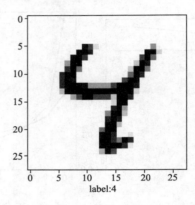

图 6.10　数据集中的样本

```
result[6]
array([0., 0., 0., 0., 1., 0., 0., 0., 0., 0.], dtype=float32)
```

利用 predict 函数进行预测所输出的结果是一个向量,也就是上节将标签进行处理的 one-hot 格式。

```
result_class[6]
4
```

可以看到,使用 predict_classes 进行预测的结果直接输出标签 4,表示结果是第 5 个分类。所以这里为了方便查看预测结果,采用 predict_classes 预测结果这个形式。利用上节定义的函数,查看多项数据的预测结果和真实结果,从第 248 项开始取后面的 10 项数据进行查看。

```
# 之前查看数据时第三个参数为空,现在有预测数据了,需要传入才可直观地进行比对
show_images_set(X_test_image,y_test_label,result_class,idx=247)
```

可以看出,图 6.11 的结果第 1 项数据存在预测错误,原始值应该为 4,却被神经网络误以为是 6,由于这个手写字体较为潦草,所以难免会识别出错。

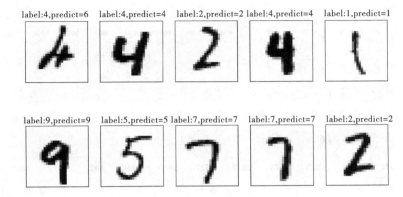

图 6.11 数据集中的样本

6.5.3 建立误差矩阵

在预测过程中,模型是会有错误的情况出现的。比如上节中潦草的手写数字 4 被模型预测为 6。哪些数字会存在比较大的误差?这时需要建立误差矩阵,又称混淆矩阵,来显示误差图。使用 pandas 自带的 crosstab 函数,将测试集的标签和预测结果的标签分别传入函数中即可建立误差矩阵。

```
# 使用pandas库
import pandas as pd
pd.crosstab(y_test_label, result_class, rownames=['label'], colnames=['predict'])
```

predict label	0	1	2	3	4	5	6	7	8	9
0	971	0	2	2	2	0	1	1	1	0
1	0	1127	4	0	0	1	1	0	2	0
2	4	1	1012	2	2	1	2	5	3	0
3	1	1	3	996	0	3	0	3	2	1
4	1	0	4	0	957	0	5	2	0	13
5	2	0	0	12	1	866	4	1	4	2
6	6	3	2	1	3	4	937	1	1	0
7	0	4	10	2	1	0	0	1005	0	6
8	3	0	11	14	2	8	1	2	929	2
9	5	5	0	9	6	2	0	4	1	977

仔细观察误差矩阵,可以看到,3 和 5 的混淆次数最高,其次是 9 和 4。为了方便查看什么样的数据会发现混淆,利用 pandas 创建 DataFrame 查看混淆数据的详细信息。

```
# 创建 DataFrame
dic={'label':y_test_label, 'predict':result_class}
df=pd.DataFrame(dic)
```

查看所有预测结果以及数据项的真实值。

```
# T是将矩阵转置,方便查看数据
```

```
df.T
```

	0	1	2	3	4	5	6	7	8	9	...	9990	9991	9992	9993	9994	9995	9996	9997	9998	9999
label	7	2	1	0	4	1	4	9	5	9	...	7	8	9	0	1	2	3	4	5	6
predict	7	2	1	0	4	1	4	9	5	9	...	7	8	9	0	1	2	3	4	5	6

```
2 rows × 10000 columns
```

查看 5 和 3 混淆的数据项，这里选择查看下标为 1670 项的数据，看看图片的情况。

```
df[(df.label==5)&(df.predict==3)].T
```

	340	1003	1393	1670	2035	2597	2810	4360	5937	5972	5982	9422
label	5	5	5	5	5	5	5	5	5	5	5	5
predict	3	3	3	3	3	3	3	3	3	3	3	3

```
show_image(X_test_image, y_test_label, 1670)
```

由图 6.12 可得，虽然 1670 项的图像真实值为 5，但是它看起来又不太像 5，有点像 3。即使人工辨别也有一定的困难。

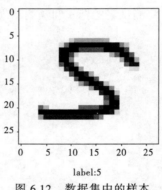

图 6.12　数据集中的样本

小　　结

本章通过多层感知机搭建最为简单的模型进行 MNIST 手写数据集的识别，在测试集下准确率可达到 0.97，算是一个比较不错的成绩，但是在训练模型的过程中存在了过拟合和小部分误差的情况，下一章将描述如何解决过拟合问题和进一步提升模型的准确率。

第 7 章 搭建多层感知机识别手写字符集

本章内容

- 构建多层感知机模型
- 过拟合问题的解决方法
- 保持训练模型方法

机器学习的目的是获取良好的泛化能力,当训练数据在迭代一定次数后,泛化能力不再提高、验证指标开始变差时模型开始过拟合。在第 2 章中介绍过模型无法得到较低的训练误差时,将这种现象称为欠拟合(underfitting),当模型的训练误差远小于它在测试数据集上的误差时,称该现象为过拟合(overfitting)。本章的主要内容是搭建多层感知机模型,并通过添加多层感知机提升模型的精度和添加 Dropout 解决过拟合问题。

7.1 构建项目

本章需要继续第 6 章所搭建的环境和部分代码。首先创建文件夹:

```
(dlwork) jingyudeMacBook-Pro:~ jingyuyan$ mkdir project02
```

创建成功后,在 dlwork 环境下,进入 project02 目录,打开 jupyter notebook:

```
cd project02
jupyter notebook
```

7.2 搭建带有隐藏层的多层感知机模型

首先回顾和整理第 6 章所搭建的多层感知机模型,并且运行代码,训练模型。

```
# 导包
import numpy as np
from keras.utils import np_utils
from keras.datasets import mnist
import pandas as pd
import matplotlib.pyplot as plt
```

```python
from keras.models import Sequential
from keras.layers import Dense,Dropout,Flatten,Conv2D,MaxPooling2D,Activation

# 加载数据集
(X_train_image,y_train_label),(X_test_image,y_test_label)=mnist.load_data()
# 图像转换成向量的处理
X_Train=X_train_image.reshape(60000, 28*28).astype('float32')
X_Test=X_test_image.reshape(10000, 28*28).astype('float32')
# 图像归一化处理
X_Train_normalize=X_Train/255
X_Test_normalize=X_Test/255
# 标签one-hot编码处理
y_TrainOneHot=np_utils.to_categorical(y_train_label)
y_TestOneHot=np_utils.to_categorical(y_test_label)

# 设置模型参数和训练参数
# 分类的类别
CLASSES_NB=10
# 模型输入层数量
INPUT_SHAPE=28*28
# 隐藏层数量
UNITS=256
# 验证集划分比例
VALIDATION_SPLIT=0.2
# 训练周期,这里设置10个周期即可
EPOCH=10
# 单批次数据量
BATCH_SIZE=300
# 训练LOG打印形式
VERBOSE=2
# 建立Sequential模型
model=Sequential()
# 添加一个Dense,Dense的特点是上下层的网络均连接
# 该Dense层包含输入层和隐藏层
model.add(Dense(units=UNITS,
           input_dim=INPUT_SHAPE,
           kernel_initializer='normal',
           activation='relu'))
# 定义输出层,使用softmax将0到9共10个数字的结果通过概率的形式进行激活转换
model.add(Dense(CLASSES_NB, activation='softmax'))
# 搭建完成后输出模型摘要
model.summary()
Using TensorFlow backend.
```

将搭建好的模型进行训练:

```python
# 设置训练参数
model.compile(loss='categorical_crossentropy',optimizer='adam',metrics=['accuracy'])
# 传入数据,开始训练
# verbose用于显示打印的训练过程
```

```
train_history = model.fit(
        x=X_Train_normalize,
        y=y_TrainOneHot,
        epochs=EPOCH,
        batch_size=BATCH_SIZE,
        verbose=VERBOSE,
        validation_split=VALIDATION_SPLIT)
WARNING:tensorflow:From/Users/jingyuyan/anaconda3/envs/dlwork/lib/python
3.6/site-packages/tensorflow/python/ops/math_ops.py:3066:    to_int32    (from
tensorflow.python.ops.math_ops) is deprecated and will be removed in a future
version.
Instructions for updating:
Use tf.cast instead.
Train on 48000 samples, validate on 12000 samples
Epoch 1/10
 - 2s - loss: 0.4479 - acc: 0.8771 - val_loss: 0.2250 - val_acc: 0.9405
Epoch 2/10
 - 1s - loss: 0.1975 - acc: 0.9441 - val_loss: 0.1699 - val_acc: 0.9542
Epoch 3/10
 - 1s - loss: 0.1431 - acc: 0.9593 - val_loss: 0.1383 - val_acc: 0.9616
Epoch 4/10
 - 2s - loss: 0.1104 - acc: 0.9690 - val_loss: 0.1187 - val_acc: 0.9659
Epoch 5/10
 - 1s - loss: 0.0893 - acc: 0.9752 - val_loss: 0.1044 - val_acc: 0.9696
Epoch 6/10
 - 2s - loss: 0.0743 - acc: 0.9799 - val_loss: 0.0988 - val_acc: 0.9704
Epoch 7/10
 - 1s - loss: 0.0618 - acc: 0.9834 - val_loss: 0.0916 - val_acc: 0.9729
Epoch 8/10
 - 1s - loss: 0.0517 - acc: 0.9865 - val_loss: 0.0919 - val_acc: 0.9722
Epoch 9/10
 - 1s - loss: 0.0439 - acc: 0.9889 - val_loss: 0.0891 - val_acc: 0.9738
Epoch 10/10
 - 1s - loss: 0.0381 - acc: 0.9905 - val_loss: 0.0858 - val_acc: 0.9743
```

创建 showtrainhistory 函数，尝试绘制出训练准确率和训练误差率图像。

```
def show_train_history(train_history,train,validation):
    plt.plot(train_history.history[train])
    plt.plot(train_history.history[validation])
    plt.title('Train histoty')
    plt.ylabel(train)
    plt.xlabel('Epoch')
    plt.legend(['train','validation',],loc = 'upper left')
plt.show()

# 使用绘制函数绘制出准确率图像
show_train_history(train_history,'acc','val_acc')
```

图 7.1 所示为准确率图像。

```
# 使用绘制函数绘制出误差率的图像
show_train_history(train_history,'loss','val_loss')
```

图 7.2 所示为误差率图像。

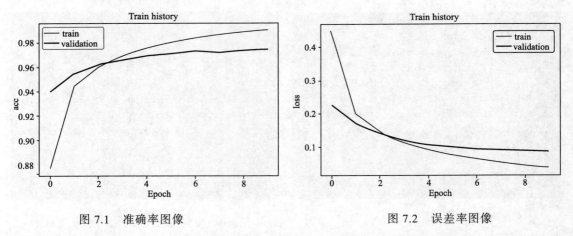

图 7.1　准确率图像　　　　　　　图 7.2　误差率图像

由图 7.2 可得，从多层感知机模型所训练的过程来看，训练的后期，训练集与验证集的训练结果出现了一点问题。在准确率图中，训练集准确率（细线）在后期大于验证集准确率（粗线），这表示出现了过拟合情况。

7.3　误差说明与过拟合问题

7.3.1　训练误差与泛化误差

通俗地讲，训练误差（training error）是指在训练模型过程中，使用的训练数据所呈现的误差，泛化误差（generalization error）则表示模型在任意一个不参与到训练过程中的测试集数据所呈现的误差。

下面以学生上课和参加考试为例，直观地描述这两种误差有何区别。首先，训练误差可以将其看作学生在平时上课时所学习内容和知识掌握程度的错误率。好比让一个 3 年级学生去做 6 年级学生的期末试卷，错误率显然会非常高，因为 3 年级学生并没有学过比自己更高年级的课程，在知识的掌握程度上，便有了比较高的误差。泛化误差可以将其看作学生的升学考试，通常升学考试所出现知识点和学生平时学习时所训练的知识想通，但是题目却和平时所练习的习题有所不相同，学生需要通过平时学习所积攒的知识去面对不同的考题所带来的问题。

训练误差和泛化误差之间的关系，以高三学生为例，就好比学生的平时成绩和高考成绩。假设有一位学生，他平时做过非常多的练习题和真题卷，并且成绩较为理想，但是高考成绩却远远不如平时的练习成绩。这就是一个泛化误差大于训练误差的场景，说明该考生只会做练习题，遇到新的题目成绩便不理想。如果有一位学生，平时做真题时成绩优异，并且高考时也发挥了自己的水平，成绩和平时一样优秀，那训练误差和泛化误差便相对缩小了，这是一个较为理想的场景。

7.3.2 过拟合问题

在机器学习中，把训练集比作模型的练习题，把验证集比作模型的自测题，把测试集比作模型的正式考试题。验证集通常用于调整模型的超参数，监控模型是否发生过拟合（以决定是否停止训练），就好比一个学生每次都能把练习题做对，于是学生会寻找没有做过的新题目，来检测自己是否掌握了相应知识点，如果掌握程度较低，那就表示该生在学习时出现了问题，通过这项测试可以尽快找出问题，并且解决问题，否则到了期末考试，后果不堪设想。机器学习中把这种情况定义为过拟合，表示训练集在训练过程中取得的成绩大于验证集所取得的成绩。这就说明训练集准确率高并不代表着模型精度越好，在机器学习过程中也应该关注如何降低泛化误差的问题。

如图 7.3 所示，如果用一条线分隔黑色的球与灰色的球，那么粗线是一个比较理想的结果，而细线则是过拟合的结果。

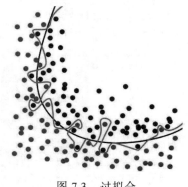

图 7.3　过拟合

7.4　处理模型过拟合问题

7.4.1　增加隐藏层神经元查看过拟合情况

为了更加直观地体现过拟合问题，修改已经搭建好的多层感知机模型的参数。这里将原本 256 个隐藏层的神经元修改为 1 000 个，查看模型摘要，可以看到模型的参数比原来的参数增加了不少。

```
# 设置模型参数和训练参数
# 分类的类别
CLASSES_NB=10
# 模型输入层数量
INPUT_SHAPE=28*28
# 隐藏层数量修改为 1000 个神经元
UNITS=1000
# 验证集划分比例
VALIDATION_SPLIT=0.2
# 训练周期，这边设置 10 个周期即可
EPOCH=10
# 单批次数据量
BATCH_SIZE=300
# 训练 LOG 打印形式
VERBOSE=2
# 建立模型
model=Sequential()
# 添加一个 Dense，Dense 的特点是上下层的网络均连接
```

```python
# 该 Dense 层包含输入层和隐藏层
model.add(Dense(units=UNITS,
          input_dim=INPUT_SHAPE,
          kernel_initializer='normal',
          activation='relu'))
# 定义输出层,使用 softmax 将 0 到 9 共 10 个数字的结果通过概率的形式进行激活转换
model.add(Dense(CLASSES_NB, activation='softmax'))
# 搭建完成后输出模型摘要
model.summary()
```

```
_____
Layer (type)                 Output Shape              Param #
=================================================================
dense_3 (Dense)              (None, 1000)              785000
_____
dense_4 (Dense)              (None, 10)                10010
=================================================================
Total params: 795,010
Trainable params: 795,010
Non-trainable params: 0
_____
```

```python
# 设置训练参数
model.compile(loss='categorical_crossentropy',optimizer='adam',metrics=['accuracy'])
# 传入数据,开始训练
# verbose 用于显示打印的训练过程
train_history=model.fit(
        x=X_Train_normalize,
        y=y_TrainOneHot,
        epochs=EPOCH,
        batch_size=BATCH_SIZE,
        verbose=VERBOSE,
        validation_split=VALIDATION_SPLIT)
```

```
Train on 48000 samples, validate on 12000 samples
Epoch 1/10
 - 4s - loss: 0.3439 - acc: 0.9024 - val_loss: 0.1677 - val_acc: 0.9540
Epoch 2/10
 - 4s - loss: 0.1398 - acc: 0.9598 - val_loss: 0.1259 - val_acc: 0.9632
Epoch 3/10
 - 5s - loss: 0.0910 - acc: 0.9744 - val_loss: 0.0971 - val_acc: 0.9709
Epoch 4/10
 - 3s - loss: 0.0633 - acc: 0.9827 - val_loss: 0.0856 - val_acc: 0.9740
Epoch 5/10
 - 3s - loss: 0.0482 - acc: 0.9868 - val_loss: 0.0836 - val_acc: 0.9743
Epoch 6/10
 - 3s - loss: 0.0348 - acc: 0.9910 - val_loss: 0.0770 - val_acc: 0.9768
Epoch 7/10
 - 3s - loss: 0.0257 - acc: 0.9941 - val_loss: 0.0728 - val_acc: 0.9780
Epoch 8/10
```

```
 - 4s - loss: 0.0196 - acc: 0.9960 - val_loss: 0.0800 - val_acc: 0.9752
Epoch 9/10
 - 3s - loss: 0.0149 - acc: 0.9971 - val_loss: 0.0727 - val_acc: 0.9775
Epoch 10/10
 - 3s - loss: 0.0123 - acc: 0.9980 - val_loss: 0.0697 - val_acc: 0.9791
show_train_history(train_history,'acc','val_acc')
show_train_history(train_history,'loss','val_loss')
```

图 7.4 所示为准确率图像，图 7.5 所示为误差率图像。

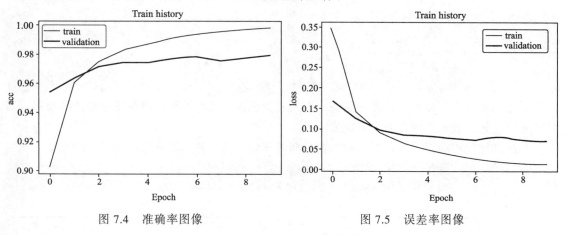

图 7.4　准确率图像　　　　　　图 7.5　误差率图像

可以看到，修改为 1 000 个神经元后，过拟合现象更加严重了。

7.4.2　加入 Dropout 功能来处理过拟合问题

```
# 将 Dropout 模块导入
from keras.layers import Dropout

# 建立模型
model=Sequential()
# 添加一个 Dense，Dense 的特点是上下层的网络均连接
# 该 Dense 层包含输入层和隐藏层
model.add(Dense(units=UNITS,
          input_dim=INPUT_SHAPE,
          kernel_initializer='normal',
          activation='relu'))

# 在隐藏层和输出层之间加入 Dropout 层，参数 0.5 表示随机丢弃 50%的神经元
model.add(Dropout(0.5))

# 定义输出层，使用 softmax 将 0 到 9 共 10 个数字的结果通过概率的形式进行激活转换
model.add(Dense(CLASSES_NB, activation='softmax'))
# 搭建完成后输出模型摘要
model.summary()
```

搭建好带有 Dropout 层的模型后，进行训练，仔细观察训练过程中的日志与之前的日志有

何不同。

```
# 设置训练参数
model.compile(loss='categorical_crossentropy',optimizer='adam',metrics=['accuracy'])
# 传入数据，开始训练
# verbose用于显示打印的训练过程
train_history=model.fit(
    x=X_Train_normalize,
    y=y_TrainOneHot,
    epochs=EPOCH,
    batch_size=BATCH_SIZE,
    verbose=VERBOSE,
    validation_split=VALIDATION_SPLIT)
```

通过训练日志可以看到，无论是训练误差和验证误差或者训练准确率或者验证准确率，都是在不断接近，表示两种误差在不断缩小。

画出训练过程的图片，可以看到，在后期两条曲线的误差逐渐缩短，如图7.6所示。

```
show_train_history(train_history,'acc','val_acc')
show_train_history(train_history,'loss','val_loss')
```

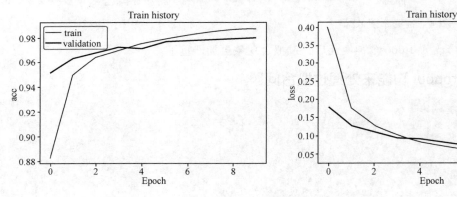

图7.6 准确率与误差率图像

7.4.3 建立两个隐藏层的多层感知机模型

尝试再建立一个隐藏层，提升模型准确率的同时观察模型的泛化能力。

```
# 建立模型
model=Sequential()
```

加入隐藏层1：

```
# 建立隐藏层 - 1
model.add(Dense(units=UNITS,
    input_dim=INPUT_SHAPE,
    kernel_initializer='normal',
    activation='relu'))
# 在隐藏层1和隐藏层2之间加入Dropout层，参数0.5表示随机丢弃50%的神经元
model.add(Dropout(0.5))
```

第 7 章 搭建多层感知机识别手写字符集

加入隐藏层 2：

```
# 建立隐藏层 - 2
model.add(Dense(units=UNITS,
          kernel_initializer='normal',
          activation='relu'))
# 在隐藏层 2 和输出层之间加入 Dropout 层，参数 0.5 表示随机丢弃 50%的神经元
model.add(Dropout(0.5))
```

加入输出层：

```
# 添加输出层
model.add(Dense(CLASSES_NB, activation='softmax'))
# 搭建完成后输出模型摘要
model.summary()
```

训练模型，并且绘制出训练过程的图像。

```
# 设置训练参数
model.compile(loss='categorical_crossentropy',optimizer='adam',metrics=['accuracy'])
# 传入数据，开始训练
# 参数引用上面定义好的参数
train_history = model.fit(
        x=X_Train_normalize,
        y=y_TrainOneHot,
        epochs=EPOCH,
        batch_size=BATCH_SIZE,
        verbose=VERBOSE,
        validation_split=VALIDATION_SPLIT)
show_train_history(train_history,'acc','val_acc')
show_train_history(train_history,'loss','val_loss')
```

从图 7.7 中可以看到，加入两个隐藏层和 Dropout 层后，验证集的准确率逐渐提高，验证集的损失率有所下降，验证集和训练集的曲线均逐渐靠近，这说明过拟合的问题逐渐得到了解决，可见获取更多的训练数据、减小网络容量、添加权重正则化、添加 Dropout 等方法能够防止神经网络过拟合。

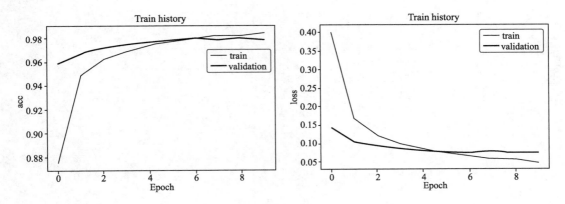

图 7.7 调整后的准确率与误差率

7.5 保 存 模 型

之前训练模型准确率已经达到 0.97，算是一个较为不错的成绩。那么，在训练的时候并没有设置任何保存机制，简单的 MNIST 手写字符集训练起来时间较短，如果碰到较大的模型不可能让工程师每次都重新训练，所以下面讲述如何将训练好的模型保存到本地，以便读取使用。

7.5.1 将模型结构保存为 json 格式

将模型结构按层保存为 json 格式，这样可以实现互用效果，下次使用时不需要自己手动再搭建一次模型，如果需要将模型分享给他人，只需转发 json 格式即可。

```python
from keras.models import model_from_json
import json
# 将上节的 model 转换成 json
model_json=model.to_json()
# 格式化 json 方便阅读
model_dict=json.loads(model_json)
model_json=json.dumps(model_dict, indent=4, ensure_ascii=False)
# 将 json 保存到当前目录下
with open("./model_json.json",'w') as json_file:
    json_file.write(model_json)
```

保存完成后，尝试读取 json 文件创建一个新的模型。

```python
# 打开文件
with open("./model_json.json",'r') as json_file:
    # 读取文件中的信息
    load_json=json_file.read()

# 输出读取的 json 接口
print(load_json)
{
    "class_name": "Sequential",
    "config": {
        "name": "sequential_4",
        "layers": [
            {
                "class_name": "Dense",
                "config": {
                    "name": "dense_7",
                    "trainable": true,
                    "batch_input_shape": [
                        null,
                        784
                    ],
                    "dtype": "float32",
                    "units": 1000,
                    "activation": "relu",
                    "use_bias": true,
```

```
            "kernel_initializer": {
                "class_name": "RandomNormal",
                "config": {
                    "mean": 0.0,
                    "stddev": 0.05,
                    "seed": null
                }
            },
            "bias_initializer": {
                "class_name": "Zeros",
                "config": {}
            },
            "kernel_regularizer": null,
            "bias_regularizer": null,
            "activity_regularizer": null,
            "kernel_constraint": null,
            "bias_constraint": null
        }
    },
    {
        "class_name": "Dropout",
        "config": {
            "name": "dropout_2",
            "trainable": true,
            "rate": 0.5,
            "noise_shape": null,
            "seed": null
        }
    },
    {
        "class_name": "Dense",
        "config": {
            "name": "dense_8",
            "trainable": true,
            "units": 1000,
            "activation": "relu",
            "use_bias": true,
            "kernel_initializer": {
                "class_name": "RandomNormal",
                "config": {
                    "mean": 0.0,
                    "stddev": 0.05,
                    "seed": null
                }
            },
            "bias_initializer": {
                "class_name": "Zeros",
                "config": {}
            },
            "kernel_regularizer": null,
```

```json
                    "bias_regularizer": null,
                    "activity_regularizer": null,
                    "kernel_constraint": null,
                    "bias_constraint": null
                }
            },
            {
                "class_name": "Dropout",
                "config": {
                    "name": "dropout_3",
                    "trainable": true,
                    "rate": 0.5,
                    "noise_shape": null,
                    "seed": null
                }
            },
            {
                "class_name": "Dense",
                "config": {
                    "name": "dense_9",
                    "trainable": true,
                    "units": 10,
                    "activation": "softmax",
                    "use_bias": true,
                    "kernel_initializer": {
                        "class_name": "VarianceScaling",
                        "config": {
                            "scale": 1.0,
                            "mode": "fan_avg",
                            "distribution": "uniform",
                            "seed": null
                        }
                    },
                    "bias_initializer": {
                        "class_name": "Zeros",
                        "config": {}
                    },
                    "kernel_regularizer": null,
                    "bias_regularizer": null,
                    "activity_regularizer": null,
                    "kernel_constraint": null,
                    "bias_constraint": null
                }
            }
        ]
    },
    "keras_version": "2.2.4",
    "backend": "tensorflow"
}
```

可以看到，搭建的模型均通过json格式呈现出来，每一层的参数都在其中，效果比较直观。

下面通过已读取的 json 搭建一个新的模型。

```
# 创建新模型并加载模型
new_model = model_from_json(load_json)

# 输出新的模型摘要
new_model.summary()
```

可以看到创建好模型后能成功输出模型摘要，与之前搭建的模型无异。

7.5.2 保存模型权重

上节保存模型的结构为 json 格式，下面尝试保存模型权重，这样下次打开程序可以直接读取，不需要每次使用时反复训练。保存格式为 HDF5 格式。

```
from keras.models import load_model

# 保存训练好的 model 权重
model.save('mnist_model_v1.h5')
# 从本地读取 mnist_model_v1
model_v1=load_model('mnist_model_v1.h5')
```

利用测试集验证权重是否加载成功。

```
model_v1.evaluate(X_Test_normalize, y_TestOneHot)
# 预测测试集
result_class=model.predict(X_Test)
# 查看前十项数据的预测结果
result_class[:10]
array([[0., 0., 0., 0., 0., 0., 0., 1., 0., 0.],
       [0., 0., 1., 0., 0., 0., 0., 0., 0., 0.],
       [0., 1., 0., 0., 0., 0., 0., 0., 0., 0.],
       [1., 0., 0., 0., 0., 0., 0., 0., 0., 0.],
       [0., 0., 0., 0., 1., 0., 0., 0., 0., 0.],
       [0., 1., 0., 0., 0., 0., 0., 0., 0., 0.],
       [0., 0., 0., 0., 1., 0., 0., 0., 0., 0.],
       [0., 0., 0., 0., 0., 0., 0., 0., 0., 1.],
       [0., 0., 0., 0., 0., 1., 0., 0., 0., 0.],
       [0., 0., 0., 0., 0., 0., 0., 0., 1.]], dtype=float32)
```

权重加载成功，并可以正常使用，以后训练满意的模型可以用这种方式进行保存。

小　结

本章主要讲述了模型存在过拟合的问题，采用添加多层感知机提升模型的精度和添加 Dropout 可以解决过拟合问题。下一章将引入卷积神经网络的概念，这是深度学习领域的一个非常重要的创新，尤其是在图形图像方面，取得了非常大的成功。

第 8 章 初识卷积神经网络——Fashion MNIST

本章内容

- 卷积神经网络简介
- LeNet-5 卷积模型
- Fashion MNIST 数据集识别

卷积神经网络是近年来深度学习能在计算机视觉领域取得突破性成果的核心,它是计算机视觉应用中几乎都在使用的一种深度学习模型。本章将简单介绍卷积神经网络的原理并详细介绍如何搭建卷积神经网络识别 Fashion MNIST 数据集。

8.1 卷积神经网络简介

卷积神经网络(convolutional neural networks,CNN)是由 Yann LeCun,Wei Zhang,Alexander Waibel 等人提出的,作为深度学习在图像处理方面最具有代表性的算法之一,它出现在非常多的图像识别项目当中,如人脸识别、人体姿态估计、车牌识别、证件识别等。

8.1.1 多层感知机和卷积神经网络

在第 7 章使用多层感知机搭建了一个手写字符集识别的模型,这个模型的输入层采用 784(28 像素×28 像素)个神经元作为输入,这样就相当于把一组多维数组压成一组向量,等于让空间局部性消失了,而卷积神经网络可以在保存空间信息的同时进行特征提取。

8.1.2 卷积神经网络

在卷积运算时,会给定一个大小为 $F×F$ 的方阵,称为过滤器,又称卷积核,该矩阵的大小称为感受野。过滤器的深度 d 和输入层的深度 d 维持一致,因此可以得到大小为 $F×F×d$ 的过滤器,从数学的角度出发,其为 d 个 $F×F$ 的矩阵。在实际操作中,不同的模型会确定不同数量的过滤器,其个数记为 K,每个 K 包含 d 个 $F×F$ 的矩阵,并且计算生成一个输出矩阵。卷积过程如图 8.1 所示。

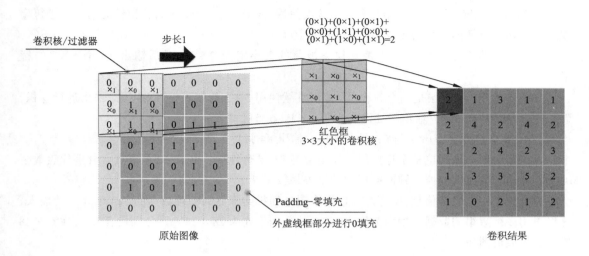

图 8.1 卷积过程

8.2 LeNet-5 网络模型

LeNet-5 诞生于 1994 年，是最早的卷积神经网络之一，并且推动了深度学习领域的发展。自从 1988 年开始，在许多次成功的迭代后，这项由被誉为"卷积网络之父"Yann LeCun 完成的开拓性成果被命名为 LeNet-5。

LeNet-5 是一种用于手写体字符识别的非常高效的卷积神经网络，它的网络结构如图 8.2 所示。

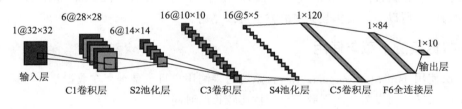

图 8.2 LeNet-5

LeNet-5 共有 7 层，这 7 层中不包括输入层，每个层有多个 Feature Map，每个 Feature Map 通过一种卷积滤波器提取输入的一种特征。

（1）输入层输入图像大小为 32×32，比 MNIST 数据集的图片要大一些。因此在训练整个网络之前，需要对 28×28 的图像统一归一化为 32×32，即周围填充 0。

（2）C1 卷积层：该层是一个卷积层，该层卷积核使用 6 个大小为 5×5 的卷积核对输入层进行卷积运算，输出特征图大小为 28×28（32-5+1=28）。这么做可防止原图像输入的信息掉到卷积核边界之外。

（3）S2 池化层：该层是一个池化层，又称下采样层。池化的大小定为 2×2，输出特征图大小为 14×14（28/2），经池化后得到 6 个 14×14 的特征图，作为下一层神经元的输入。

（4）C3 卷积层：该层是一个卷积层，该层使用 16 个大小为 5×5 的卷积核对输入层进行卷积运算，输出特征图大小为 10×10（14-5+1=10）。

（5）S4 池化层：该层是一个池化层，池化的大小定为 2×2，最后输出 16 个 5×5 的特征图。

（6）C5 卷积层：该层是一个卷积层，该层继续使用 5×5 的卷积核对 S4 层的输出进行卷积，卷积核数量增加至 120，输出特征图大小为 1×1（5-5+1=1）。

（7）F6 全连接层：该层与 C5 层全连接，输出 84 张特征图。

（8）输出层：该层也是全连接层，输出层与 F6 层全连接，共有 10 个节点，分别代表数字 0~9，如输出节点 7 的值，则网络识别的结果是数字 7。

为了完整保存数据信息，抛弃之前使用多层感知机的降低到一维数据的 784 个元素的输入，这里采用多维数组的数据类型作为输入。输入的数据格式为 28×28×1，分别代表着 28 像素×28 像素的单通道图像。

8.3 Fashion MNIST

8.3.1 服装分类的数据集

Fashion MNIST 数据集包含了 60 000 个 28×28 灰度图像，共 10 个时尚分类作为训练集。测试集包含 10 000 张图片。该数据集可作为 MNIST 数据集的进化版本，10 个类别标签分别是：（0，短袖圆领 T 恤）、（1，裤子）、（2，套头衫）、（3，连衣裙）、（4，外套）、（5，凉鞋）、（6，衬衫）、（7，帆布鞋）、（8，包）、（9，短靴）。可以发现，Fashion MNIST 和 MNIST 的数据是相通的，所以一些操作数据集的方法可以复用。

8.3.2 数据集的下载与使用

第一次使用 mnist.fashion_mnist() 时，系统会检测用户目录是否存在数据集，如果没有，它会自动下载文件。所以第一次下载需要等待比较长的时间。

```python
# 导入需要使用的包
import numpy as np
import pandas as pd
from keras.utils import np_utils
from keras.datasets import fashion_mnist
import matplotlib.pyplot as plt
from matplotlib.font_manager import FontProperties
import keras

# 下载数据集
(X_train_image,y_train_label),(X_test_image,y_test_label) = fashion_mnist.load_data()
# 将标签映射到图像，便于查看物品属性
CLASSES_NAME=['短袖圆领 T 恤','裤子','套头衫','连衣裙','外套',
              '凉鞋','衬衫','帆布鞋','包','短靴']
```

8.3.3 了解 Fashion MNIST 数据集

```
font_zh=FontProperties(fname='./fz.ttf')
# 定义一个可输出图片和数字的函数
def show_image(images, labels, idx, alias=[]):
    fig=plt.gcf()
    plt.imshow(images[idx], cmap='binary')
    if alias:
        plt.xlabel(str(CLASSES_NAME[labels[idx]]), fontproperties = font_zh, fontsize=15)
    else:
        plt.xlabel('label:'+str(labels[idx]), fontsize=15)
    plt.show()

# 定义一个可输出多个图片和数字的函数
def show_images_set(images,labels,prediction,idx,num=15, alias=[]):
    fig=plt.gcf()
    fig.set_size_inches(14,14)
    for i in range(0,num):
        color='black'
        tag=''
        ax=plt.subplot(5,5,1+i)
        ax.imshow(images[idx],cmap='binary')
        if len(alias)>0:
            title=str(CLASSES_NAME[labels[idx]])
        else:
            title="label:"+str(labels[idx])
        if len(prediction)>0:
            if prediction[idx]!=labels[idx]:
                color='red'
                tag='×'
            if alias:
                title+="("+str(CLASSES_NAME[prediction[idx]])+")"+tag
            else:
                title +=",predict="+str(prediction[idx])
        ax.set_title(title,fontproperties=font_zh,fontsize=13,color=color)
        ax.set_xticks([])
        ax.set_yticks([])
        idx+=1
    plt.show()
```

使用 showimagesset 显示训练集的数据，如图 8.3 所示。prediction 为传入预测结果数据集，这里暂时为空，idx 为需要从第几项数据开始遍历，默认值为 num=10 项。

```
show_images_set(images=X_train_image, labels=y_train_label, prediction=[], idx=10, alias=CLASSES_NAME)
```

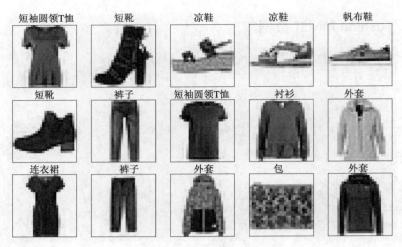

图 8.3　显示训练集的数据

8.4　进行 Fashion MNIST 数据集识别

8.4.1　初始处理数据

```python
import numpy as np
from keras.utils import np_utils
from keras.datasets import mnist
import pandas as pd
import matplotlib.pyplot as plt
from keras.models import Sequential
from keras.layers import Dense,Dropout,Flatten,Conv2D,MaxPooling2D,Activation

# 加载数据集
(X_train_image,y_train_label),(X_test_image,y_test_label)=fashion_mnist.load_data()

# 图像转换成向量的处理
x_Train4D=X_train_image.reshape(X_train_image.shape[0],28,28,1).astype('float32')
x_Test4D=X_test_image.reshape(X_test_image.shape[0],28,28,1).astype('float32')

# 图像归一化处理
x_Train4D_normalize=x_Train4D/255
x_Test4D_normalize=x_Test4D/255

# 标签one-hot编码处理
y_TrainOneHot=np_utils.to_categorical(y_train_label)
y_TestOneHot=np_utils.to_categorical(y_test_label)

# 设置模型参数和训练参数
# 分类的类别
CLASSES_NB=10
```

第 8 章 初识卷积神经网络——Fashion MNIST

```
# 模型输入层数量
INPUT_SHAPE=(28,28,1)

# 验证集划分比例
VALIDATION_SPLIT=0.2

# 训练周期，这边设置10个周期即可
EPOCH=20

# 单批次数据量
BATCH_SIZE=300

# 训练LOG打印形式
VERBOSE=1

# 将标签映射到图像，便于查看物品属性
CLASSES_NAME = ['短袖圆领T恤', '裤子', '套头衫', '连衣裙', '外套', '凉鞋', '衬衫', '帆布鞋', '包', '短靴']
```

8.4.2 搭建 LeNet-5 与训练模型

```
model=Sequential()
model.add(Conv2D(filters=6,
           kernel_size=(5,5),
           strides=(1,1),
           input_shape=(28,28,1),
           padding='valid',
           kernel_initializer='uniform'))
model.add(Activation('relu'))
model.add(MaxPooling2D(pool_size=(2,2)))
model.add(Conv2D(16,
           kernel_size=(5,5),
           strides=(1,1),
           padding='valid',
           kernel_initializer='uniform'))
model.add(Activation('relu'))
model.add(MaxPooling2D(pool_size=(2,2)))
model.add(Flatten())
model.add(Dense(120))
model.add(Activation('relu'))
model.add(Dense(84))
model.add(Activation('relu'))
model.add(Dense(CLASSES_NB))
model.add(Activation('softmax'))
model.compile(optimizer='sgd',loss='categorical_crossentropy',metrics=['accuracy'])
model.summary()
```

查看深度模型结构图。

```
train_history = model.fit(x=x_Train4D_normalize,
               y=y_TrainOneHot,validation_split=VALIDATION_SPLIT,
```

```
                    epochs=EPOCH,batch_size=BATCH_SIZE,verbose=VERBOSE)
```

深度模型结构图如图 8.4 所示。

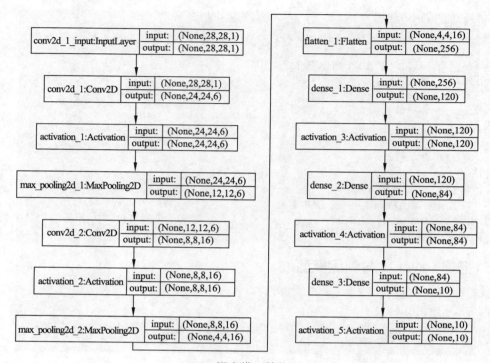

图 8.4　深度模型结构图

8.4.3　训练过程与评估模型

训练完毕后，运行以下代码查看模型训练的结果。

```
# 定义绘制训练过程的函数图像
def show_train_history(train_history,train,validation):
    plt.plot(train_history.history[train])
    plt.plot(train_history.history[validation])
    plt.title('Train histoty')
    plt.ylabel(train)
    plt.xlabel('Epoch')
    plt.legend(['train','validation',],loc = 'upper left')
    plt.show()

# 使用绘制函数绘制出准确率图像
show_train_history(train_history,'acc','val_acc')
# 使用绘制函数绘制出误差率图像
show_train_history(train_history,'loss','val_loss')
```

准确率与误差率图像如图 8.5 所示。

第 8 章 初识卷积神经网络——Fashion MNIST

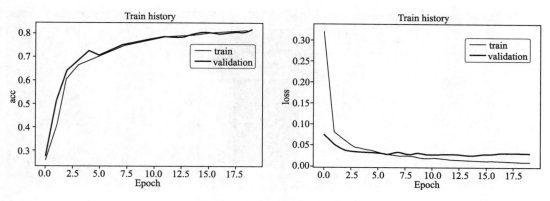

图 8.5 准确率与误差率图像

```
scores=model.evaluate(x_Test4D_normalize, y_TestOneHot)
print(scores[1])
10000/10000 [==============================] - 2s 239us/step
0.8073
# 保存训练好的模型权重
model.save('mnist_model_v2.h5')
```

8.4.4 卷积输出可视化

为了更加清晰地看清卷积处理图像的过程，可将其以图片的形式输出。

```
# 读取上面保存好的模型
from keras.models import load_model
model_v2=load_model('mnist_model_v2.h5')
from keras.models import Model
# 定义获取某一层中预测的结果函数
def get_layer_output(model, layer_name, data_set):
    try:
        out=model.get_layer(layer_name).output
    except:
        raise Exception('Error layer named {}!'.format(layer_name))

    conv1_layer=Model(inputs=model.inputs, outputs=out)
    res=conv1_layer.predict(data_set)
    return res
# 定义显示预测结果的函数
def show_layer_output(imgs, r=1, c=7):
    fig=plt.gcf()
    fig.set_size_inches(12, 14)
    length=imgs.shape[2]
    for _ in range(length):
        show_img=imgs[:, :, _]
        show_img.shape=imgs.shape[:2]
        plt.subplot(r, c, _+1)
        plt.imshow(show_img)
    plt.show()
```

这里随机使用一个短袖圆领 T 恤样本（见图 8.6）展现图片在各层网络中所处理的效果图像。

```
show_image(X_train_image, y_train_label, 1, CLASSES_NAME)
```

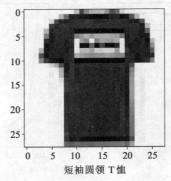

短袖圆领 T 恤

图 8.6　短袖圆领 T 恤样本展现图片

```
# 获取第一个卷积层中计算过程的图像
conv2d_1=get_layer_output(model_v2, "conv2d_1", x_Test4D)[1]
activation_1=get_layer_output(model_v2, "activation_1", x_Test4D)[1]
max_pooling2d_1=get_layer_output(model_v2, "max_pooling2d_1", x_Test4D)[1]

# 获取第二个卷积层中计算过程的图像
conv2d_2=get_layer_output(model_v2, "conv2d_2", x_Test4D)[1]
activation_2=get_layer_output(model_v2, "activation_2", x_Test4D)[1]
max_pooling2d_2=get_layer_output(model_v2,"max_pooling2d_2", x_Test4D)[1]
# 卷积层 1 过程，见图 8.7
show_layer_output(conv2d_1)
```

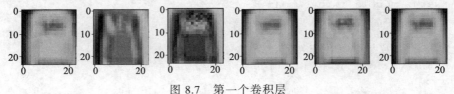

图 8.7　第一个卷积层

```
# 激活函数 1 过程，见图 8.8
show_layer_output(activation_1)
```

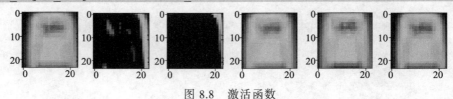

图 8.8　激活函数

```
# 池化层 1 过程，见图 8.9
show_layer_output(max_pooling2d_1)
```

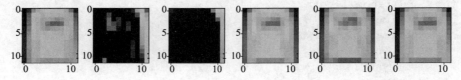

图 8.9　最大池化

```
# 卷积层2过程，见图8.10
show_layer_output(conv2d_2, r=8, c=8)
```

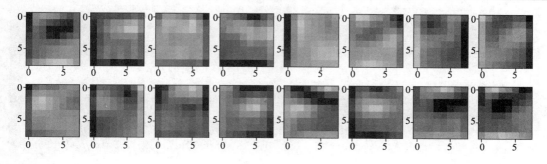

图 8.10　conv2d_2

```
# 激活函数2过程，见图8.11
show_layer_output(activation_2, r=8, c=8)
```

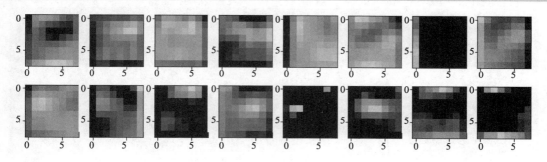

图 8.11　activation_2

```
# 池化层1过程，见图8.12
show_layer_output(max_pooling2d_2, r=8, c=8)
```

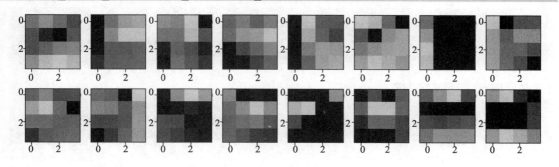

图 8.12　max_pool

8.5　改进 LeNet-5 实现 Fashion MNIST 数据集识别

8.5.1　初始处理数据

```
import numpy as np
```

```python
from keras.utils import np_utils
from keras.datasets import mnist
import pandas as pd
import matplotlib.pyplot as plt
from keras.models import Sequential
from keras.layers import Dense,Dropout,Flatten,Conv2D,MaxPooling2D,Activation

# 加载数据集
(X_train_image,y_train_label),(X_test_image,y_test_label)=fashion_mnist.load_data()
# 图像转换成向量的处理
x_Train4D=X_train_image.reshape(X_train_image.shape[0],28,28,1).astype('float32')
x_Test4D=X_test_image.reshape(X_test_image.shape[0],28,28,1).astype('float32')
# 图像归一化处理
x_Train4D_normalize=x_Train4D/255
x_Test4D_normalize=x_Test4D/255
# 标签 one-hot 编码处理
y_TrainOneHot=np_utils.to_categorical(y_train_label)
y_TestOneHot=np_utils.to_categorical(y_test_label)

# 设置模型参数和训练参数
# 分类的类别
CLASSES_NB=10
# 模型输入层数量
INPUT_SHAPE=(28,28,1)
# 验证集划分比例
VALIDATION_SPLIT=0.2
# 训练周期,设置20个周期即可
EPOCH=20
# 单批次数据量
BATCH_SIZE=300
# 训练 LOG 打印形式
VERBOSE=2
# 将标签映射到图像,便于查看物品属性
CLASSES_NAME = ['短袖圆领T恤','裤子','套头衫','连衣裙','外套',
                '凉鞋','衬衫','帆布鞋','包','短靴']
```

8.5.2 搭建模型与训练

在原来的网络结构下,尝试修改网络结构和一些参数以达到提升模型预测精度的效果。

```python
model=Sequential()
model.add(Conv2D(filters=16,
          kernel_size=(5,5),
          padding='same',
          input_shape=(28,28,1)))
model.add(Activation('relu'))
model.add(MaxPooling2D(pool_size=(2,2)))
model.add(Conv2D(filters=50, kernel_size=(5,5), padding='same'))
model.add(Activation('relu'))
model.add(MaxPooling2D(pool_size=(2,2)))
model.add(Dropout(0.25))
```

第 8 章 初识卷积神经网络——Fashion MNIST

```
model.add(Flatten())
model.add(Dense(500,activation='relu'))
model.add(Activation('relu'))
model.add(Dropout(0.5))
model.add(Dense(CLASSES_NB))
model.add(Activation('softmax'))
print(model.summary())
Model: "sequential_2"
_____
Layer (type)                 Output Shape              Param #
=================================================================
conv2d_3 (Conv2D)            (None, 28, 28, 16)        416
…

activation_9 (Activation)    (None, 10)                0
=================================================================
Total params: 1,250,976
Trainable params: 1,250,976
Non-trainable params: 0
_____
None
```

详细的神经网络模型结构如图 8.13 所示。

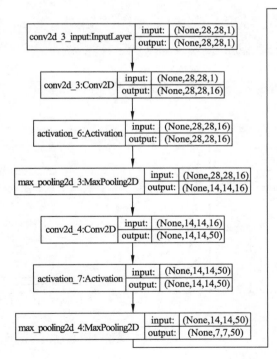
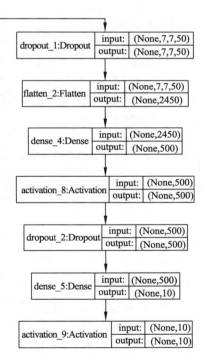

图 8.13　网络模型

可以看到，使用改进的模型结构和参数后，重新训练。

```
model.compile(loss='categorical_crossentropy',optimizer='adam',metrics=
```

```
['accuracy'])
   train_history=model.fit(x=x_Train4D_normalize,
                  y=y_TrainOneHot,validation_split=VALIDATION_SPLIT,
                  epochs=EPOCH,batch_size=BATCH_SIZE,verbose=VERBOSE)
Train on 48000 samples, validate on 12000 samples
Epoch 1/20
 - 55s - loss: 0.6406 - acc: 0.7660 - val_loss: 0.4064 - val_acc: 0.8569
…
 - 55s - loss: 0.1345 - acc: 0.9496 - val_loss: 0.2098 - val_acc: 0.9250
```

8.5.3 训练过程与评估模型

可以看到，加入卷积神经网络后的模型，训练时间更长。使用绘制函数看看模型效果是否更好。

```
# 定义绘制训练过程的函数图像
def show_train_history(train_history,train,validation):
    plt.plot(train_history.history[train])
    plt.plot(train_history.history[validation])
    plt.title('Train histoty')
    plt.ylabel(train)
    plt.xlabel('Epoch')
    plt.legend(['train','validation',],loc='upper left')
    plt.show()
show_train_history(train_history,'acc','val_acc')
```

准确率图像如图 8.14 所示。

```
show_train_history(train_history,'loss','val_loss')
```

误差率图像如图 8.15 所示。

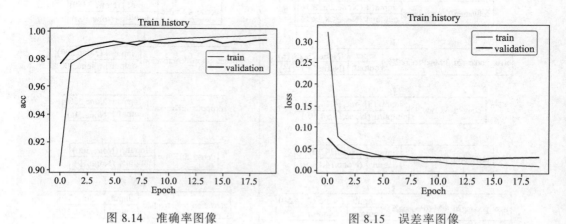

图 8.14　准确率图像　　　　　图 8.15　误差率图像

可以看到模型的精度相比多层感知机有所提升，并且没有出现严重的过拟合情况。下面使用测试集评估模型的准确度：

```
scores=model.evaluate(x_Test4D_normalize, y_TestOneHot)
print(scores[1])
```

```
10000/10000 [==============================] - 5s 458us/step
0.9916
```

可以看到，模型的准确度可以达到 0.99 以上，相比多层感知机有所提升。

8.5.4 测试集预测

对测试集所有样本进行预测，随机挑选几个样本进行查看：

```
result_class = model.predict_classes(x_Test4D)
show_images_set(X_test_image,y_test_label,result_class,idx=40,
alias=CLASSES_NAME)
```

如图 8.16 所示，这里从第 39 个样本开始后的 15 个结果中有 4 个样本预测错误，建立误差矩阵，可以更加清晰地看到各个类别的混淆情况。

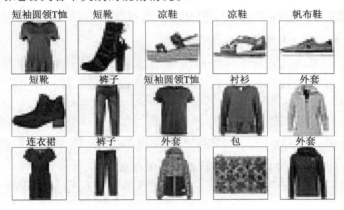

图 8.16 测试样本

```
# 使用pandas库
import pandas as pd
pd.crosstab(y_test_label, result_class, rownames=['label'], colnames=['predict'])
```

predict	0	1	2	3	4	5	6	7	8	9
label										
0	813	2	13	16	5	1	141	0	9	0
1	1	982	0	9	1	0	5	0	2	0
2	12	1	787	7	121	0	71	0	1	0
3	6	5	5	906	43	0	32	0	3	0
4	0	1	17	14	934	0	34	0	0	0
5	0	0	0	0	0	988	0	7	0	5
6	70	0	28	23	108	0	764	0	7	0
7	0	0	0	0	0	13	0	959	3	25
8	1	1	1	2	2	2	2	1	988	0
9	0	0	0	0	0	5	1	21	0	973

通过混淆矩阵可以清晰地发现，最容易混淆的地方分别是 2（套头衫）和 4（外套）共 121

次混淆，4（外套）和 6（衬衫）共 108 次混淆。

创建 DataFrame，来分析混淆情况。

```
# 创建 DataFrame
dic = {'label':y_test_label, 'predict':result_class}
df = pd.DataFrame(dic)
# T是将矩阵转置，方便查看数据
df.T
```

	0	1	2	3	4	5	6	7	8	9	...	9990	9991	9992	9993	9994	9995	9996	9997	9998	9999
label	9	2	1	1	6	1	4	6	5	7	...	5	6	8	9	1	9	1	8	1	5
predict	9	2	1	1	6	1	4	6	5	7	...	5	2	8	9	1	9	1	8	1	5

2 rows × 10000 columns

查看 2（套头衫）和 4（外套）的混淆情况。

```
df[(df.label==2)&(df.predict==4)].T
```

	74	227	255	357	511	546	715	799	851	893	...	9337	9387	9411	9449	9537	9545	9648	9743	9784	9946
label	2	2	2	2	2	2	2	2	2	2	...	2	2	2	2	2	2	2	2	2	2
predict	4	4	4	4	4	4	4	4	4	4	...	4	4	4	4	4	4	4	4	4	4

2 rows × 121 columns

这里选择第 1 项错误的 74 的索引进行查看（见图 8.17）。

```
show_image(X_test_image, y_test_label, 74, CLASSES_NAME)
```

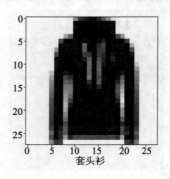

图 8.17 测试样本

查看 4（外套）和 6（衬衫）的混淆情况。

```
df[(df.label==4)&(df.predict==6)].T
```

	396	476	558	905	1055	1101	1223	1356	1408	1462	...	6899	6908	7134	7233	7278	7596	7986	8296	8933	8958
label	4	4	4	4	4	4	4	4	4	4	...	4	4	4	4	4	4	4	4	4	4
predict	6	6	6	6	6	6	6	6	6	6	...	6	6	6	6	6	6	6	6	6	6

2 rows × 34 columns

这里选择第 2 项错误的 476 的索引进行查看（见图 8.18）。

```
show_image(X_test_image, y_test_label, 558, CLASSES_NAME)
```

第 8 章 初识卷积神经网络——Fashion MNIST

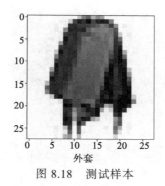

图 8.18 测试样本

8.5.5 保存模型与网络结构

保存 model 的网络结构为 json 格式。

```
from keras.models import model_from_json
import json
# 将model的结构转换成json
model_json=model.to_json()
# 格式化json方便阅读
model_dict=json.loads(model_json)
model_json=json.dumps(model_dict, indent=4, ensure_ascii=False)
# 将json保存到当前目录下
with open("./fashion_mnist_model_json.json",'w') as json_file:
    json_file.write(model_json)
将model的权重保存为h5格式
from keras.models import load_model
# 保存训练好的model权重
model.save('fashion_mnist_mode_v1.h5')
```

8.6 使用自然测试集进行预测

之前的实验均是采用数据集中的测试集进行预测，下面尝试采用自己收集的一些图片作为自然测试集进行预测，查看模型在自然测试集的图片效果如何。图片放在 img_sets 文件夹中，请读者从本书网盘中\深度学习神经网络基础教程（完整函数据集）\04 初识卷积神经网络\img_sets 获取。

8.6.1 图片预处理

使用自定义图片进行预测，需要将图片转换成 numpy 数组形式，并且设置好图像的一些属性才能进行预测。这里将采用开源的计算机视觉库 opencv 进行图像的处理操作。输出查看预测样本，如图 8.19 所示。

```
import cv2
import numpy as np
import os
import matplotlib.pyplot as plt
```

```python
# 存放自定义图片的位置，图片均为jpg格式
path="img_sets"
imgs=[]
labs=[]
for i,filename in enumerate(os.listdir(path)):
    if filename.endswith(".jpg"):
        _path=os.path.join(path, filename)
        # opencv 读取图片
        img=cv2.imread(_path)
        # 将图片添加至列表中
        imgs.append(img)
        # 从文件名获取label
        lab=filename[4:5]
        labs.append(int(lab))
show_images_set(imgs, labs, [], idx=0, num=8, alias=CLASSES_NAME)
```

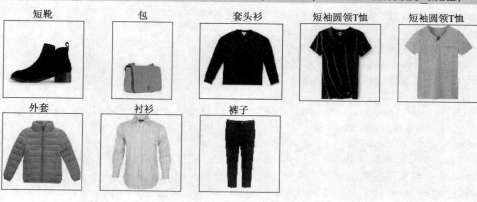

图 8.19 测试样本

```python
# 查看图片数据
imgs
 [array([[[255, 255, 255],
        [255, 255, 255],
        [255, 255, 255],
         ...,
 X_img=[]
for img in imgs :
    # 将图片转换成灰度图
    img=cv2.cvtColor(img, cv2.COLOR_BGR2GRAY)
    img=img-255
    img=cv2.resize(img, (28, 28))
    X_img.append(img)

X_img=np.array(X_img)
# 图像转换成向量的处理
X_img_4d=X_img.copy()
X_img_4d=X_img_4d.reshape(X_img.shape[0],28,28,1).astype('float32')
```

8.6.2 预测结果

```
import keras
from keras.models import load_model

model_fashion_v1=load_model('fashion_mnist_mode_v1.h5')
res = model_fashion_v1.predict_classes(X_img_4d)
show_images_set(imgs, labs, res, idx=0, num=8, alias=CLASSES_NAME)
```

采用自己收集的一些图片作为自然测试集进行预测，查看模型在自然测试集的识别情况，如图8.20所示。

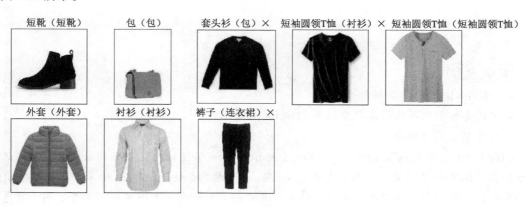

图 8.20　预测结果

小　结

本章主要描述如何搭建卷积神经网络识别Fashion MNIST数据集，同样的实验可以把数据集切换成MNIST手写字符集甚至不需要更换一行代码，读者可自行实践与研究。

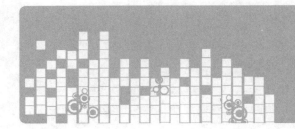

第 9 章 CIFAR-10 图像识别

本章内容
- CIFAR-10 数据集下载与分析
- 使用卷积神经网络搭建模型识别 CIFAR-10 图像
- 提升模型的准确率

CIFAR-10 是由 Alex Krizhevsky，Vinod Nair 与 Geoffreff Hinton 收集的一个用于图像识别的数据集。共有 10 个分类：飞机、汽车、鸟、猫、鹿、狗、青蛙、马、船、卡车。与之前 MNIST 数据集相比，它的色彩和颜色噪点会比较多，其中分类如卡车，大小不一，角度不同，颜色不同。所以识别难度要比之前的 MNIST 和 Fashion MNIST 大很多。

9.1 准备工作

在指定的磁盘路径创建存放当前项目的目录，Linux 或 macOS 可使用 mkdir 命令创建文件夹目录，Windows 直接使用图形化界面右键新建文件夹即可。例如，创建的存放项目的文件夹目录名为 project05。

```
(dlwork) jingyudeMacBook-Pro:~ jingyuyan$ mkdir project05
```

将之前几个项目用到的一些函数进行收集，统一编写在 simpleutils.py 文件下，这样可在接下来的实验中更加方便地调用，既节省时间又使代码更加简洁。将 simpleutils.py 和中文字体文件 fz.ttf 放入到 project05 文件夹中。

首先，将 simple_utils.py 文件内的函数导入即可，详细代码如下：

```
# %load simple_utils.py
import numpy as np
import matplotlib.pyplot as plt
from keras.models import Model
from matplotlib.font_manager import FontProperties
```

设置显示训练过程的函数：

```
def show_train_history(train_history,train,validation):
    plt.plot(train_history.history[train])
```

```
    plt.plot(train_history.history[validation])
    plt.title('Train histoty')
    plt.ylabel(train)
    plt.xlabel('Epoch')
    plt.legend(['train','validation',],loc = 'upper left')
    plt.show()
```

获取某一层中预测的结果函数:

```
def get_layer_output(model, layer_name, data_set):
    try:
        out=model.get_layer(layer_name).output
    except:
        raise Exception('Error layer named {}!'.format(layer_name))

    conv1_layer=Model(inputs=model.inputs, outputs=out)
    res=conv1_layer.predict(data_set)
return res
```

加载中文字体文件 fz.tt,中文字体可以选择下载或从本书提供的云盘目录下\深度学习神经网络基础教程(完整函数据集)\05 CIFAR-10 图像分类\下载。

```
font_zh=FontProperties(fname='./fz.ttf')
```

输出图片和标签的函数:

```
 def show_image(images, labels, idx, alias=[]):
    fig=plt.gcf()
    plt.imshow(images[idx], cmap='binary')

if alias:
    plt.xlabel(str(CLASSES_NAME[labels[idx]]), fontproperties=font_zh,fontsize=15)
else:
    plt.xlabel('label:'+str(labels[idx]), fontsize = 15)

 plt.show()
```

显示输出多个图片和数字的函数,设置好相应的标签以及相应颜色:

```
def show_images_set(images,labels,prediction,idx,num=15, alias=[]):
    fig=plt.gcf()
    fig.set_size_inches(14, 14)
    for i in range(0,num):
        color='black'
        tag=''
        ax=plt.subplot(5,5,1+i)
        ax.imshow(images[idx],cmap='binary')
        if len(alias)>0:
            title=str(alias[labels[idx]])
        else:
            title="label:"+str(labels[idx])
        if len(prediction)>0:
            if prediction[idx]!=labels[idx]:
                color='red'
                tag='x'
```

```
            if alias:
                title+="("+str(alias[prediction[idx]])+")"+tag
            else:
                title+=",predict="+str(prediction[idx])
        ax.set_title(title,fontproperties=font_zh,fontsize=13,color=color)
        ax.set_xticks([])
        ax.set_yticks([])
        idx+=1
    plt.show()
def show_images_set_cifar(images,labels,prediction,idx,num=15, alias=[]):
    fig=plt.gcf()
    fig.set_size_inches(14, 14)
    for i in range(0,num):
        color='black'
        tag=''
        ax=plt.subplot(5,5,1+i)
        ax.imshow(images[idx],cmap='binary')
        if len(alias)>0:
            title=str(alias[labels[idx][0]])
        else:
            title="label:"+str(labels[idx][0])
        if len(prediction)>0:
            if prediction[idx]!=labels[idx][0]:
                color='red'
                tag='×'
            if alias:
                title+="("+str(alias[prediction[idx]])+")"+tag
            else:
                title+=",predict="+str(prediction[idx])
        ax.set_title(title,fontproperties=font_zh,fontsize=13,color=color)
        ax.set_xticks([])
        ax.set_yticks([])
        idx+=1
    plt.show()
```

进入到 project05 后开始本章的实验。

```
cd project05
jupyter notebook
```

9.2 CIFAR-10 数据集下载与分析

CIFAR-10 共有 10 个分类：飞机、汽车、鸟、猫、鹿、狗、青蛙、马、船、卡车。数据集中有 60 000 个 32×32 的彩色图像，分别划分为 50 000 个训练图像和 10 000 个测试图像。label 是 0~9 共 10 个数字分别对应着各个分类标签：（0，飞机）、（1，汽车）、（2，鸟）、（3，猫）、（4，鹿）、（5，狗）、（6，青蛙）、（7，马）、（8，船）、（9，卡车）。可登录官网查看 CIFAR-10 图像的说明，如图 9.1 所示，CIFAR-10 提供 Python 版本、Matlab 版本和适用于 C 程序的二进制版本。

第 9 章 CIFAR-10 图像识别

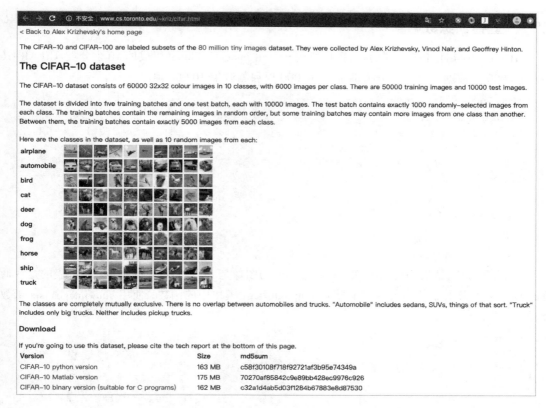

图 9.1 下载页面

9.2.1 CIFAR-10 数据的下载

1. 使用 Keras 自动下载

可以从图 9.1 中发现，CIFAR-10 的官网提供数据下载，这里使用 Keras 的 databasets 直接导入，如果是第一次使用 Keras，会自动为用户下载好数据集，不需要手动下载，但是下载需要等待较长的时间。

```
from keras.datasets import cifar10
import numpy as np
x_img_train,y_label_train),(x_img_test,y_label_test) = cifar10.load_data()
Using TensorFlow backend.
```

2. 手动下载

如果下载失败或者下载速度比较缓慢，请从本书网盘中的深度学习神经网络基础教程（完整数据集）下载，下载的文件名为 cifar-10-batches-py.tar.gz 或 cifar-10-batches-py.tar。

（1）Windows 放置数据集：在 Windows 环境下，将 cifar-10-batches-py.tar.gz 文件放置到 C:\Users\UserName.keras\datasets 目录下即可。

（2）Linux 或 MacOS 放置数据集：在 Linux 或 macOS 环境下，将 cifar-10-batches-py.tar.gz 文件放置到~/Users/ UserName /.keras/目录下即可。

9.2.2 查看训练数据

CIFAR-10与MNIST相同的是,数据集同样是由images和label组成的10个分类。CIFAR-10共有60 000项数据,分别划分为训练集50 000项和测试集10 000项。

```
from keras.datasets import cifar10
import numpy as np
(x_img_train,y_label_train),(x_img_test,y_label_test)=cifar10.load_data()
print('train:',len(x_img_train))
print('test:',len(x_img_test))
train: 50000
test: 10000
```

查看数据的维度:

```
x_img_train.shape
(50000, 32, 32, 3)
```

可以看到这次所使用的CIFAR-10数据集中的图像是 $32 \times 32 \times 3$ 的图像。3代表的是3通道的RGB彩色图像。从当前目录下导入simpleutils.py模块中的函数,使用showimages_set函数查看训练集图像。

```
from simple_utils import *

# 分别定义中英文的标签字典,便于查看当前标签属性
classes_name={
0:"airplane", 1:"automobile", 2:"bird", 3:"cat", 4:"deer", 5:"dog", 6:"frog",
7:"horse", 8:"ship", 9:"truck"
}
classes_name_ch={
0:"飞机", 1:"汽车", 2:"鸟", 3:"猫", 4:"鹿", 5:"狗", 6:"青蛙", 7:"马", 8:"船",
9:"卡车"
}
show_images_set_cifar(images=x_img_train, labels=y_label_train, prediction=[],
idx=0, alias=classes_name_ch)
<Figure size 1400x1400 with 15 Axes>
```

9.3 处理数据集与训练模型

9.3.1 处理数据集

对数据集进行处理后才能开始训练,查看第一个图像的第一个点的像素组合:

```
(x_img_train,y_label_train),(x_img_test,y_label_test)=cifar10.load_data()
x_img_train[0][0][0]
array([59, 62, 63], dtype=uint8)
```

可以看到[59, 62, 63]三个点分别代表着[R-G-B]颜色的组合。为了提高模型的精确度,需要将数据进行标准化。

第 9 章 CIFAR-10 图像识别

下面将数据集进行数字标准化，查看处理后的第一个点的像素组合：

```
x_img_train_normalize=x_img_train.astype('float32')/255.0
x_img_test_normalize=x_img_test.astype('float32')/255.0
x_img_train_normalize[0][0][0]
array([0.23137255, 0.24313726, 0.24705882], dtype=float32)
```

接下来需要处理 label 的数据，查看前 4 项 label。

```
y_label_train[:4]
array([[6],
       [9],
       [9],
       [4]], dtype=uint8)
```

使用 One-HotEncoding 编码来处理 label 数据：

```
from keras.utils import np_utils
y_label_train_OneHot=np_utils.to_categorical(y_label_train)
y_label_test_OneHot=np_utils.to_categorical(y_label_test)
```

查看处理完后的 OneHot 编码。

```
y_label_train_OneHot[:4]
array([[0., 0., 0., 0., 0., 0., 1., 0., 0., 0.],
       [0., 0., 0., 0., 0., 0., 0., 0., 0., 1.],
       [0., 0., 0., 0., 0., 0., 0., 0., 0., 1.],
       [0., 0., 0., 0., 1., 0., 0., 0., 0., 0.]], dtype=float32)
```

9.3.2 模型的搭建

开始建立模型，CIFAR-10 数据集的识别会比 MNIST 难度高很多，所以直接采用更多的卷积层来提高识别的准确率。

```
from keras.models import Sequential
from keras.layers import Dense,Dropout,Activation,Flatten
from keras.layers import Conv2D,MaxPool2D,ZeroPadding2D
```

设置模型参数和训练参数，将分类的类别设置为 10，模型输入层数量为（32，32，3），验证集划分比例为 0.2，训练周期设置为 10，单批次数据量为 128，设置训练打印模式 VERBOSE=1 使打印信息更加详细，方便查找问题，设置损失函数与优化器。

```
CLASSES_NB=10
INPUT_SHAPE=(32, 32, 3)
VALIDATION_SPLIT=0.2
EPOCH=10
BATCH_SIZE=128
VERBOSE=1
LOSS='categorical_crossentropy'
OPTIMIZER='adam'
METRICS=['accuracy']
model=Sequential()
```

LOSS 选项为损失函数，它是深度学习最重要的概念之一，在一般二分类的场景中使用：

binary_crossentropy 交叉熵损失函数；在多分类问题，并使用 softmax 作为输出层的激活函数的情况时使用：categorical_crossentropy 多分类交叉熵损失函数。

在深度学习中几乎所有算法都要利用损失函数来检验算法模型的优劣，同时利用损失函数来提升算法模型，这个提升过程称为优化（Optimizer），常用的优化函数有：

- SGD（stochastic gradient descent）：随机梯度下降，算法每读入一个数据后都会立刻计算损失函数的梯度来更新参数。
- BGD（batch gradient descent）：批量梯度下降，算法读取整个数据集后累加来计算损失函数的梯度。
- Mini-BGD（mini-batch gradient descent）：小批量数据进行梯度下降，这是一个折中的方法，采用训练集的子集（mini-batch）来计算损失函数的梯度。
- Momentum：冲量算法，在更新方向的时候保留之前的方向，增加稳定性而且还有摆脱局部最优的能力。
- Adagrad（adaptive gradient）：自适应梯度算法，是一种改进的随机梯度下降算法。
- RMSProp（root mean square propagation）：是一种自适应学习率方法，Adagrad 会累加之前所有的梯度平方，RMSProp 仅仅是计算对应的平均值。可以缓解 Adagrad 算法学习率下降较快的问题。
- adam（adaptive moment estimation）：adam 算法是 Momentum 与 RMSProp 的结合体，每一次迭代学习率都有一个明确的范围，使得参数变化很平稳。

```
# 建立卷积层
model.add(Conv2D(filters=32, kernel_size=(3,3), input_shape=INPUT_SHAPE, padding='same'))
model.add(Activation('relu'))
model.add(Dropout(rate=0.25))
model.add(MaxPool2D(pool_size=(2,2)))

# 建立卷积层
model.add(Conv2D(filters=64, kernel_size=(3,3), padding='same'))
model.add(Activation('relu'))
model.add(Dropout(rate=0.25))
model.add(MaxPool2D(pool_size=(2,2)))
# 建立平坦层
model.add(Flatten())
model.add(Dropout(rate=0.25))
# 建立隐藏层，共 1024 个神经元
model.add(Dense(1024))
model.add(Dropout(rate=0.25))
# 建立输出层
model.add(Dense(CLASSES_NB))
model.add(Activation('softmax'))
# 查看摘要
print(model.summary())
WARNING: Logging before flag parsing goes to stderr.
W0115 00:57:27.912718 4579980736 deprecation_wrapper.py:119] From /Users/jingyuyan/anaconda3/envs/dlwork/lib/python3.6/site-packages/keras/backend/te
```

第 9 章 CIFAR-10 图像识别

```
nsorflow_backend.py:4070: The name tf.nn.max_pool is deprecated. Please use
tf.nn.max_pool2d instead.
  Model: "sequential_1"
_____
Layer (type)                 Output Shape              Param #
=================================================================

=================================================================
Total params: 4,224,970
Trainable params: 4,224,970
Non-trainable params: 0
_____
None
```

搭建好的模型结构如图 9.2 所示。

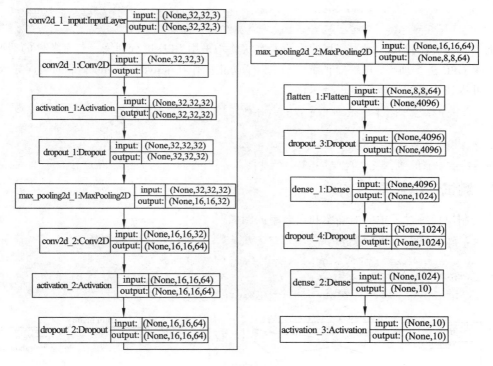

图 9.2　模型结构

9.3.3　模型的训练

利用上述定义好的模型以及训练参数，定义训练方式，并且传入数据，利用反向传播算法开始训练模型。

```
# 定义训练方式
model.compile(loss=LOSS, optimizer=OPTIMIZER, metrics=METRICS)
# 开始训练
train_history = model.fit(x_img_train_normalize,
```

```
                              y_label_train_OneHot,
                              validation_split=VALIDATION_SPLIT,
                              epochs=EPOCH,
                              batch_size=BATCH_SIZE,
                              verbose=VERBOSE)
Train on 40000 samples, validate on 10000 samples
Epoch 1/10
40000/40000 [==============================] - 102s 3ms/step - loss: 1.6239 - acc: 0.4218 - val_loss: 1.3960 - val_acc: 0.5494
...
Epoch 9/10
40000/40000 [==============================] - 102s 3ms/step - loss: 0.8777 - acc: 0.6935 - val_loss: 1.0472 - val_acc: 0.6377
Epoch 10/10
40000/40000 [==============================] - 101s 3ms/step - loss: 0.8509 - acc: 0.7028 - val_loss: 0.9522 - val_acc: 0.6786
```

训练时间会比较长,因为到目前为止所有实验均采用 CPU 进行训练,若有条件的情况下,建议采用 GPU 进行训练,可缩短训练时长。为了防止操作在 jupyter notebook 下的失误导致模型丢失,可将训练好的模型权重进行保存。

```
from keras.models import load_model

# 保存训练好的 model 权重
model.save('cifar_10_weights_v1.h5')
```

9.3.4　测试训练结果

先绘制出训练过程中的准确率和误差率的图像。

```
# 显示训练准确率图像,见图 9.3
show_train_history(train_history,'acc','val_acc')
# 显示误差率图像,见图 9.4
show_train_history(train_history,'loss','val_loss')
```

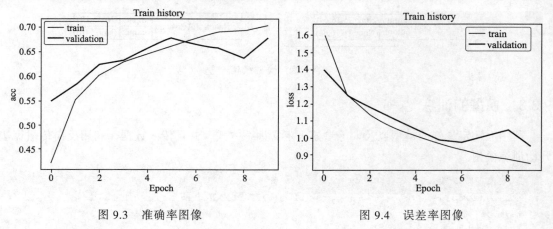

图 9.3　准确率图像　　　　　　　　图 9.4　误差率图像

第 9 章 CIFAR-10 图像识别

使用测试集对训练好的模型进行评估。

```
# 读取刚刚保存好的权重
# model = load_model('cifar_10_weights_v1.h5')
# 评估模型准确率
scores = model.evaluate(x_img_test_normalize, y_label_test_OneHot, verbose=1)
scores[1]
10000/10000 [==============================] - 8s 803us/step

0.6762
```

可以看到，本次训练好的模型，在测试集下进行预测，准确率为 0.67。为了更加直观地查看测试情况，将测试集进行预测，并绘制出部分预测结果。

```
# 执行分类预测，该函数可直接得出预测的分类结果
result_predicition=model.predict_classes(x_img_test_normalize)
# 执行分类的概率预测，该函数的执行结果为各个样本在各个分类的概率分布
result_Predicted_Probability=model.predict(x_img_test_normalize)
```

查看两种预测结果的数据形式。

```
# 查看 predict_classes 下出来的前五项结果
result_predicition[:5]
array([3, 8, 8, 8, 6])
# 查看 predict 下出来的前五项结果
result_Predicted_Probability[:5]
array([[5.34182461e-03, 8.43905087e-04, 2.47942265e-02, 6.79585218e-01,
        1.15932385e-02, 1.57841340e-01, 7.67891034e-02, 1.13944465e-03,
        3.67129333e-02, 5.35872672e-03],
       [1.79930497e-02, 1.50872976e-01, 1.14271745e-04, 1.70455955e-04,
        3.50254413e-05, 6.06207213e-05, 1.00560393e-03, 9.40183145e-06,
        8.04287553e-01, 2.54510436e-02],
       [2.03795120e-01, 8.24226364e-02, 3.03464085e-02, 4.04787622e-02,
        4.85980920e-02, 1.76508557e-02, 1.41626010e-02, 2.07500905e-02,
        4.57205743e-01, 8.45896080e-02],
       [3.24155211e-01, 9.89760160e-02, 2.32543647e-02, 4.33047023e-03,
        1.53712267e-02, 8.68870527e-04, 6.41026767e-03, 1.86687789e-03,
        5.20241618e-01, 4.52505238e-03],
       [4.31240587e-05, 1.93625048e-03, 2.40663663e-02, 3.37878950e-02,
        4.20266427e-02, 3.51430639e-03, 8.92321646e-01, 1.03993967e-04,
        1.98488263e-03, 2.14810600e-04]], dtype=float32)
```

利用 predict_classes 下出来的结果进行可视化结果绘制。

```
# 随机查看 15 个结果，见图 9.5
show_images_set_cifar(x_img_test, y_label_test, result_predicition, idx=40, alias=classes_name_ch)
```

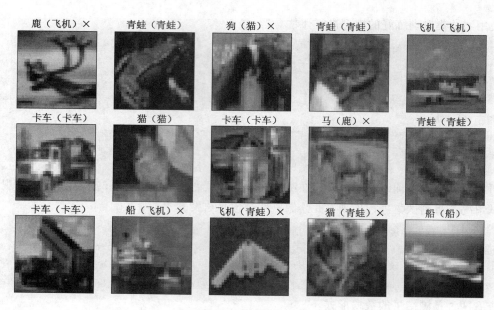

图 9.5 测试结果

可以发现部分结果存在错误情况，定义查看概率分布函数，可以更加清楚地看到图像在预测过程中，对每个分类的概率情况。该函数已经在 simpl_utils.py 中。运行函数，查看第 29 项数据的预测结果。

```
# 建立 show_Predicted_Probability()函数
def show_Predicted_Probability(y, prediction ,x_img,Predicted_Probability,
label_dict, i):
    print('真实结果:',label_dict[y[i][0]])
    print('预测结果:',label_dict[prediction[i]])
    plt.figure(figsize=(2,2))
    plt.imshow(np.reshape(x_img_test[i],(32,32,3)))
    plt.show()
    for j in range(10):
        print(label_dict[j]+' 概率:%1.9f'%(Predicted_Probability[i][j]))
# 查看第 29 项数据的概率（预测结果见图 9.6）
show_Predicted_Probability(y_label_test, result_predicition, x_img_test,
result_Predicted_Probability, classes_name_ch, 28)
真实结果：卡车
预测结果：卡车
```

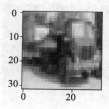

图 9.6 卡车

飞机 概率:0.002581297

第 9 章 CIFAR-10 图像识别

```
汽车 概率:0.054180630
鸟  概率:0.002744253
猫  概率:0.008493958
鹿  概率:0.004325509
狗  概率:0.005801335
青蛙 概率:0.001365718
马  概率:0.006288551
船  概率:0.000617654
卡车 概率:0.913601160
```

可以清晰地看见，任意一个结果都是由 10 项分类的概率分布所组成，其中当前第 28 项的数据结果中，概率最高的分类是卡车，达到了 0.91 的概率，其余类别的概率都非常低，所以选取概率最大的分类作为当前数据项的预测结果。再举一个例子，查看第 42 项的数据预测结果。

```
# 查看第 42 项数据的概率（预测结果见图 9.7）
show_Predicted_Probability(y_label_test, result_predicition, x_img_test,
result_Predicted_Probability, classes_name_ch, 42)
真实结果：狗
预测结果：猫
```

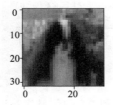

图 9.7　狗

```
飞机 概率:0.000712479
汽车 概率:0.001275811
鸟  概率:0.016505195
猫  概率:0.577500820
鹿  概率:0.033857882
狗  概率:0.277522773
青蛙 概率:0.001494592
马  概率:0.043435745
船  概率:0.003604528
卡车 概率:0.044090137
```

可以看到第 42 项的预测出现了错误，真实结果为狗，但预测结果却为猫。猫分类的概率达到 0.57，而真实结果的狗分类概率只有 0.27。所以该项结果预测是失败的。

建立混淆矩阵，更清晰地查看哪些分类直接存在较大的混淆。在此之前，需要对 ylabeltest 进行一个转换，因为 ylabeltest 的 shape 为(10000, 1)。

```
# 对比需要做混淆的两个数组的形状
y_label_test.shape, result_predicition.shape
((10000, 1), (10000,))
# 将 y_label_test 转为一维数组的操作
y_label_test.reshape(-1).shape
(10000,)
```

```
# 建立混淆矩阵
import pandas as pd
print(classes_name_ch)
pd.crosstab(y_label_test.reshape(-1), predicition, rownames=['label'], colnames=['predict'])
{0: '飞机', 1: '汽车', 2: '鸟', 3: '猫', 4: '鹿', 5: '狗', 6: '青蛙', 7: '马', 8: '船', 9: '卡车'}
```

predict / label	0	1	2	3	4	5	6	7	8	9
0	815	18	32	20	10	4	3	16	42	40
1	9	911	3	5	0	5	1	3	6	57
2	70	3	641	74	64	64	36	36	8	4
3	16	5	54	593	34	200	34	51	3	10
4	21	2	62	91	646	53	28	90	5	2
5	12	1	35	157	24	705	9	52	2	3
6	10	4	36	87	47	63	738	4	6	5
7	9	2	22	46	27	44	2	844	2	2
8	77	33	10	14	4	8	5	4	821	24
9	21	56	6	13	2	2	1	15	14	870

通过混淆矩阵可以看出,3(猫)和5(狗)最容易混淆,测试的混淆次数达到200次。其余的分类之间也存在着较高的混淆,比如3(猫)和4(鹿)91次、4(鹿)和7(马)90次。

9.4 提升模型的准确率

上一个训练的模型在测试集下的准确率仅为0.67,下面加深网络中的卷积层结构,并且加大epoch训练周期,这里增加到15个周期,尝试提升模型的准确率。

```
from keras.models import Sequential
from keras.layers import Dense,Dropout,Activation,Flatten
from keras.layers import Conv2D,MaxPool2D,ZeroPadding2D
CLASSES_NB=10
INPUT_SHAPE=(32, 32, 3)
VALIDATION_SPLIT=0.2
EPOCH=15
BATCH_SIZE=128
VERBOSE=1
LOSS='categorical_crossentropy'
OPTIMIZER='adam'
METRICS=['accuracy']
model=Sequential()
# 建立卷积层
model_v2.add(Conv2D(filters=32, kernel_size=(3,3),input_shape=INPUT_SHAPE,
```

```
padding='same'))
    model_v2.add(Activation('relu'))
    model_v2.add(Dropout(rate=0.3))

    # 建立卷积层
    model_v2.add(Conv2D(filters=32, kernel_size=(3,3), padding='same'))
    model_v2.add(Activation('relu'))
    model_v2.add(MaxPool2D(pool_size=(2,2)))

    # 建立卷积层
    model_v2.add(Conv2D(filters=64, kernel_size=(3,3), padding='same'))
    model_v2.add(Activation('relu'))
    model_v2.add(Dropout(rate=0.25))

    # 建立卷积层
    model_v2.add(Conv2D(filters=64, kernel_size=(3,3), padding='same'))
    model_v2.add(Activation('relu'))
    model_v2.add(MaxPool2D(pool_size=(2,2)))
    # 追加卷积层和池化层
    model_v2.add(Conv2D(filters=128, kernel_size=(3,3), padding='same'))
    model_v2.add(Activation('relu'))
    model_v2.add(Dropout(rate=0.3))
    model_v2.add(Conv2D(filters=128, kernel_size=(3,3), padding='same'))
    model_v2.add(Activation('relu'))
    model_v2.add(MaxPool2D(pool_size=(2,2)))
    # 建立平坦层
    model_v2.add(Flatten())
    model_v2.add(Dropout(rate=0.3))
    # 建立隐藏层，共2500个神经元，并且加入Dropout(0.3)随机丢弃30%的神经元
    model_v2.add(Dense(2500))
    model_v2.add(Activation('relu'))
    model_v2.add(Dropout(rate=0.3))
    # 追加隐藏层
    model_v2.add(Dense(1500))
    model_v2.add(Activation('relu'))
    model_v2.add(Dropout(rate=0.3))
    # 建立输出层
    model_v2.add(Dense(CLASSES_NB,))
    model_v2.add(Activation('softmax'))
    # 查看摘要
    print(model.summary())
```

可以看到，将网络加深后，随之而来的参数量也加大了许多，这会使训练时间更长。如果有条件，在GPU环境下进行训练。

```
    # 定义训练方式
    model_v2.compile(loss=LOSS, optimizer=OPTIMIZER, metrics=METRICS)
    # 开始训练
    train_history=model_v2.fit(x_img_train_normalize,y_label_train_OneHot,
validation_split=VALIDATION_SPLIT,epochs=EPOCH,batch_size=BATCH_SIZE,verbose
=VERBOSE)
```

```
    Train on 40000 samples, validate on 10000 samples
    Epoch 1/15
    40000/40000 [==============================] - 323s 8ms/step - loss: 1.8240
- acc: 0.3173 - val_loss: 1.6007 - val_acc: 0.4350
    40000/40000 [==============================] - 333s 8ms/step - loss: 0.5894
- acc: 0.7898 - val_loss: 0.6871 - val_acc: 0.7597
    40000/40000 [==============================] - 315s 8ms/step - loss: 0.5654
- acc: 0.7983 - val_loss: 0.7036 - val_acc: 0.7609
    ...
    Epoch 15/15
    40000/40000 [==============================] - 374s 9ms/step - loss: 0.5410
- acc: 0.8065 - val_loss: 0.6971 - val_acc: 0.7678
    scores=model_v2.evaluate(x_img_test_normalize,y_label_test_OneHot,verbose=1)
    scores[1]
    10000/10000 [==============================] - 26s 3ms/step

    0.7574
```

通过运行结果可以看到，同一个测试集的准确率达到了 0.75，比上次训练的 0.67 提升了不少。实验证明：通过加深网络中的卷积层结构并增加训练周期能够有效地提高准确率。

```
from keras.models import load_model

# 保存训练好的 model 权重
model_v2.save('cifar_10_weights_v2.h5')
```

小　　结

本章主要讲述如何使用卷积神经网络搭建模型识别 CIFAR-10 图像中的十个分类，大家可以自行对 ImageNet 深入了解，尝试搭建更加有效的模型，识别难度更高的图片。

第 10 章 图像分类——Kaggle 猫狗大战

本章内容

- 数据集下载与存放
- LeNet-5 卷积神经网络
- 利用 Keras 的 ImageDataGenerator 图片数据

前几章实验的数据集中,数据量都比较充足。例如,MNIST 和 Fashion MNIST 都包含 60 000 个训练数据及 10 000 个测试数据;CIFAR-10 包含 50 000 张训练数据及 10 000 张测试数据等。倘若在未来的实验中,需要完成一项任务,但是数据集又不够充足的情况下,能否训练出达到指标的模型或者尽可能地利用好当下仅有的少量数据而达到最高指标?

本章利用 Kaggle 在 2013 年提供的"猫狗大战"(dogs-vs-cats)数据集进行这项实验,数据集中包含着猫和狗两种动物的图片,主要任务是做图像分类,从数据集中区分出图片是猫还是狗。

10.1 准备工作

在指定的磁盘路径创建存放当前项目的目录,Linux 或 macOS 可使用 mkdir 命令创建文件夹目录,Windows 直接使用图形化界面右键新建文件夹。例如,存放项目的目录名为 project06,并创建 dataset 文件:

```
(dlwork) jingyudeMacBook-Pro:~ jingyuyan$ mkdir project06
(dlwork) jingyudeMacBook-Pro:~ jingyuyan$ cd project06
(dlwork) jingyudeMacBook-Pro:project06 jingyuyan$ mkdir dataset
(dlwork) jingyudeMacBook-Pro:project06 jingyuyan$ jupyter notebook
```

创建 jupyter 文件,开始实验,读者会获得如下一个文件夹结构:

```
project06/
    ├──demo06.ipynb
    └──dataset/
```

10.2 数据集的处理

猫狗大战（dogs-vs-cats）数据集中包含着狗和猫的图片共 25 000 张（见图 10.1），其中每项分类各自 12 500 张图片。由于本章研究的实验对象是"如何依靠少量的数据集进行训练"，所以本章需要的数据集的特点是"少量"，重新划分数据集，将数据集分为训练集中的 4 000 张图片，每个分类各占 2 000 张图片，最后提取 1 000 张图片用于测试集。

图 10.1 猫狗图片集

10.2.1 数据集下载与存放

首先下载数据集，读者可自行到 Kaggle 网站中下载。下载数据集并解压后，读者会得到 train.zip、test1.zip 和 sampleSubmission.csv 三个文件，将这些文件放入 dataset 文件夹中并解压 train.zip 和 test1.zip，读者会得到下面的目录结构。

```
project06/
├──demo06.ipynb
├──sampleSubmission.csv
├──test1.zip
├──train.zip
├──train/
│   ├──cat.0.jpg
│   ├──cat.1.jpg
│   └  ...
└──test1/
    ├──1.jpg
    ├──2.jpg
    └  ...
```

10.2.2 数据文件处理

下载和安置好数据集文件后，需要构建本次训练所需要使用到的数据，分别从原始数据集中划分出 4 000 张训练集的图片和 1 000 张测试集的图片，使用 Python 的 os 和 shutil 库来处理文件和文件夹。

```
import os
import os, shutil
ROOT_DIR=os.getcwd()
DATA_PATH=os.path.join(ROOT_DIR, "dataset")
# 原始数据集根目录
```

```python
original_dataset_dir=os.path.join(DATA_PATH, "train")
# 构建小数据集存储文件夹
base_dir=os.path.join(DATA_PATH, "cats_and_dogs_small")
if not os.path.exists(base_dir):
    os.mkdir(base_dir)

# 构建训练集的文件夹
train_dir=os.path.join(base_dir, 'train')
if not os.path.exists(train_dir):
    os.mkdir(train_dir)

# 构建验证集的文件夹
validation_dir=os.path.join(base_dir, 'validation')
if not os.path.exists(validation_dir):
    os.mkdir(validation_dir)

# 构建测试集文件夹
test_dir=os.path.join(base_dir, 'test')
if not os.path.exists(test_dir):
    os.mkdir(test_dir)

# 猫的图片训练文件夹
train_cats_dir=os.path.join(train_dir, 'cats')
if not os.path.exists(train_cats_dir):
    os.mkdir(train_cats_dir)

# 狗的图片训练文件夹
train_dogs_dir=os.path.join(train_dir, 'dogs')
if not os.path.exists(train_dogs_dir):
    os.mkdir(train_dogs_dir)

# 猫的图片验证文件夹
validation_cats_dir=os.path.join(validation_dir, 'cats')
if not os.path.exists(validation_cats_dir):
    os.mkdir(validation_cats_dir)

# 狗的图片验证文件夹
validation_dogs_dir=os.path.join(validation_dir, 'dogs')
if not os.path.exists(validation_dogs_dir):
    os.mkdir(validation_dogs_dir)

# 猫的图片测试文件夹
test_cats_dir=os.path.join(test_dir, 'cats')
if not os.path.exists(test_cats_dir):
    os.mkdir(test_cats_dir)

# 狗的图片测试文件夹
test_dogs_dir=os.path.join(test_dir, 'dogs')
if not os.path.exists(test_dogs_dir):
    os.mkdir(test_dogs_dir)
```

创建好各个文件夹后,得到的目录结构如下所示。

```
project06/
├──demo06.ipynb
├──sampleSubmission.csv
├──test1.zip
├──train.zip
├──cats_and_dogs_small/
│   ├──test/
│   │   ├──cats/
│   │   └──dogs/
│   ├──train/
│   │   ├──cats/
│   │   └──dogs/
│   ├──tvalidation/
│   │   ├──cats/
│   │   └──dogs/
├──train/
│   ├──cat.0.jpg
│   ├──cat.1.jpg
│   └──...
└──test1/
    ├──1.jpg
    ├──2.jpg
    └──...
```

构建好各个目录后,复制原始数据文件到训练数据文件夹中,依次放置各个文件:
从原始数据集中复制 1 000 张猫的图片到训练数据集文件夹 train_cats_dir 中。

```
fnames=['cat.{}.jpg'.format(i) for i in range(1000)]
for fname in fnames:
    src=os.path.join(original_dataset_dir, fname)
    dst=os.path.join(train_cats_dir, fname)
    if not os.path.exists(dst):
        shutil.copyfile(src, dst)
```

print('复制1000张猫的图片到训练数据集文件夹 train_cats_dir 中!')

从原始数据集中复制 500 张猫的图片到验证数据集文件夹 validation_cats_dir 中。

```
fnames=['cat.{}.jpg'.format(i) for i in range(1000, 1500)]
for fname in fnames:
    src=os.path.join(original_dataset_dir, fname)
    dst=os.path.join(validation_cats_dir, fname)
    if not os.path.exists(dst):
        shutil.copyfile(src, dst)
```

print('复制 500 张猫的图片到验证数据集文件夹 validation_cats_dir 中')

从原始数据集中复制 500 张猫的图片到测试数据集 test_cats_dir 中。

```
fnames=['cat.{}.jpg'.format(i) for i in range(1500, 2000)]
for fname in fnames:
    src=os.path.join(original_dataset_dir, fname)
```

```
        dst=os.path.join(test_cats_dir, fname)
        if not os.path.exists(dst):
            shutil.copyfile(src, dst)

print('复制500张猫的图片到测试数据集test_cats_dir中')
```

从原始数据集中复制1 000张狗的图片到训练数据集文件夹train_dogs_dir中。

```
fnames=['dog.{}.jpg'.format(i) for i in range(1000)]
for fname in fnames:
    src=os.path.join(original_dataset_dir, fname)
    dst=os.path.join(train_dogs_dir, fname)
    if not os.path.exists(dst):
        shutil.copyfile(src, dst)

print('复制1000张狗的图片到训练数据集文件夹train_dogs_dir中')
```

从原始数据集中复制500张狗的图片到验证数据集文件夹validation_dogs_dir中。

```
fnames=['dog.{}.jpg'.format(i) for i in range(1000, 1500)]
for fname in fnames:
    src=os.path.join(original_dataset_dir, fname)
    dst=os.path.join(validation_dogs_dir, fname)
    if not os.path.exists(dst):
        shutil.copyfile(src, dst)

print('复制500张狗的图片到验证数据集文件夹validation_dogs_dir中')
```

从原始数据集中复制1 000张狗的图片到测试数据集文件test_dogs_dir中。

```
fnames=['dog.{}.jpg'.format(i) for i in range(1500, 2000)]
for fname in fnames:
    src=os.path.join(original_dataset_dir, fname)
    dst=os.path.join(test_dogs_dir, fname)
    if not os.path.exists(dst):
        shutil.copyfile(src, dst)
print('复制1000张狗的图片到测试数据集文件test_dogs_dir中')
```

复制原始数据文件到训练数据文件夹成功,打印输出下面信息。

```
复制1000张猫的图片到训练数据集文件夹train_cats_dir中!
复制500张猫的图片到验证数据集文件夹validation_cats_dir中
复制500张猫的图片到测试数据集test_cats_dir中
复制1000张狗的图片到训练数据集文件夹train_dogs_dir中
复制500张狗的图片到验证数据集文件夹validation_dogs_dir中
复制1000张狗的图片到测试数据集文件test_dogs_dir中
```

使用len函数检测所处理的图片是否满足需求。

```
print('猫的训练集共有图片: ', len(os.listdir(train_cats_dir)))
print('狗的训练集共有图片: ', len(os.listdir(train_dogs_dir)))
print('猫的验证集共有图片: ', len(os.listdir(validation_cats_dir)))
print('狗的验证集共有图片: ', len(os.listdir(validation_dogs_dir)))
print('猫的测试集共有图片: ', len(os.listdir(test_cats_dir)))
print('狗的测试集共有图片: ', len(os.listdir(test_dogs_dir)))
```

```
猫的训练集共有图片:  1000
狗的训练集共有图片:  1000
猫的验证集共有图片:  500
狗的验证集共有图片:  500
猫的测试集共有图片:  500
狗的测试集共有图片:  500
```

10.2.3 读取和预处理数据集

和前面的实验一样,首先需要对数据集中的图片进行读取、转换、归一化和多组数组存储等功能,使用 Keras 的 ImageDataGenerator 工具进行处理,这是非常方便快捷的方法。

```
from keras.preprocessing.image import ImageDataGenerator

# 数据归一化
train_datagen=ImageDataGenerator(rescale=1./255)
test_datagen=ImageDataGenerator(rescale=1./255)

# 直接从文档中构建训练集文件数据
train_generator = train_datagen.flow_from_directory(
    # 目录参数
    train_dir,
    # 将图片尺寸转换成150×150
    target_size=(150, 150),
    # 每次生成数据批次为20
    batch_size=20,
    # 设置数据为一个二分类的任务
    class_mode='binary')

# 直接从文档中构建验证集文件数据
validation_generator=test_datagen.flow_from_directory(
    validation_dir,
    target_size=(150, 150),
    batch_size=20,
    class_mode='binary')
Found 2000 images belonging to 2 classes.
Found 1000 images belonging to 2 classes.
```

查看数据生成器中的图像和标签值,其中图像代表 20 个 150×150 的 3 通道 RGB 图像,而标签值 20 代表 20 个标签。

```
train_generator[0][0].shape, train_generator[0][1].shape
((20, 150, 150, 3), (20,))
```

10.3 构建神经网络模型

本节实验需要分两步走:第一步是构建一个相对简单的神经网络进行训练和预测;第二步是对模型训练结果进行评估,找出问题,再次修改训练方法重新训练。

10.3.1 搭建简单的模型进行训练与评估

首先搭建一组全是卷积（Conv）和下采样（Pool）功能的一个神经网络，所使用的激活函数是 relu，最后通过 sigmoid 函数进行分类，输出一个神经元。

```
from keras.layers import Conv2D, MaxPooling2D, Flatten, Dense
from keras import models
from keras.utils import plot_model

model=models.Sequential()
model.add(Conv2D(32, (3, 3), activation='relu',input_shape=(150, 150, 3)))
model.add(MaxPooling2D((2, 2)))
model.add(Conv2D(64, (3, 3), activation='relu'))
model.add(MaxPooling2D((2, 2)))
model.add(Conv2D(128, (3, 3), activation='relu'))
model.add(MaxPooling2D((2, 2)))
model.add(Conv2D(128, (3, 3), activation='relu'))
model.add(MaxPooling2D((2, 2)))
model.add(Flatten())
model.add(Dense(512, activation='relu'))
model.add(Dense(1, activation='sigmoid'))
model.summary()
WARNING: Logging before flag parsing goes to stderr.
W011204:36:01.7844574539753920deprecation_wrapper.py:119]
From/Users/jingyuyan/anaconda3/envs/dlwork/lib/python3.6/site-packages/keras/
backend/tensorflow_backend.py:4070:The name tf.nn.max_pool is
deprecated. Please use tf.nn.max_pool2d instead.
Model: "sequential_2"

_____
Layer (type)                 Output Shape              Param #
=================================================================
conv2d_1 (Conv2D)            (None, 148, 148, 32)      896
_____
max_pooling2d_1 (MaxPooling2 (None, 74, 74, 32)        0
_____
...
dense_1 (Dense)              (None, 512)               3211776
_____
dense_2 (Dense)              (None, 1)                 513
=================================================================
Total params: 3,453,121
Trainable params: 3,453,121
Non-trainable params: 0
```

如图 10.2 所示，搭建了一个 5 个卷积层的神经网络。

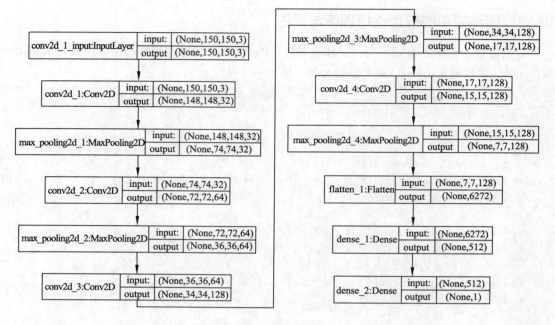

图 10.2　模型结构

使用 RMSProp 作为优化器和二进制交叉熵 binary_crossentropy 作为损失函数，因为训练的神经网络最终结果是输出一个以二分类为任务的神经元。

```
from keras import optimizers

model.compile(loss='binary_crossentropy',optimizer=optimizers.RMSprop(lr=1e-4),
metrics=['acc'])
# 设置模型参数和训练参数
# 设置 50 个数据进行验证
VALIDATION_STEPS=50
# 训练周期，设置 30 个周期即可
EPOCHS=30
# 每个 epoch 增加新生成的 2000 个数据量
STEPS_PER_EPOCH=100
history = model.fit_generator(
    train_generator,
    steps_per_epoch=STEPS_PER_EPOCH,
    epochs=EPOCHS,
    validation_data=validation_generator,
    validation_steps=VALIDATION_STEPS)
Epoch 1/30
.....
Epoch 29/30
100/100 [==============================] - 6s 55ms/step - loss: 0.0516 - acc:
0.9885 - val_loss: 0.5559 - val_acc: 0.7320
Epoch 30/30
100/100 [==============================] - 5s 53ms/step - loss: 0.0337 - acc:
0.9945 - val_loss: 1.9266 - val_acc: 0.7230
```

定义绘制函数，显示模型训练过程。

```
def plot_train_history(history, train_metrics, val_metrics):
    plt.plot(history.history.get(train_metrics))
    plt.plot(history.history.get(val_metrics))
    plt.ylabel(train_metrics)
    plt.xlabel('Epochs')
    plt.legend(['train', 'validation'])
    plt.show()
import matplotlib.pyplot as plt
plot_train_history(history, 'loss', 'val_loss')
```

图 10.3 所示为误差率图像。

```
plot_train_history(history, 'acc', 'val_acc')
```

图 10.4 所示为准确率图像。

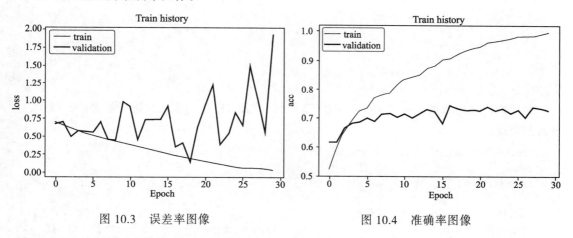

图 10.3　误差率图像　　　　　图 10.4　准确率图像

很显然，虽然模型训练过程中达到了 0.99 的准确率，但是过拟合问题却非常严重，例如模型在验证集（validation）的准确率一直不高、损失（loss）浮动较为夸张。在之前的章节中已经介绍过一些防止过拟合的方法，如权重衰减、引入 Dropout 层等。但是这些方法在小数据集上解决过拟合问题并不显著，所以需要引入一个较为有效的方法——数据扩充，来解决过拟合问题。

10.3.2　利用数据扩充解决过拟合问题

上节通过 ImageDataGenerator 构建训练所需的数据集，经过搭建的神经网络训练后的结果出现了比较严重的过拟合问题，模型在训练的过程中验证集的准确率始终为 0.6～0.7，而训练集的准确率却能达到 0.99。下面解决数据量过少而引起的过拟合问题。

1．Keras 数据扩充

数据少的情况下，可以利用 Keras 的 ImageDataGenerator 图片数据生成器按照一定的要求在原有数据的基础上生成新的数据。常用的参数生成数据如下：

（1）width_shift_range 和 height_shift_range 是浮点数、一维数组或整数，横向或者纵向图片随机转移图片。

（2）rotation_range 整数，在 0～180° 内旋转图片。

（3）zoom_rangezoom_range 浮点数或[lower, upper]，随机数范围对图片进行缩放。如果是浮点数，[lower, upper] = [1−zoom_range, 1+zoom_range]。

（4）horizontal_flip 布尔值，随机水平翻转图片。

（5）fill_mode 取值为（"constant"，"nearest"，"reflect"，"wrap"）之一，默认值为 'nearest'。使图片在旋转、位移后填充新像素区域的模式。输入边界以外的点根据给定的模式填充：

```
'nearest': aaaaaaaa|abcd|dddddddd, 'reflect': abcddcba|abcd|dcbaabcd
'constant': kkkkkkkk|abcd|kkkkkkkk (cval=k)、'wrap': abcdabcd|abcd|abcdabcd
```

构建数据扩充器：

```
from keras.preprocessing.image import ImageDataGenerator

gen=ImageDataGenerator(
    width_shift_range=0.2,
    height_shift_range=0.2,
    rotation_range=40,
    shear_range=0.2,
    zoom_range=0.2,
    horizontal_flip=True,
    fill_mode='nearest')
```

利用构建好的数据生成器 gen 生成扩充图片，并且对随机一张图片进行数据扩充操作，生成新的数据。

```
import matplotlib.pyplot as plt
from keras.preprocessing import image
import cv2

# 选取狗的训练集中所有图片的地址
imgs_path=[os.path.join(train_dogs_dir,path)for path in os.listdir(train_dogs_dir)]

# 随机读取一张图片
img_path=imgs_path[0]
img=cv2.imread(img_path)
img=cv2.cvtColor(img, cv2.COLOR_BGR2RGB)
img=cv2.resize(img, (150, 150))
img=img.reshape((1, )+img.shape)
```

利用 gen 的 flow 随机生成数据，在循环中会无限循环地生成数据，所以这里需要指定断开条件。

```
show_count=5
fig=plt.figure(figsize=(12, 12))
idx=1

for gen_img in gen.flow(img, batch_size=1):
    ax=fig.add_subplot(1, show_count, idx, xticks=[], yticks=[])
    ax.imshow(image.array_to_img(gen_img[0]))
    if idx>=show_count:
        break
```

```
    idx+=1
plt.show()
```

利用数据生成器生成的数据如图 10.5 所示,可以轻松地将一张图片经过图像处理,变换出更多的图片,对数据集进行扩充。

图 10.5　数据生成图像

2．构建模型

使用 ImageDataGenerator 实现数据生成器后,需要搭建神经网络进行模型的训练处理。可以发现,尽管已经扩充数据,但是新的数据来源还是原始数据集中的数据,从某种意义上来讲,这里并没有产生新的信息,只是增强了它对原有数据的学习资料。

```
from keras.layers import Conv2D, MaxPooling2D, Flatten, Dense, Dropout
from keras import models
from keras.utils import plot_model

model=models.Sequential()
model.add(Conv2D(32, (3, 3), activation='relu', input_shape=(150, 150, 3)))
model.add(MaxPooling2D((2, 2)))
model.add(Conv2D(64, (3, 3), activation='relu'))
model.add(MaxPooling2D((2, 2)))
model.add(Conv2D(128, (3, 3), activation='relu'))
model.add(MaxPooling2D((2, 2)))
model.add(Conv2D(128, (3, 3), activation='relu'))
model.add(MaxPooling2D((2, 2)))
model.add(Flatten())
model.add(Dropout(0.5))
model.add(Dense(512, activation='relu'))
model.add(Dense(1, activation='sigmoid'))
model.summary()
Model: "sequential_6"
_____
Layer (type)                    Output Shape              Param #
=================================================================
conv2d_5 (Conv2D)               (None, 148, 148, 32)      896
_____
max_pooling2d_5 (MaxPooling2    (None, 74, 74, 32)        0
_____
conv2d_6 (Conv2D)               (None, 72, 72, 64)        18496
_____
```

```
max_pooling2d_6 (MaxPooling2    (None, 36, 36, 64)         0

conv2d_7 (Conv2D)               (None, 34, 34, 128)        73856

max_pooling2d_7 (MaxPooling2    (None, 17, 17, 128)        0

conv2d_8 (Conv2D)               (None, 15, 15, 128)        147584

max_pooling2d_8 (MaxPooling2    (None, 7, 7, 128)          0

flatten_2 (Flatten)             (None, 6272)               0

dropout_1 (Dropout)             (None, 6272)               0

dense_3 (Dense)                 (None, 512)                3211776

dense_4 (Dense)                 (None, 1)                  513
=================================================================
Total params: 3,453,121
Trainable params: 3,453,121
Non-trainable params: 0
```

利用在原有模型中的全连接层后加一个 Dropout 层（见图 10.6），丢弃一部分神经元，进一步解决一些过拟合问题。

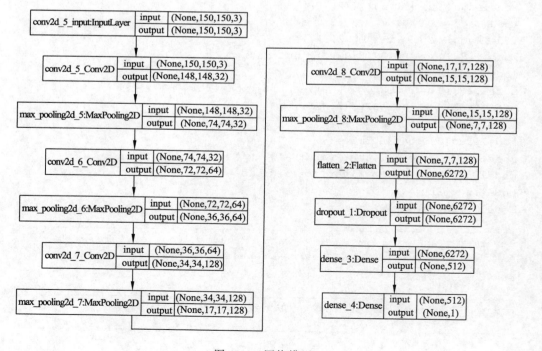

图 10.6　网络模型

开始训练模型，使用 ImageDataGenerator 数据生成训练数据集、测试数据集和验证数据集。

```
from keras import optimizers
model.compile(loss='binary_crossentropy',
              optimizer=optimizers.RMSprop(lr=1e-4),
              metrics=['acc'])
# 设置模型参数和训练参数
# 设置 50 个数据进行验证
VALIDATION_STEPS=50
# 训练周期，设置 50 个周期即可
EPOCHS=50
# 每个 epoch 增加新生成的 2000 个数据量
STEPS_PER_EPOCH=100
train_datagen=ImageDataGenerator(
    rescale=1./255,
    rotation_range=40,
    width_shift_range=0.2,
    height_shift_range=0.2,
    shear_range=0.2,
    zoom_range=0.2,
    horizontal_flip=True,)

test_datagen=ImageDataGenerator(rescale=1./255)

train_generator=train_datagen.flow_from_directory(
    train_dir,
    target_size=(150, 150),
    batch_size=32,
    class_mode='binary')

validation_generator=test_datagen.flow_from_directory(
    validation_dir,
    target_size=(150, 150),
    batch_size=32,
    class_mode='binary')

history=model.fit_generator(
    train_generator,
    steps_per_epoch=STEPS_PER_EPOCH,
    epochs=EPOCHS,
    validation_data=validation_generator,
    validation_steps=VALIDATION_STEPS)
Found 2000 images belonging to 2 classes.
Found 1000 images belonging to 2 classes.
Epoch 1/50
100/100 [==============================] - 22s 218ms/step - loss: 0.6917 - acc: 0.5290 - val_loss: 0.6529 - val_acc: 0.5914
Epoch 2/50
100/100 [==============================] - 19s 192ms/step - loss: 0.6778 - acc: 0.5641 - val_loss: 0.8147 - val_acc: 0.5135
.....
Epoch 49/50
100/100 [==============================] - 19s 187ms/step - loss: 0.4285 - acc: 0.7940 - val_loss: 0.4307 - val_acc: 0.7906
Epoch 50/50
```

```
100/100 [==============================] - 19s 191ms/step - loss: 0.4327 - acc: 0.7974 - val_loss: 0.5460 - val_acc: 0.7648
```

输入命令,显示测试训练结果:

```python
def plot_train_history(history, train_metrics, val_metrics):
    plt.plot(history.history.get(train_metrics))
    plt.plot(history.history.get(val_metrics))
    plt.ylabel(train_metrics)
    plt.xlabel('Epochs')
    plt.legend(['train', 'validation'])
    plt.show()
plot_train_history(history, 'loss', 'val_loss')
plot_train_history(history, 'acc', 'val_acc')
```

通过图 10.7 可以发现,过拟合问题虽然还存在,但是比起之前的实验,有了明显的下降。

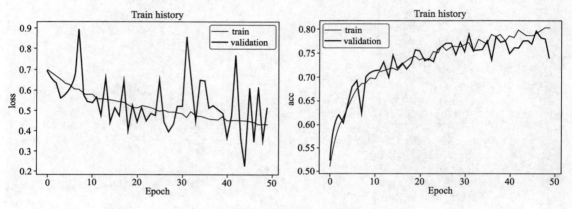

图 10.7　误差率与准确率

小　结

　　本章尝试了小数据的分类实验,但是在训练过程中模型准确率仅为 0.76,读者可以想办法自行提升模型识别率,如使用预训练模型权重进行学习。

第 11 章 多输出神经网络实现 CAPTCHA 验证码识别

本章内容

- CAPTCHA 验证码生成器的使用
- 搭建深度卷积神经网络模型
- CAPTCHA 验证码识别的实现

CAPTCHA（Completely Automated Public Turing test to tell Computers and Humans Apart，全自动区分计算机和人类的图灵测试）是一种区分用户是计算机还是人的公共全自动程序。可以防止恶意破解密码、刷票、论坛灌水等，它能够有效地防止某个黑客对某个特定注册用户用特定程序暴力破解方式进行不断的登录尝试，实际上用验证码是现在很多网站通行的方式，利用比较简易的方式实现了这个功能。

这个问题可以由计算机生成并评判，但是其目的是让只有人类才能解答。由于计算机无法解答 CAPTCHA 的问题，所以回答出问题的用户就可以被认为是人类。但是计算机高速发展到今天，机器试图模仿人类识别行为的工作能力越来越优秀，下面尝试打破曾经的这种"不能"。

11.1 准备工作

在指定的磁盘路径创建存放当前项目的目录，Linux 或 macOS 可使用 mkdir 命令创建文件夹目录，Windows 直接使用图形化界面右键新建文件夹。例如，存放项目的目录名为 project07：

```
(dlwork) jingyudeMacBook-Pro:~ jingyuyan$ mkdir project07
```

进入 project07 文件夹，启动 jupyter，创建一个文件开始下面的实验。

```
(dlwork) jingyudeMacBook-Pro:~ jingyuyan$ cd project07
(dlwork) jingyudeMacBook-Pro:project07$ jupyter notebook
```

11.2 数据集的处理

本次验证码识别实验的数据集相对于前面几次实验的数据集较为特殊，实验的数据集从训练集、验证集再到测试集，都需要用户自行生成。这里需要使用 Python 验证码生成的库生成实验所需要的数据。

11.2.1 CAPTCHA 验证码

CAPTCHA 是基于 Python 的一个验证码生成库，它可以根据用户给定的参数，随机生成图片验证码，并且还支持语音验证码。使用它生成的图片验证码功能，为接下来的任务提供训练集和测试集数据后，搭建模型进行训练。最终目的是使用训练好的模型实现对 CAPTCHA 验证码的识别。先来熟悉一下 CAPTCHA 所生成的验证码是什么样的形式。

```
# 导入需要使用的包
import numpy as np
from captcha.image import ImageCaptcha
import matplotlib.pyplot as plt
import random
```

先尝试使用 ImageCaptcha 函数随意传递几个参数，生成几个验证码。这里设定原始字符为 'HOW ARE YOU'，生成 400×200 的一张验证码图片。

```
code='HOW ARE YOU'
img=ImageCaptcha(width=400, height=200).generate_image(code)
plt.imshow(img)
plt.title(code)
plt.show()
```

图 11.1 所示为生成的验证码。

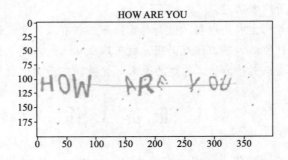

图 11.1　生成的验证码

生成验证码数据集就是这么简单，下面尝试构建生成器和预设数据集的存储情况。

11.2.2　构建 CAPTCHA 验证码生成器

首先预设好 CAPTCHA 验证码为一张字符数（numlen）为 4、宽（width）为 170、高（height）为 80。同时构建一个包含 26 个大写字母，和 0~9 共 10 个阿拉伯数字的字符字典（CHARACTERS）。这样就构成一种在日常生活中比较常用的大写英文字母混合数字的验证码，这个字符字典中的 36 个字符就是神经网络需要处理的 36 个分类（classnum）。

```
CHARACTERS='QWERTYUIOPASDFGHJKLZXCVBNM0123456789'
WIDTH=170
HEIGHT=80
```

第 11 章　多输出神经网络实现 CAPTCHA 验证码识别

```
NUM_LEN=4
CLASS_NUM=len(CHARACTERS)
```

1. 构建验证码随机生成函数

构建 random_code_generator()函数，用于生成一张验证码图片和一个原始字符在字典中的各个索引地址。

```
def random_code_generator():
    generator=ImageCaptcha(width=WIDTH, height=HEIGHT)
    char_list=[]
    char_index_list=[]
    for _ in range(NUM_LEN):
        char=random.choice(CHARACTERS)
        char_list.append(char)
        char_index_list.append(CHARACTERS.find(char))
    random_str=''.join(char_list)
    img=generator.generate_image(random_str)
    return img, char_index_list
```

测试 random_code_generator()函数所生成的数据。

```
# 随机生成一张验证码
img, idx_list = random_code_generator()
# 显示验证码图片，见图 11.2
plt.imshow(img)
plt.show()
```

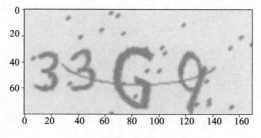

图 11.2　随机生成验证码

```
# 显示索引
idx_list
[55, 55, 14, 27]
```

可以发现 idx_list 返回的是一个索引列表，将其转换成字符字典中的字符串。

```
# 转换索引为字符串
[CHARACTERS[idx] for idx in idx_list]
['3', '3', 'G', 'q']
```

2. 构建数据集生成器

下面需要在已经定义好的随机生成函数 random_code_generator()的情况下构建数据集的生成器，该生成器可以直接提供给数据集使用。生成器使用 Python 中比较常用的方法，之前所接触的实验的数据集大部分都是一次性准备好的数据进行清洗后直接使用，而这次采用的生成器方式属于在训练过程中才生成数据，边训练边生成。相对第一种的方式，生成器方式不需要一次性生成大量数据，训练过程可以比较好地利用CPU进行数据生成和处理。

首先需要定义好数据集数组的形状，数据集中包含数据（x）和标签（y），x是三通道的图片形式，预设的形状为(batch_size, height, width, 3)。而y的形状是预设的形式，它有四个存放One-Hot编码格式的(batchsize, classnum)形状的列表（list），如果只有一张图片的数据那就是4个(1, 36)数据，依此类推。

```
# 先定义好data_y和data_x的形状，采用数字0进行占位
y=[np.zeros((1, CLASS_NUM), dtype=np.uint8) for i in range(NUM_LEN)]
x=np.zeros((1, HEIGHT, WIDTH, 3), dtype=np.uint8)
```

可以发现，y是一个列表，包含四个数组，分别存放验证码的四个One-Hot编码，先采用zeros进行占位处理（见图11.3）。分别输出y和x看看他们长什么样。

```
plt.imshow(x[0])
plt.show()
x[0].shape
```

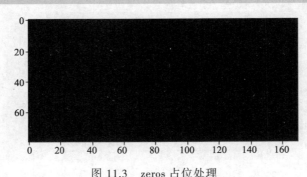

图11.3 zeros占位处理

```
(80, 170, 3)
y, y[0].shape
([array([[0, 0, 0, 0, 0, 0, 0, 0, 0, 0, 0, 0, 0, 0, 0, 0, 0, 0, 0, 0,
        0, 0, 0, 0, 0, 0, 0, 0, 0, 0, 0, 0, 0, 0, 0, 0]], dtype=uint8),
  array([[0, 0, 0, 0, 0, 0, 0, 0, 0, 0, 0, 0, 0, 0, 0, 0, 0, 0, 0, 0,
        0, 0, 0, 0, 0, 0, 0, 0, 0, 0, 0, 0, 0, 0, 0, 0]], dtype=uint8),
  array([[0, 0, 0, 0, 0, 0, 0, 0, 0, 0, 0, 0, 0, 0, 0, 0, 0, 0, 0, 0,
        0, 0, 0, 0, 0, 0, 0, 0, 0, 0, 0, 0, 0, 0, 0, 0]], dtype=uint8),
  array([[0, 0, 0, 0, 0, 0, 0, 0, 0, 0, 0, 0, 0, 0, 0, 0, 0, 0, 0, 0,
        0, 0, 0, 0, 0, 0, 0, 0, 0, 0, 0, 0, 0, 0, 0, 0]], dtype=uint8)],
 (1, 36))
```

由上面输出的内容可发现，定义了一个x列表，里面仅存放一张形状为(80, 170, 3)的图片，并预设了所有像素值为0使其成为一张全黑图片作为占位作用。而y是一个存放四个形状为(1, 36)数组的列表，这四个数组分别存放验证码四个字符的One-Hot编码。下面将尝试构建一对数据。

```
from keras.utils import np_utils
img, index_list = random_code_generator()
for idx, item in enumerate(index_list):
    # 使用keras.utils提供的np_utils中的to_categorical函数将索引列表进行One-Hot编码
```

第 11 章　多输出神经网络实现 CAPTCHA 验证码识别

```
        one_hot_code=np_utils.to_categorical([item], CLASS_NUM).astype(np.uint8)
        # 填充 y 中的数组
        y[idx]=one_hot_code
# 填充 x 数组
x[0]=img
```

将生成的随机验证码和图片存放到数据集中，并查看设置好的数据集。

```
# 查看 y 的 One-hot 编码和 y 的实际验证码
print("".join([CHARACTERS[np.argmax(np.array(item))]for item in y]))
y
Q72T
[array([[1, 0, 0, 0, 0, 0, 0, 0, 0, 0, 0, 0, 0, 0, 0, 0, 0, 0, 0, 0, 0,
         0, 0, 0, 0, 0, 0, 0, 0, 0, 0, 0, 0, 0, 0, 0]], dtype=uint8),
 array([[0, 0, 0, 0, 0, 0, 0, 0, 0, 0, 0, 0, 0, 0, 0, 0, 0, 0, 0, 0, 0,
         0, 0, 0, 0, 0, 0, 0, 0, 1, 0, 0]], dtype=uint8),
 array([[0, 0, 0, 0, 0, 0, 0, 0, 0, 0, 0, 0, 0, 0, 0, 0, 0, 0, 0, 0, 0,
         0, 0, 0, 0, 1, 0, 0, 0, 0, 0, 0, 0, 0]], dtype=uint8),
 array([[0, 0, 0, 0, 1, 0, 0, 0, 0, 0, 0, 0, 0, 0, 0, 0, 0, 0, 0, 0, 0,
         0, 0, 0, 0, 0, 0, 0, 0, 0, 0, 0, 0, 0]], dtype=uint8)]
# 查看已经生成的验证码图片，见图 11.4
plt.imshow(x[0])
plt.show()
x[0].shape
```

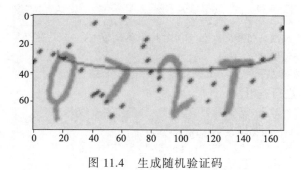

图 11.4　生成随机验证码

```
(80, 170, 3)
```

根据以上函数，构造一个生成器，方便后面生产数据使用。Python 生成器具体的使用方法，在这里不详细介绍。

```
from keras.utils import np_utils

def gen(batch_size=64):
    data_y=[np.zeros((batch_size,CLASS_NUM),dtype=np.uint8)for i in range(NUM_LEN)]
    data_x=np.zeros((batch_size, HEIGHT, WIDTH, 3), dtype=np.uint8)
    while True:
        for i in range(batch_size):
            x, index_list=random_code_generator()
            for idx, item in enumerate(index_list):
                one_hot_code=np_utils.to_categorical([item],
```

```
            CLASS_NUM).astype(np.uint8)
                    data_y[idx][i]=one_hot_code
                data_x[i]=x
        yield data_x, data_y
```

3. 构建可视化函数

构造好生成器后，先尝试生产一小批量的数据集。

```
X, y=next(gen())
```

定义 decode 函数用于将 One-Hot 编码转换成字符串。

```
def decode(y, idx):
    return "".join([CHARACTERS[np.argmax(np.array(item)[idx])]for item in y])
```

定义 show_data 函数，可以显示一对数据的图片和真实结果。

```
def show_data(X, y, idx, axis, pred_y=None):
    im=Image.fromarray(X[idx].astype('uint8')).convert('RGB')
    axis.imshow(im)
    real=decode(y, idx)
    res='real : '+real
    color='black'
    if pred_y is not None:
        pred=decode(pred_y, idx)
        res=res+', pred : '+ pred+' X'
        if pred!=real:

            # 当输入预测值和真实值不同时将字体改为红色
            color='red'
    plt.title(res, color=color, fontsize=15)
```

随机选择一对数据进行查看。

```
idx=3
fig=plt.figure(figsize=(6, 6))
ax=fig.add_subplot(1, 1, 1, xticks=[], yticks=[])
show_data(X, y, idx, ax)
```

预测结果如图 11.5 所示。

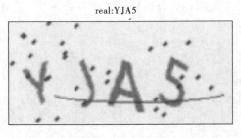

图 11.5　预测结果

定义 showimglist 可查看多对数据可视化结果。

```
def show_img_list(X, y, begin=0, pred_y=None):
    fig=plt.figure(figsize=(15, 15))
```

第 11 章 多输出神经网络实现 CAPTCHA 验证码识别

```
    fig.subplots_adjust(left=0,right=1,bottom=0,top=0.6,hspace=0.05,wspace=0.05)
    for i in range(16):
        ax = fig.add_subplot(4, 4, i+1, xticks=[], yticks=[])
        show_data(X, y, i+begin, ax, pred_y=pred_y)
    plt.show()
show_img_list(X, y)
```

多组图预测如图 11.6 所示。

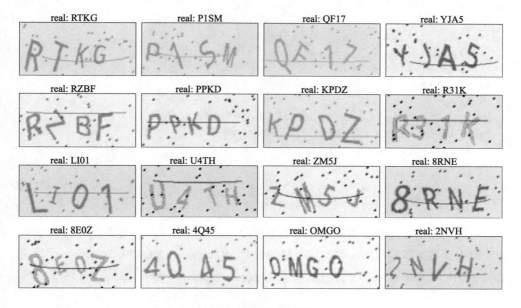

图 11.6 多组图预测

11.3 深度神经网络模型

11.3.1 搭建深度卷积神经网络模型

由于本次实验任务是分别识别一张图片中的四个验证码，每个验证码均是一个 36 分类的输出，所以需要将模型设置为多输出的形式。这和之前的实验所使用的序贯模型（sequential models）不一样，sequential 是一个相对比较简单方便的模型定义形式。本次任务需要使用 Keras 的函数式（functional）API 构建神经网络。使用函数式的 API 构建模型可以实现多输出的效果，以下是模型的定义。

```
from keras.models import *
from keras.layers import *
from keras import callbacks

inputs=Input((HEIGHT, WIDTH, 3))
x=inputs
x=Conv2D(32, (3, 3), activation='relu')(x)
```

```
x=Conv2D(32, (3, 3), activation='relu')(x)
x=BatchNormalization()(x)
x=MaxPooling2D((2, 2))(x)

x=Conv2D(64, (3, 3), activation='relu')(x)
x=Conv2D(64, (3, 3), activation='relu')(x)
x=BatchNormalization()(x)
x=MaxPooling2D((2, 2))(x)

x=Conv2D(128, (3, 3), activation='relu')(x)
x=Conv2D(128, (3, 3), activation='relu')(x)
x=BatchNormalization()(x)
x=MaxPooling2D((2, 2))(x)

x=Conv2D(256, (3, 3), activation='relu')(x)
x=Conv2D(256, (3, 3), activation='relu')(x)
x=BatchNormalization()(x)
x=MaxPooling2D((2, 2))(x)

x=Flatten()(x)
x=Dropout(0.25)(x)
```

模型中每个卷积层之后都需要跟随一个 BatchNormalization 层，主要是用于批标准化，使用标准化后的模型更加容易收敛。模型输入层的形状为(batchsize, 80, 170, 3)。

```
d1=Dense(CLASS_NUM, activation='softmax', name='d1')(x)
d2=Dense(CLASS_NUM, activation='softmax', name='d2')(x)
d3=Dense(CLASS_NUM, activation='softmax', name='d3')(x)
d4=Dense(CLASS_NUM, activation='softmax', name='d4')(x)
model=Model(inputs=inputs, outputs=[d1, d2, d3, d4])
model.summary()
model.compile(loss='categorical_crossentropy',optimizer='adadelta',metrics=['accuracy'])
```

```
Model: "model_6"
_____
Layer (type)                    Output Shape         Param #     Connected to
==================================================================================================
input_8 (InputLayer)            (None, 80, 170, 3)   0
_____
conv2d_57 (Conv2D)              (None, 78, 168, 32)  896         input_8[0][0]
_____
conv2d_58 (Conv2D)              (None, 76, 166, 32)  9248        conv2d_57[0][0]
_____
batch_normalization_1 (BatchNor (None, 76, 166, 32)  128         conv2d_58[0][0]
_____
max_pooling2d_29 (MaxPooling2D) (None, 38, 83, 32)   0           batch_normalization_1[0][0]
```

```
conv2d_59 (Conv2D)              (None, 36, 81, 64)    18496   
                                                              max_pooling2d_29[0][0]
_____
conv2d_60 (Conv2D)              (None, 34, 79, 64)    36928   conv2d_59[0][0]
_____
batch_normalization_2 (BatchNor (None, 34, 79, 64)    256     conv2d_60[0][0]
_____
max_pooling2d_30 (MaxPooling2D) (None, 17, 39, 64)    0       
                                                              batch_normalization_2[0][0]
_____
conv2d_61 (Conv2D)              (None, 15, 37, 128)   73856   max_pooling2d_30[0][0]
_____
conv2d_62 (Conv2D)              (None, 13, 35, 128)   147584  conv2d_61[0][0]
_____
batch_normalization_3 (BatchNor (None, 13, 35, 128)   512     conv2d_62[0][0]
_____
max_pooling2d_31 (MaxPooling2D) (None, 6, 17, 128)    0       
                                                              batch_normalization_3[0][0]
_____
conv2d_63 (Conv2D)              (None, 4, 15, 256)    295168  max_pooling2d_31[0][0]
_____
conv2d_64 (Conv2D)              (None, 2, 13, 256)    590080  conv2d_63[0][0]
_____
batch_normalization_4 (BatchNor (None, 2, 13, 256)    1024    conv2d_64[0][0]
_____
max_pooling2d_32 (MaxPooling2D) (None, 1, 6, 256)     0       
                                                              batch_normalization_4[0][0]
_____
flatten_7 (Flatten)             (None, 1536)          0       max_pooling2d_32[0][0]
_____
dropout_7 (Dropout)             (None, 1536)          0       flatten_7[0][0]
_____
d1 (Dense)                      (None, 36)            55332   dropout_7[0][0]
_____
d2 (Dense)                      (None, 36)            55332   dropout_7[0][0]
_____
d3 (Dense)                      (None, 36)            55332   dropout_7[0][0]
_____
d4 (Dense)                      (None, 36)            55332   dropout_7[0][0]
======================================================================================
Total params: 1,395,504
Trainable params: 1,394,544
Non-trainable params: 960
```

最后输出四个字母的预测,使用 softmax 进行预测,如图 11.7 所示,模型的输出层为四个 (batch_size, 36)形状的数据,即预测的最终结果。

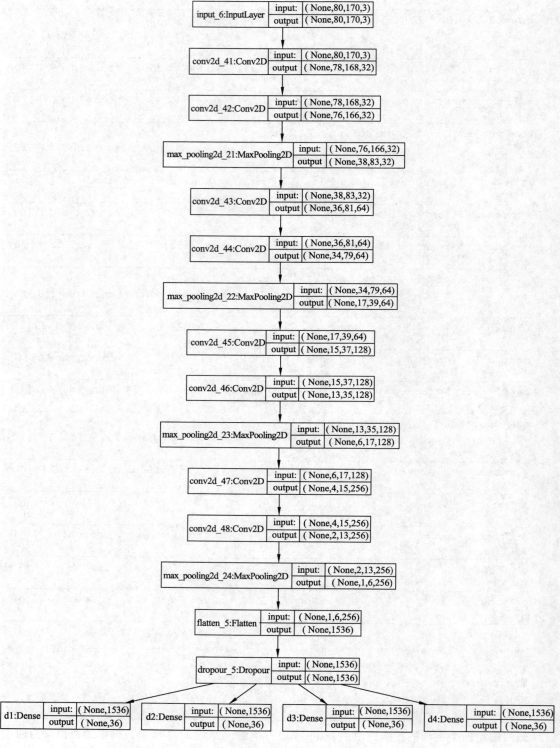

图 11.7 深度卷积神经网络模型

11.3.2 训练模型

训练模型采用上小节定义的生成器，为了方便，把上节定义的需要用到的函数放在此处：

```python
import numpy as np
from captcha.image import ImageCaptcha
import matplotlib.pyplot as plt
import random
from keras.utils import np_utils

CHARACTERS='QWERTYUIOPASDFGHJKLZXCVBNM0123456789'
WIDTH=170
HEIGHT=80
NUM_LEN=4
CLASS_NUM=len(CHARACTERS)

def random_code_generator():
    generator=ImageCaptcha(width=WIDTH, height=HEIGHT)
    char_list=[]
    char_index_list=[]
    for _ in range(NUM_LEN):
        char=random.choice(CHARACTERS)
        char_list.append(char)
        char_index_list.append(CHARACTERS.find(char))
    random_str=''.join(char_list)
    img=generator.generate_image(random_str)

    return img, char_index_list

def gen(batch_size=64):
    data_y=[np.zeros((batch_size, CLASS_NUM), dtype=np.uint8) for i in range(NUM_LEN)]
    data_x=np.zeros((batch_size, HEIGHT, WIDTH, 3), dtype=np.uint8)
    while True:
        for i in range(batch_size):
            x, index_list=random_code_generator()
            for idx, item in enumerate(index_list):
                one_hot_code=np_utils.to_categorical([item], CLASS_NUM).astype(np.uint8)
                data_y[idx][i]=one_hot_code
            data_x[i]=x
        yield data_x, data_y
```

下面对模型参数和训练参数进行设置，设置验证 50 次数据后取平均值作为此 epoch 训练后的效果，val_loss、val_acc 的值受这个参数直接影响，训练周期只进行 8 个 epoch，每次训练单次数据批量 64，每个周期增加 2 000 个新数据。并设置回调函数保存训练过程中效果最佳的模型。

```python
#设置模型参数和训练参数，设置50个数据进行验证
VALIDATION_STEPS=50
```

```
# 训练周期，设置 8 个周期
EPOCHS=8
# 单批次数据量
BATCH_SIZE=64
# 每个 epoch 增加新生成的 2000 个数据量
STEPS_PER_EPOCH = 2000
# 训练 LOG 打印形式
VERBOSE=2
```

开始训练模型，时间较长，建议使用 GPU 进行训练。

```
cbks=[callbacks.ModelCheckpoint("best_model.h5", save_best_only=True)]
history=model.fit_generator(gen(batch_size=BATCH_SIZE),
                steps_per_epoch=STEPS_PER_EPOCH,
                epochs=EPOCHS,
                callbacks=cbks,
                validation_data=gen(),
                validation_steps=VALIDATION_STEPS
                )

Epoch 1/10
   val_d1_accuracy: 0.9269 - val_d2_accuracy: 0.9256 - val_d3_accuracy: 0.9006
- val_d4_accuracy: 0.8375
   d2_accuracy: 0.2066 - d3_accuracy: 0.1918 - d4_accuracy: 0.1492 - val_loss:
1.6052 - val_d1_loss: 0.2337 - val_d2_loss: 0.1911 - val_d3_loss: 0.3142 -
val_d4_loss: 0.6982 - val_d1_accuracy: 0.9269 - val_d2_accuracy: 0.9256 -
val_d3_accuracy: 0.9006 - val_d4_accuracy: 0.8375
   Epoch 2/10
   d2_accuracy: 0.9683 - d3_accuracy: 0.9521 - d4_accuracy: 0.8981 - val_loss:
0.0334 - val_d1_loss: 0.0214 - val_d2_loss: 0.0129 - val_d3_loss: 0.0202 -
val_d4_loss: 0.1488 - val_d1_accuracy: 0.9919 - val_d2_accuracy: 0.9950 -
val_d3_accuracy: 0.9950 - val_d4_accuracy: 0.9581
   Epoch 3/10
   d2_accuracy: 0.9896 - d3_accuracy: 0.9849 - d4_accuracy: 0.9624 - val_loss:
0.2863 - val_d1_loss: 0.0064 - val_d2_loss: 0.0108 - val_d3_loss: 0.0192 -
val_d4_loss: 0.0757 - val_d1_accuracy: 0.9994 - val_d2_accuracy: 0.9975 -
val_d3_accuracy: 0.9962 - val_d4_accuracy: 0.9781
   Epoch 4/10
   d2_accuracy: 0.9912 - d3_accuracy: 0.9887 - d4_accuracy: 0.9717 - val_loss:
0.3038 - val_d1_loss: 0.0141 - val_d2_loss: 0.0226 - val_d3_loss: 0.0274 -
val_d4_loss: 0.0415 - val_d1_accuracy: 0.9987 - val_d2_accuracy: 0.9975 -
val_d3_accuracy: 0.9944 - val_d4_accuracy: 0.9937
   Epoch 5/10
   d2_accuracy: 0.9919 - d3_accuracy: 0.9901 - d4_accuracy: 0.9776 - val_loss:
0.1098 - val_d1_loss: 0.0139 - val_d2_loss: 0.0146 - val_d3_loss: 0.0197 -
val_d4_loss: 0.0902 - val_d1_accuracy: 0.9994 - val_d2_accuracy: 0.9981 -
val_d3_accuracy: 0.9975 - val_d4_accuracy: 0.9812
   Epoch 6/10
   d2_accuracy: 0.9930 - d3_accuracy: 0.9914 - d4_accuracy: 0.9791 - val_loss:
0.2746 - val_d1_loss: 0.0686 - val_d2_loss: 0.0812 - val_d3_loss: 0.0513 -
val_d4_loss: 0.1238 - val_d1_accuracy: 0.9900 - val_d2_accuracy: 0.9887 -
val_d3_accuracy: 0.9950 - val_d4_accuracy: 0.9731
```

```
    Epoch 7/10
    d2_accuracy: 0.9926 - d3_accuracy: 0.9909 - d4_accuracy: 0.9796 - val_loss:
0.1662 - val_d1_loss: 0.0508 - val_d2_loss: 0.0363 - val_d3_loss: 0.0753 -
val_d4_loss: 0.0683 - val_d1_accuracy: 0.9919 - val_d2_accuracy: 0.9969 -
val_d3_accuracy: 0.9900 - val_d4_accuracy: 0.9881
    Epoch 8/10
    d2_accuracy: 0.9912 - d3_accuracy: 0.9897 - d4_accuracy: 0.9789 - val_loss:
0.1168 - val_d1_loss: 0.0055 - val_d2_loss: 0.0137 - val_d3_loss: 0.0048 -
val_d4_loss: 0.0214 - val_d1_accuracy: 0.9969 - val_d2_accuracy: 0.9894 -
val_d3_accuracy: 0.9975 - val_d4_accuracy: 0.9944
    Epoch 9/10
    d2_accuracy: 0.9930 - d3_accuracy: 0.9917 - d4_accuracy: 0.9821 - val_loss:
0.0442 - val_d1_loss: 0.0089 - val_d2_loss: 0.0089 - val_d3_loss: 0.0082 -
val_d4_loss: 0.0475 - val_d1_accuracy: 0.9950 - val_d2_accuracy: 0.9975 -
val_d3_accuracy: 0.9975 - val_d4_accuracy: 0.9844
    Epoch 10/10
    d2_accuracy: 0.9924 - d3_accuracy: 0.9914 - d4_accuracy: 0.9815 - val_loss:
0.0248 - val_d1_loss: 0.0325 - val_d2_loss: 0.0296 - val_d3_loss: 0.0346 -
val_d4_loss: 0.0439 - val_d1_accuracy: 0.9987 - val_d2_accuracy: 0.9981 -
val_d3_accuracy: 0.9906 - val_d4_accuracy: 0.9919
```

定义训练可视化函数。

```
    def plot_train_history(history, train_metrics, val_metrics):
        plt.plot(history.history.get(train_metrics))
        plt.plot(history.history.get(val_metrics))
        plt.ylabel(train_metrics)
        plt.xlabel('Epochs')
        plt.legend(['train', 'validation'])
```

显示训练总结果的损失。

```
    plot_train_history(history, 'loss', 'val_loss')
    plt.show()
```

误差率图像如图 11.8 所示。

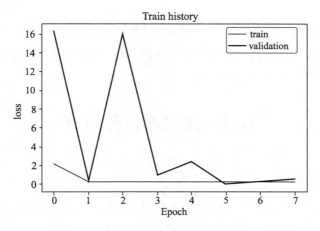

图 11.8　误差率图像

显示四个输出层的准确率：

```
plt.figure(figsize=(12,6))
plt.subplot(2,2,1)
plot_train_history(history, 'd1_accuracy','val_d1_accuracy')
plt.subplot(2,2,2)
plot_train_history(history, 'd2_accuracy','val_d2_accuracy')
plt.subplot(2,2,3)
plot_train_history(history, 'd3_accuracy','val_d3_accuracy')
plt.subplot(2,2,4)
plot_train_history(history, 'd4_accuracy','val_d4_accuracy')
plt.show()
```

四个输出层的准确率图像如图 11.9 所示。

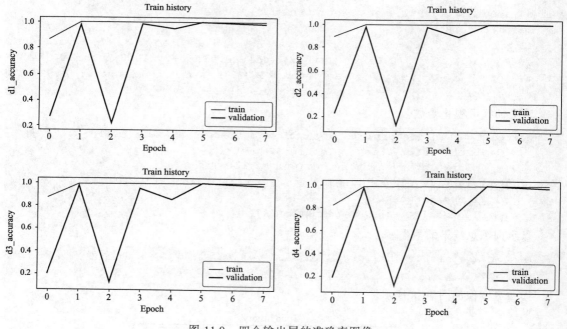

图 11.9　四个输出层的准确率图像

可以发现，第 3 个周期时模型出现了一些问题，后面仍然收敛了，读者可以根据自己训练出来的模型结果尝试调整参数，找出原因。

11.4　模型评估与预测

11.4.1　评估模型准确率

对模型进行评估与预测操作。读取 model，如果读者没有训练模型，可以到 https://pan.baidu.com/s/1MPdfblb6L_UyqxQmZwl1og 提取码：snld 下载进行预测。

```
from keras.models import load_model
```

```
# 附录的模型放在本实验的 model 文件夹下
# 如果是根据上节训练的模型，代码已经默认保存在项目根文件下
model=load_model('./model/best_model.h5')
# model=load_model('best_model.h5')
```

定义 evaluate 函数求出模型的准确率。

```
from tqdm import tqdm
def evaluate(model, batch_num=32):
    batch_acc=0
    batch_count=0

    generator=gen()
    for i in tqdm(range(batch_num)):
        X, y=next(generator)
        y_pred=model.predict(X)
        y_pred=np.argmax(y_pred, axis=2).T
        y_true=np.argmax(y, axis=2).T

        for i in range(len(y_pred)):
            batch_count+=1
            if np.array_equal(y_true[i], y_pred[i]):
                batch_acc+=1

    return batch_acc / batch_count
```

这里生成批次为 100 的数据，使用 evaluate 函数对模型进行评估。

```
evaluate(model, 100)
 0%|           | 0/100 [00:00<?, ?it/s][A[A

 1%|           | 1/100 [00:01<02:38, 1.61s/it][A[A

 2%|▏          | 2/100 [00:02<02:25, 1.48s/it][A[A

 3%|▎          | 3/100 [00:04<02:19, 1.44s/it][A[A

 4%|▍          | 4/100 [00:05<02:11, 1.37s/it][A[A

 5%|▌          | 5/100 [00:06<02:04, 1.32s/it][A[A

 6%|▌          | 6/100 [00:07<02:01, 1.29s/it][A[A

 7%|▋          | 7/100 [00:09<01:58, 1.28s/it][A[A

 8%|▊          | 8/100 [00:10<01:53, 1.24s/it][A[A

 9%|▉          | 9/100 [00:11<01:49, 1.20s/it][A[A
```

```
10%|█         | 10/100 [00:12<01:45,  1.17s/it][A[A
..............................
0.9125
```

模型的准确率达到 0.91，还算是一个比较理想的结果，但是还有很大的提升空间，读者可以自行调整网络接口和训练批次等进行实验。

11.4.2 生成数据集预测

模型在自定义测试集的准确率为 0.91，查看模型在哪些地方出了错。生成一组批次为 64 的数据，可视化出数据。

```python
import matplotlib.pyplot as plt

def decode(y, idx):
    return "".join([CHARACTERS[np.argmax(np.array(item)[idx])]for item in y])

def show_data(X, y, idx, axis, pred_y=None):
    im=Image.fromarray(X[idx].astype('uint8')).convert('RGB')
    axis.imshow(im)
    real=decode(y, idx)
    res='real : '+real
    color='black'
    if pred_y is not None:
        pred=decode(pred_y, idx)
        res=res+', pred : '+pred+' X'
        if pred!=real:
            # 当输入预测值和真实值不同时将字体改为红色
            color='red'
    plt.title(res, color=color, fontsize=15)

def show_img_list(X, y, begin=0, pred_y=None):
    fig=plt.figure(figsize=(15, 15))
    fig.subplots_adjust(left=0, right=1, bottom=0, top=0.6, hspace=0.05, wspace=0.05)
    for i in range(16):
        ax=fig.add_subplot(4, 4, i+1, xticks=[], yticks=[])
        show_data(X, y, i+begin, ax, pred_y=pred_y)
    plt.show()
X, y=next(gen(64))
pred_y=model.predict(X)
show_img_list(X, y, begin=0, pred_y=pred_y)
```

从图 11.10 可以发现，这一组中有 2 个结果是预测错误的，错误的地方是'O'和'0'、'O'和'D' 这种较为相似的字母。相信平常生活中经常有人因为看错而误输入验证码。

第 11 章 多输出神经网络实现 CAPTCHA 验证码识别

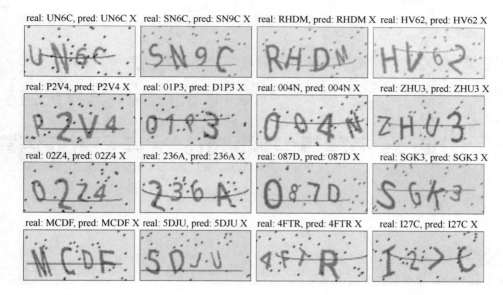

图 11.10 预测值和真实值

小 结

本章实验训练的模型仅仅只能识别 4 位长度的字符验证码。读者可能会问,那长度超过 4 位的或者不定长的呢?这就需要使用循环神经网络(RNN)和 LSTM 网络解决关于验证码:不定长字符、大小写混合数字以及中文验证码识别问题。

第 12 章 Keras 搭建模型预测泰坦尼克号游客信息

本章内容

- DataFrame 分析数据和数据预处理
- 使用 Numpy 进行数据预处理
- Fashion MNIST 数据集识别

泰坦尼克号是当时世界上体积最庞大、内部设施最豪华的客运轮船,有"永不沉没"的美誉。然而不幸的是,在它的处女航中,泰坦尼克号便遭厄运——它从英国南安普敦出发,途经法国瑟堡-奥克特维尔以及爱尔兰科夫(Cobh),驶向美国纽约。1912 年 4 月 14 日 23 时 40 分左右,泰坦尼克号与一座冰山相撞,造成右舷船艏至船中部破裂,五间水密舱进水。4 月 15 日凌晨 2 时 20 分左右,泰坦尼克号船体断裂成两截后沉入大西洋底 3 700m 处。2 224 名船员及乘客中,1 517 人丧生,其中仅 333 具罹难者遗体被寻回。泰坦尼克号沉没事故为和平时期死伤人数最为惨重的一次海难,其残骸直至 1985 年才被再度发现,目前受到联合国教育、科学及文化组织的保护。

为了为往后船舶行业制定更好的安全计划和规约,该事件的旅客信息数据被完整地保存下来,供后人分析和使用。所以本章将利用 Keras 建立深度学习模型分析泰坦尼克号的每一位船员存活概率。

12.1 项目构建

在指定的磁盘路径创建存放当前项目的目录,Linux 或 macOS 可使用 mkdir 命令创建文件夹目录,Windows 直接使用图形化界面右键新建文件夹。例如,存放项目的目录名为 project08:

```
(dlwork) jingyudeMacBook-Pro:~ jingyuyan$ mkdir project08
```

创建成功后,在 dlwork 环境下,进入 project08 目录下,创建 dataset 文件夹。

```
(dlwork) jingyudeMacBook-Pro:project08 jingyuyan$ mkdir dataset
```

创建成功后,在 dlwork 环境下,进入到 project08 目录下,打开 jupyter notebook:

```
jupyter notebook
```

新建 ipynb 文件，并且进入文件中，初次使用该数据集需要使用以下代码下载 titanic3.xls 文件到 dataset 文件夹当中，下载需要一定的时间。

```
import urllib
import os
url='http://biostat.mc.vanderbilt.edu/wiki/pub/Main/DataSets/titanic3.xls'
filepath='./dataset/titanic3.xls'
if not os.path.isfile(filepath):
    result=urllib.request.urlretrieve(url,filepath)
    print('download:', result)
```

12.2 数据预处理

该数据集主要记录了泰坦尼克号所有游客的信息，主要信息如图 12.1 所示。

属性	说明
survival	是否生存
pclass	舱等
name	姓名
age	性别
sibsp	手足或者配偶也在船上数量
patch	双亲或者子女也在船上数量
ticket	船票号码
fare	旅客费用
cabin	舱位号码
embarked	登船港口

图 12.1 属性说明

以上字段 survival 代表该对象是否得以生还，是主要的预测结果，也就是 label，其余属性均是特征字段。在 survival 数据中，0 表示未生还，1 表示存活；pclass 字段表示舱等，1、2、3 分别表示头等舱、二等舱和三等舱。

12.2.1 使用 DataFrame 分析数据和数据预处理

1. 创建对象读取数据

使用 Pandas 提供的 DataFrame 功能和 Numpy 可读取 xls 文件，并格式化数据，可以更加方便地分析和处理数据。导入所需要的包，其中中文字体可以选择下载或从本书提供的网盘中下载放置到项目目录中。

```
import numpy
import pandas as pd
%matplotlib inline
import matplotlib.pyplot as plt
from matplotlib.font_manager import FontProperties
```

```
font_zh = FontProperties(fname='./fz.ttf')
```
使用 Pandas 提供的 read_excel 程序读取 xls 文件:
```
all_df = pd.read_excel(filepath)
```
查看读取到的 all_df 中的前 5 条数据(见图 12.2)。
```
all_df[:5]
```

	pclass	survived	name	sex	age	sibsp	parch	ticket	fare	cabin	embarked	boat	body	home.dest
0	1	1	Allen, Miss. Elisabeth Walton	female	29.0000	0	0	24160	211.3375	B5	S	2	NaN	St Louis, MO
1	1	1	Allison, Master. Hudson Trevor	male	0.9167	1	2	113781	151.5500	C22 C26	S	11	NaN	Montreal, PQ / Chesterville, ON
2	1	0	Allison, Miss. Helen Loraine	female	2.0000	1	2	113781	151.5500	C22 C26	S	NaN	NaN	Montreal, PQ / Chesterville, ON
3	1	0	Allison, Mr. Hudson Joshua Creighton	male	30.0000	1	2	113781	151.5500	C22 C26	S	NaN	135.0	Montreal, PQ / Chesterville, ON
4	1	0	Allison, Mrs. Hudson J C (Bessie Waldo Daniels)	female	25.0000	1	2	113781	151.5500	C22 C26	S	NaN	NaN	Montreal, PQ / Chesterville, ON

图 12.2 Pandas 库记录

2. 对数据进行简单分析

使用 describe 函数可以对已经建立好的数据进行变量统计,可以让人方便地看出各个变量之间存在相互影响的关系。

```
all_df.describe()
```

从图 12.3 所示数据结果来看,游客中平均生还 0.38,其中游客平均年龄为 29 岁,也有上到 80 岁,下到 4 个月的游客。

	pclass	survived	age	sibsp	parch	fare	body
count	1309.000000	1309.000000	1046.000000	1309.000000	1309.000000	1308.000000	121.000000
mean	2.294882	0.381971	29.881135	0.498854	0.385027	33.295479	160.809917
std	0.837836	0.486055	14.413500	1.041658	0.865560	51.758668	97.696922
min	1.000000	0.000000	0.166700	0.000000	0.000000	0.000000	1.000000
25%	2.000000	0.000000	21.000000	0.000000	0.000000	7.895800	72.000000
50%	3.000000	0.000000	28.000000	0.000000	0.000000	14.454200	155.000000
75%	3.000000	1.000000	39.000000	1.000000	0.000000	31.275000	256.000000
max	3.000000	1.000000	80.000000	8.000000	9.000000	512.329200	328.000000

图 12.3 游客数据统计

查看船上乘客的年龄和票价的整体分布情况：

```
fig,ax=plt.subplots(nrows=1,ncols=2,figsize=(15,5))
all_df["age"].hist(ax=ax[0])
ax[0].set_title("Hist plot of Age")
all_df["fare"].hist(ax=ax[1])
ax[1].set_title("Hist plot of Fare")
Text(0.5, 1.0, 'Hist plot of Fare')
```

由图 12.4 可见，乘客的年龄集中在 20～40 岁，大部分乘客的票价很低，基本在 0～100 之间。

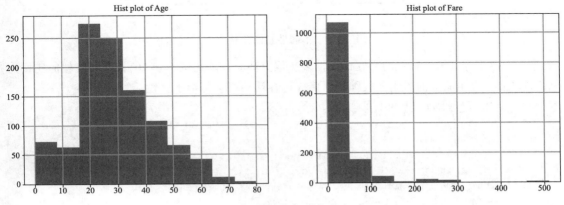

图 12.4　年龄与票价分布

```
sex_count=all_df.sex.value_counts()
sex_count.plot(kind='pie',autopct = '%3.1f%%');
```

通过对性别进行分析（见图 12.5），可以发现旅客群体中男性多于女性。

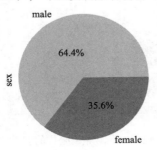

图 12.5　性别分析

```
# 不同性别的获救情况分布，见图 12.6
survive_0 = all_df['survived'][all_df['sex']=='female'].value_counts()
survive_1 = all_df['survived'][all_df['sex']=='male'].value_counts()
data_sex = pd.DataFrame({'survived': survive_1,'no survived': survive_0})
data_sex.plot(kind='Bar',stacked=True)
plt.title('不同性别的获救比例', fontproperties=font_zh)
plt.show()
```

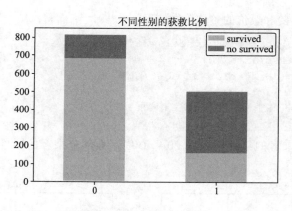

图 12.6 不同性别的获救比例

从图 12.4 可看出，船上的男性比女性多，但男性获救的比例不到 20%，女性获救的比例达到 70% 以上，说明船上的男士比较绅士，优先把存活的机会留给了女性。

```
# 不同等级舱位的获救情况，见图12.7
survive_0=all_df['pclass'][all_df['survived']==0].value_counts()
survive_1=all_df['pclass'][all_df['survived']==1].value_counts()
data_pclass=pd.DataFrame({'survived': survive_1,'no survived': survive_0})
data_pclass.plot(kind='Bar',stacked=True)
plt.title('不同等级舱位的获救比例', fontproperties=font_zh)
Text(0.5, 1.0, '不同等级舱位的获救比例')
```

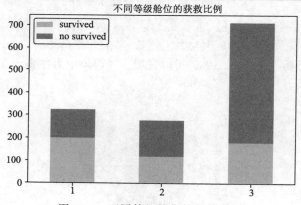

图 12.7 不同等级舱位的获救比例

从图 12.7 可以发现，不同等级的舱位生还概率不一样，其中头等舱生还概率最高，这说明在当时可能越有钱越容易被救。

```
# 不同登录港口的获救情况，见图12.8
survive_0=all_df['embarked'][all_df['survived']==0].value_counts()
survive_1=all_df['embarked'][all_df['survived']==1].value_counts()
data_embarked = pd.DataFrame({'survived': survive_1,'no survived': survive_0})
data_embarked.plot(kind='bar',stacked=True)
plt.title('不同登录港口的获救比例', fontproperties=font_zh)
plt.show()
```

由图 12.8 可得，S 港口登录的人数最多，但是获救的比例却最低，C 港口获救的比例最高，

第 12 章 Keras 搭建模型预测泰坦尼克号游客信息

大概 60%，Q 港口为 35% 左右。

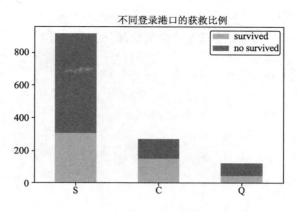

图 12.8 不同登录港口的获救情况

3．对数据进行预处理

首先把需要用到的关键字选取到 DataFrame 中，忽略掉一些与预测结果无太多关系的数据，例如 ticket（船票号码）和 cabin（舱位号码）。

```
cols=['survived','name','pclass','sex','age','sibsp','parch','fare','embarked']
all_df=all_df[cols]
```

设置后随机选择显示一些字段：

```
all_df[100:105]
```

100～104 的记录如图 12.9 所示。

	survived	name	pclass	sex	age	sibsp	parch	fare	embarked
100	1	Duff Gordon, Sir. Cosmo Edmund ("Mr Morgan")	1	male	49.0	1	0	56.9292	C
101	0	Dulles, Mr. William Crothers	1	male	39.0	0	0	29.7000	C
102	1	Earnshaw, Mrs. Boulton (Olive Potter)	1	female	23.0	0	1	83.1583	C
103	1	Endres, Miss. Caroline Louise	1	female	38.0	0	0	227.5250	C
104	1	Eustis, Miss. Elizabeth Mussey	1	female	54.0	1	0	78.2667	C

图 12.9 100-104 记录

为了方便机器学习，需要对一些字段进行特殊处理，如同 12.10 所示。

字段	处理方式
name	姓名字段对预测的结果不会有任何影响，所以要先将其删除，但是在预测阶段会使用到
age	数据集中有许多 age 字段是为空的值，所以需要将这些空值转换成平均值
sex	性别需要将其转换成数字的形式，0 表示女性，1 表示男性
fare	数据集中有许多 fare 字段为空的值，所以需要将这些空值转换成平均值
embarked	三个港口分类 C、Q、S 需要使用 One-Hot 编码的形式进行转换

图 12.10 数据字段处理

下面开始处理训练需要使用的数据集，首先是姓名部分，将其删除即可。

```
df=all_df.drop(['name'],axis=1)
```

找出数据集中有空值的部分，也就是无数据的部分。

```
all_df.isnull().sum()
survived      0
name          0
pclass        0
sex           0
age         263
sibsp         0
parch         0
fare          1
embarked      2
dtype: int64
```

可以看到 age 字段存在较多的空值，因为后面建立深度学习模型传递的参数需要确立的数字，所以这里不允许使用空值，将年龄字段取平均值后填入空值部分，其他字段（如 fare）依此类推，这样做相对比较合理，而不是直接填入 0，或者随意数字，容易影响对真实结果的预测。利用 mean 函数计算年龄平均值后，使用 fillna 对空值字段进行填入。

```
# 计算年龄平均值、填充空的年龄值
age_mean=df['age'].mean()
df['age']=df['age'].fillna(age_mean)
```

fare 字段和 age 字段处理方式一样，依此类推。

```
fare_mean=df['fare'].mean()
df['fare']=df['fare'].fillna(fare_mean)
```

原本的性别字段是字符串形式的，需要将其转换成 0 和 1，方便后期有效的机器学习，使用 map 方式可以进行转换。男性表示 1，女性表示 0。

```
df['sex']=df['sex'].map({'female':0,'male': 1}).astype(int)
```

将 embarked 字段进行一位有效编码，使用 get_dummies 函数进行转换。

```
# 将数据转换为 DataFrame，见图 12.11
x_OneHot_df=pd.get_dummies(data=df,columns=["embarked"])
x_OneHot_df[:5]
```

	survived	pclass	sex	age	sibsp	parch	fare	embarked_C	embarked_Q	embarked_S
0	1	1	0	29.0000	0	0	211.3375	0	0	1
1	1	1	1	0.9167	1	2	151.5500	0	0	1
2	0	1	0	2.0000	1	2	151.5500	0	0	1
3	0	1	1	30.0000	1	2	151.5500	0	0	1
4	0	1	0	25.0000	1	2	151.5500	0	0	1

图 12.11　转换数据

12.2.2 使用 Numpy 进行数据预处理

使用 DataFrame 处理好数据后，后续需要交由 Numpy 进行处理才可搭建深度学习模型进行训练预测。

1. 将数据转换成 Numpy 的 ndarray 类型

DataFrame 转换成 ndarray：

```
# 多维数组的转换
ndarray=x_OneHot_df.values
```

使用 shape 查看数组的形状，可以得知以上数组中具有 1 309 项数据，每一项数据有 10 个字段。

```
# 查看数组形状
ndarray.shape
(1309, 10)
```

随机查看几项数据，通过上一节数据预处理过程可知，除了 survived 字段，即需要使用的标签，其余字段均作为特征处理，这里将标签字段和特征字段进行单独处理。

```
ndarray[200:202]
array([[ 0.     , 1.     , 1.     , 46.     , 0.     , 0.     , 75.2417,
         1.     , 0.     , 0.     ],
       [ 0.     , 1.     , 1.     , 54.     , 0.     , 0.     , 51.8625,
         0.     , 0.     , 1.     ]])
```

查看 labels 和 features 随机几项数据：

```
# 标签
labels=ndarray[:,0]
# 特征
features=ndarray[:,1:]
labels[200:203]
array([0., 0., 1.])
features[200:203]
array([[ 1.     , 1.     , 46.     , 0.     , 0.     , 75.2417, 1.     ,
         0.     , 0.     ],
       [ 1.     , 1.     , 54.     , 0.     , 0.     , 51.8625, 0.     ,
         0.     , 1.     ],
       [ 1.     , 1.     , 36.     , 0.     , 0.     , 26.2875, 0.     ,
         0.     , 1.     ]])
```

可以看到，从 200~203 三项中，只有第三个游客是生还的，三名游客年龄分别是 46、54 和 36 岁，其中票价分别是 75、51、26 元。可以看出，类似年龄和票价这样的数据是没有统一标准的，数字差异相对比较明显，为了方便后面的机器学习过程，可以将数值标准化处理，让这些数字都浮动在 0~1，使数值的特征字段有共同的标准，这样处理可以提升模型的准确率。

2. 将特征字段进行标准化

使用 sklearn 提供的 preprocessing 模块进行标准化处理，如果没有安装 sklearn 库，可执行以下命令下载。

```
pip install scikit-learn
```

建立标准化刻度，区间在 0~1。

```
from sklearn import preprocessing

# 建立 MinMaxScaler 标准化刻度 minmax_scale
minmax_scale=preprocessing.MinMaxScaler(feature_range=(0,1))
```

将需要标准化的字段传入，并设置标准化区间为 0~1。

```
# 传入特征数进行标准化
scaledFeatures=minmax_scale.fit_transform(features)
```

随机查看标准化后的几项数据，可以发现刚才所查看的一些字段已经完成标准化设置。

```
scaledFeatures[100:102]

array([[0.        , 1.        , 0.61169086, 0.125     , 0.        ,
        0.1111184 , 1.        , 0.        , 0.        ],
       [0.        , 1.        , 0.48642985, 0.        , 0.        ,
        0.05797054, 1.        , 0.        , 0.        ]])
```

3. 建立和划分数据集

下面进行数据集划分，现在处理的数据将是下一节建立的深度学习模型需要直接使用的数据。这里将数据集以 8:2 的模式划分为训练集和测试集。

```
# 将数据以随机方式分为训练数据和测试数据
msk=numpy.random.rand(len(all_df))<0.8
train_df=all_df[msk]
test_df=all_df[~msk]
```

划分完毕后，训练集有 1052 项数据，测试集有 257 项数据。

```
# 显示训练数据与测试数据项数
print('total:',len(all_df), 'train:',len(train_df), 'test:',len(test_df))
total: 1309 train: 1074 test: 235
```

查看划分后的训练集与测试集。

```
train_df[100:102]
```

训练数据如图 12.12 所示。

	survived	name	pclass	sex	age	sibsp	parch	fare	embarked
120	1	Frauenthal, Mr. Isaac Gerald	1	male	43.0	1	0	27.7208	C
121	1	Frauenthal, Mrs. Henry William (Clara Heinshei...	1	female	NaN	1	0	133.6500	S

图 12.12　训练数据

```
test_df[100:102]
```

测试数据如图 12.13 所示。

	survived	name	pclass	sex	age	sibsp	parch	fare	embarked
547	0	Richard, Mr. Emile	2	male	23.0	0	0	15.0458	C
549	1	Richards, Master. William Rowe	2	male	3.0	1	1	18.7500	S

图 12.13　测试数据

创建 DataPreprocessing 函数，对之前数据处理方式做一个函数式的整合，方便下次调用。

```
# 创建 DataPreprocessing 函数，方便下次预处理使用
def DataPreprocessing(raw_df):
    df=raw_df.drop(['name'], axis=1)
    age_mean=df['age'].mean()
    df['age']=df['age'].fillna(age_mean)
    fare_mean=df['fare'].mean()
    df['fare']=df['fare'].fillna(fare_mean)
    df['sex']=df['sex'].map({'female':0, 'male': 1}).astype(int)
    x_OneHot_df=pd.get_dummies(data=df,columns=["embarked"])

    ndarray=x_OneHot_df.values
    Features=ndarray[:,1:]
    Label=ndarray[:,0]
    minmax_scale=preprocessing.MinMaxScaler(feature_range=(0, 1))
    scaledFeatures=minmax_scale.fit_transform(Features)
    return scaledFeatures, Label
```

使用 DataPreprocessing 函数建立训练和测试数据集。

```
# 使用函数处理训练数据和测试数据
train_features, train_label=DataPreprocessing(train_df)
test_featres, test_label=DataPreprocessing(test_df)
```

查看生成的数据集。

```
train_features[100:102]
array([[0.        , 1.        , 0.56387684, 0.125     , 0.        ,
        0.0541074 , 1.        , 0.        , 0.        ],
       [0.        , 0.        , 0.39198663, 0.125     , 0.        ,
        0.26086743, 0.        , 0.        , 1.        ]])
train_label[100:102]
array([1., 1.])
```

12.3　采用多层感知机模型进行预测

12.3.1　模型建立

本节中将建立多层感知机模型，对模型进行训练和评估，并预测泰坦尼克号上的一些游客生还概率。利用 Keras 构建多层感知机模型，模型共包含一个输入层、两个隐藏层和一个输出层。

- units 各层神经元的个数。
- input_dim 是输入层神经元的个数，9 表示有 9 个特征字段。
- kernel_initializer 是使用随机数分布初始化权重和偏差。
- activation 表示激活函数，这边使用的都是 relu 和 sigmoid。

```
# 导入包
from keras.models import Sequential
from keras.layers import Dense,Dropout
```

```
# 使用序贯模型
model=Sequential()

# 建立输入层和隐藏层1。Dense 神经网络层，Dense 的特色完全连接所有上下层神经元
model.add(Dense(units=40,input_dim=9,kernel_initializer='uniform',
activation='relu'))

# 建立隐藏层2
model.add(Dense(units=30, kernel_initializer='uniform', activation='relu'))

# 建立输出层
model.add(Dense(units=1, kernel_initializer='uniform', activation='sigmoid'))
model.summary()
Using TensorFlow backend.
Model: "sequential_1"
_____
Layer (type)                 Output Shape              Param #
=================================================================
dense_1 (Dense)              (None, 40)                400
_____
dense_2 (Dense)              (None, 30)                1230
_____
dense_3 (Dense)              (None, 1)                 31
=================================================================
Total params: 1,661
Trainable params: 1,661
Non-trainable params: 0
```

网络模型如图 12.14 所示。

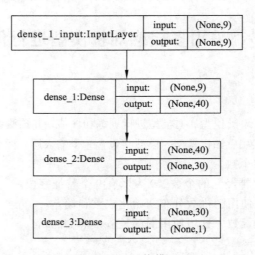

图 12.14　网络模型

12.3.2 开始训练

首先定义训练参数，x 和 y 分别传入上一节建立的 train_features 和 train_label 数据集：

（1）VALIDATION_SPLIT 为设置训练集和验证集数据的划分比例，输入参数 0~1 的浮点数，用来指定训练集的一定比例数据作为验证集。验证集将不参与训练，并在每个 epoch 结束后测试模型的指标，如损失函数、精确度等。

（2）EPOCHS 为训练周期。

（3）BATCH_SIZE 为单次训练批次。

（4）VERBOSE 为显示训练的过程，输入参数（0、1、2），0 为不在标准输出流输出日志信息，1 为输出进度条记录，2 为每个 epoch 输出一行记录。

```
# 验证集划分比例
VALIDATION_SPLIT=0.1
# 训练周期
EPOCHS=30
# 单批次数据量
BATCH_SIZE=30
# 训练LOG打印形式
VERBOSE=2
# 定义训练方式
model.compile(loss='binary_crossentropy',optimizer='adam',metrics=['accuracy'])
# 开始训练
train_history=model.fit(x=train_features,
                        y=train_label,
                        validation_split=VALIDATION_SPLIT,
                        epochs=EPOCHS,
                        batch_size=BATCH_SIZE,
                        verbose=VERBOSE)
Train on 950 samples, validate on 106 samples
Epoch 1/30
 - 2s - loss: 0.6889 - acc: 0.6116 - val_loss: 0.6671 - val_acc: 0.7925
…
Epoch 29/30
 - 0s - loss: 0.4532 - acc: 0.7968 - val_loss: 0.4168 - val_acc: 0.8113
Epoch 30/30
 - 0s - loss: 0.4576 - acc: 0.7884 - val_loss: 0.4185 - val_acc: 0.8491
```

定义绘制函数，绘制出训练结果。

```
import matplotlib.pyplot as plt
def show_train_history(train_history,train,validation):
    plt.plot(train_history.history[train])
    plt.plot(train_history.history[validation])
    plt.title('Train histoty')
    plt.ylabel(train)
    plt.xlabel('Epoch')
    plt.legend(['train','validation',],loc = 'upper left')
    plt.show()
```

使用绘制函数绘制出准确率与误差率图像。

```
show_train_history(train_history,'acc','val_acc')
show_train_history(train_history,'loss','val_loss')
```

准确率图像如图 12.15 所示。

误差率图像如图 12.16 所示。

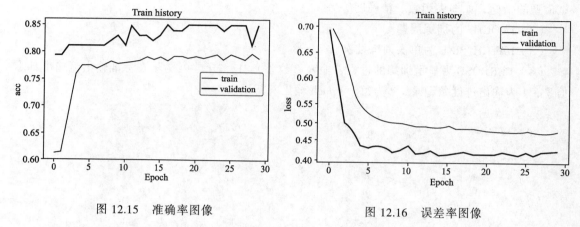

图 12.15　准确率图像　　　　　　　　图 12.16　误差率图像

通过图 12.15 和 12.16 所示图像可以发现：经过 30 个周期的训练，训练过程中的误差率和验证误差率都是在下降的。

12.3.3　模型评估

利用训练好的模型使用测试集进行模型评估，分数越高表示训练结果越好，在测试中评估结果，可以看到达到了 0.81。

```
# 评估模型准确率
scores = model.evaluate(x=test_featres,y=test_label,verbose=1)
scores[1]
253/253 [==============================] - 0s 66us/step
0.8102766807842632
```

12.3.4　构建自由数据进行预测

根据电影《泰坦尼克号》中 Jack 和 Rose 在电影中的数据（如年龄、票价和舱位等）来建立符合电影中这两个人物相似的数据项，并使用训练好的模型进行生还概率预测。根据电影的剧情，自己构想并建立数据。

- Jack：3 等舱、男性、23 岁、票价 10 元。
- Rose：头等舱、女性、20 岁、票价 120 元。

```
# 建立好模型后，将电影《泰坦尼克号》中Jack和Rose的数据加入测试效果

# Jack是3等舱，男性，23岁，票价20
Jack=pd.Series([0, 'Jack', 3, 'male', 23 , 1, 0, 10.000, 'S'])

# Rose是头等舱，女性，20岁，票价100
```

第 12 章 Keras 搭建模型预测泰坦尼克号游客信息

```
Rose=pd.Series([1, 'Rose', 1, 'female', 20, 1, 0, 120.000, 'S'])

# 将数据格式化
JR_df=pd.DataFrame([list(Jack),list(Rose)],
columns=['survived', 'name', 'pclass', 'sex', 'age', 'sibsp', 'parch',
'fare', 'embarked'])
all_df=pd.concat( [all_df , JR_df] ,sort=False)
```

查看构建完成的数据：

```
JR_df
```

构建预测人物如图 12.17 所示。

	survived	name	pclass	sex	age	sibsp	parch	fare	embarked
0	0	Jack	3	male	23	1	0	10.0	S
1	1	Rose	1	female	20	1	0	120.0	S

图 12.17 构建预测人物

预处理数据：

```
features, label=DataPreprocessing(all_df)
features[-2:]
array([[1.        , 1.        , 0.28601223, 0.125     , 0.        ,
        0.0195187 , 0.        , 0.        , 1.        ],
       [0.        , 0.        , 0.24843392, 0.125     , 0.        ,
        0.2342244 , 0.        , 0.        , 1.        ]])
```

对数据进行预测，并查看 Jack 和 Rose 的预测结果数据：

```
result=model.predict(features)
result[-2:]
array([[0.15587816],
       [0.9679635 ]], dtype=float32)
```

可以看到 Jack 的生还概率只有 0.15，而 Rose 的生还概率却高达 0.96，预测结果与电影中的结果是相符合的。

小　　结

本章学习了如何处理泰坦尼克号的数据集和搭建多层感知机模型进行游客生还概率的预测，泰坦尼克号数据集中还包含了许多隐藏的故事，是冰冷的数据无法呈现出来的，例如有些游客生还预测高达 0.9 以上，但是因为想挽救手足或双亲或者陪伴自己的宠物，却还是不幸遇难，有些乘客是生还率只有 0.1 的小婴儿，却有幸存活。这些特别的数据背后存在着许多感人的故事和令人惊奇的误会事件，需要具体了解的读者可以自行分析数据，并挖掘出背后的故事。

第 13 章 自然语言处理——IMDb 网络电影数据集分析

本章内容

- Keras 自然语言处理
- 循环神经网络（RNN）介绍
- 使用长短期记忆（LSTM）方法进行模型建立和预测

文本情感分析又称意见挖掘、倾向性分析等。简单而言，是对带有情感色彩的主观性文本进行分析、处理、归纳和推理的过程。Nasukawa 和 Yi 最早提出情感分析这一概念，文本情感分析，又称文本意见挖掘、倾向性分析，是指对主观性文本数据及带有感情色彩的文本数据，通过自动化或半自动化的方法进行分析、处理、归纳和推导，从而分析出信息的情感色彩和情感倾向性。情感分析技术在传统的数据挖掘、自然语言处理和计算语言学领域基础上又增加了一定的文本理解能力。是对数据挖掘和机器学习方法的拓展，能解决传统方法不能解决的问题。例如，一些新闻类的网站，根据新闻的评论可以知道这个新闻的热点情况，是积极导向，还是消极导向，从而进行舆论新闻的有效控制。

13.1 IMDb 数据库

互联网电影资料库（internet movie database，IMDb）是一个关于电影演员、电影、电视节目、电视明星和电影制作的在线数据库。类似国内的豆瓣影评。 IMDb 创建于 1990 年 10 月 17 日，从 1998 年开始成为亚马逊公司旗下网站，2010 年是 IMDb 成立 20 周年纪念。 IMDb 的资料中包括了影片的众多信息、演员、片长、内容介绍、分级、评论等。对于电影的评价目前使用最多的就是 IMDb 评分。本次实验使用的影评数据来源于 IMDb 网站：https://www.imdb.com/title/tt0268978/reviews，该页是关于《美丽心灵》这部电影的影评记录（见图 13.1），可以看到有许多用户留下的评论。本章通过使用循环神经网络对用户的影评数据进行识别，并预测影迷所评价结果是负面的评价还是正面的评价。

第 13 章　自然语言处理——IMDb 网络电影数据集分析

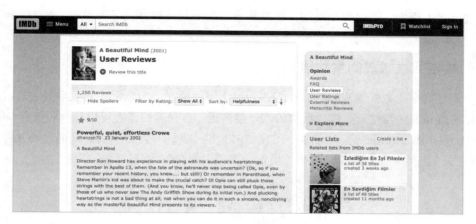

图 13.1　IMDb 数据库

13.2　Keras 自然语言处理

什么是自然语言处理？自然语言处理是人工智能、语言学关注计算机和人类（自然）语言之间的相互作用的领域，是处理计算机与人类之间的自然语言交互。Keras 在自然语言处理的主要过程是：读取数据集、建立 Token、使用 Token 将影评文字转成数字列表、截长补短让所有数字列表长度都为 380、Embedding 层将数字列表换成向量列表、将向量列表送入深度学习模型进行训练。

13.2.1　建立 Token

因为深度学习模型只能接受数字，在使用前必须将文字转成数字列表。如何实现转换数字列表呢？就像要将一种语言翻译成另外一种语言时，必须要有字典。相同的方法，利用这样的字典，也可以将文字先转成数字然后进行模型训练。而 Keras 为我们提供了 Tokenizer 模块，类似 Token 的功能。建立 Token 要指定字典字数，如 2 000 个字的字典，然后读取训练数据的 25 000 项影评文字，按照每一个英文单词所出现的次数进行排序，排序在前 2 000 的英文单词会进入字典中，这样一来就形成了一个常用的字典集合。

13.2.2　转换

建立 token 后，会出现一个单词对应一个数字（单词和索引）：

{('the',1),('and',2),('a',3),('of'),4...}

如果将数据集中第 97 条评论的文字的前几个单词转换成数字（字典中的索引）如：While there is life there is hope。

133, 46, 6, 109, 46, 6, 436

这样就形成了一个数字列表，后面将使用这种方法来构建文字与数字转换列表。

13.2.3　截长补短

由于文字的数字都不固定，有些可能是 200 字，有些可能是 490 字。这样一来转换成数字列表的数字也不固定，所以要做处理。这里将数字列表的长度都设置为 380，长的去掉，短的补上 0。

13.2.4 数字列表转成向量列表

除了知道文字的数字列表以为，还需要理解文字的语义。所以需要将数字列表转成空间向量，向量夹角和方向越接近，就表示词的意思越接近。有兴趣的读者可以检索相关的 Word2vec 详细使用方法，Word2vec 是 Google 公司在 2013 年开发的一款用于训练词向量的软件工具。Word2vec 是一组用来产生词向量的相关模型，本章主要介绍入门的情感分析。

13.3 构建项目

13.3.1 创建项目文件

在指定的磁盘路径创建存放当前项目的目录，Linux 或 macOS 可使用 mkdir 命令创建文件夹目录，Windows 直接使用图形化界面右键新建文件夹。例如，存放项目的目录名为 project09：

```
(dlwork) jingyudeMacBook-Pro:~ jingyuyan$ mkdir project09
```

进入项目文件夹后，创建 dataset 文件夹。

```
(dlwork) jingyudeMacBook-Pro:~ jingyuyan$ cd project09
(dlwork) jingyudeMacBook-Pro:project09 jingyuyan$ mkdir dataset
```

13.3.2 下载 IMDb 数据集

将数据集从 http://ai.stanford.edu/~amaas/data/sentiment/aclImdb_v1.tar.gz 下载到 dataset 中，若下载速度过慢，可使用本书提供的网盘地址下载，下载后将文件放入 dataset 文件中。

```
import urllib.request
import os
import tarfile
url='http://ai.stanford.edu/~amaas/data/sentiment/aclImdb_v1.tar.gz'
filepath='./dataset/aclImdb_v1.tar.gz'
if not os.path.isfile(filepath):
    result=urllib.request.urlretrieve(url,filepath)
    print('downloaded:',result)
```

由于 IMDb 数据集是压缩形式，需要将下载的数据集进行解压处理。

```
if not os.path.exists('./dataset/aclImdb'):
    tfile=tarfile.open('./dataset/aclImdb_v1.tar.gz','r:gz')
    result=tfile.extractall('./dataset/')
aclImdbpath='./dataset/aclImdb/'
```

13.4 IMDb 数据集预处理

IMDb 数据集共有 50 000 项"文字影评",分别有 25 000 项训练集和 25 000 项测试集,其中每一项数据都标有"正面评价"和"负面评价"。

13.4.1 读取数据

首先读取已下载的数据:

```
from keras.preprocessing import sequence
from keras.preprocessing.text import Tokenizer
Using TensorFlow backend.
```

由于数据集是从互联网上收集的信息,所以需要对 HTML 标签做一定的处理,读取 imdb_simple_util 模块,使用 read_files 文件读取文件夹目录并对数据进行格式化的读取。

```
from imdb_simple_util import read_files
```

使用读取函数传入参数 train 读取训练数据:

```
y_train,train_text=read_files('train', aclImdbpath)
read train files: 25000
```

使用读取函数传入参数 test 读取测试数据:

```
y_test,test_text = read_files('test', aclImdbpath)
read test files: 25000
```

读取数据后,随意查看一项数据,为了方便查看结果,需要定义好格式化字典,运行下面命令随机查看一项数据和数据的结果。

```
format_dict={1:'正面评价',0:"负面评价"}
# 查看第 0 项数据
train_text[100], format_dict[y_train[100]]
("Sure, it was cheesy and nonsensical and at times corny, but at least the filmmakers didn't try. While most TV movies border on the brink of mediocrity, this film actually has some redeeming qualities to it. The cinematography was pretty good for a TV film, and Viggo Mortensen displays shades of Aragorn in a film about a man who played by his own rules. Most of the flashback sequences were kind of cheesy, but the scene with the mountain lion was intense. I was kind of annoyed by Jason Priestly's role in the film as a rebellious shock-jock, but then again, it's a TV MOVIE! Despite all of the good things, the soundtrack was atrocious. However, it was nice to see Tucson, Arizona prominently featured in the film.", '正面评价')
```

13.4.2 建立 Token

使用 Tokenizer 建立 Token,输入 num_words 为单词数量,这里选择使用 2 000 个单词,建立拥有 2 000 个单词的字典。并且读取所有训练集中的影评,并将 token 字典中的单词按照出现次数进行排序,排在前 2000 的单词会被列入字典当中。

```
token = Tokenizer(num_words=2000)
token.fit_on_texts(train_text)
```

输入下面命令查看读取了多少文章：

```
token.document_count
25000
```

查看出现次数最高的前 10 个单词：

```
for k, v in token.word_index.items():
    print(v, k)
    if v == 9:
        break
1 the
2 and
3 a
4 of
5 to
6 is
7 in
8 it
9 i
```

可以看到 the、and、a 等这些单词是影评当中出现次数最高的。

使用 token.texts_to_sequences 将训练数据与测试数据的影评文字转换成数字列表。

```
x_train_seq=token.texts_to_sequences(train_text)
x_test_seq=token.texts_to_sequences(test_text)
```

查看转换后的随机一项影评文字与数字序列：

```
train_text[100]
    "Sure, it was cheesy and nonsensical and at times corny, but at least the
filmmakers didn't try. While most TV movies border on the brink of mediocrity,
this film actually has some redeeming qualities to it. The cinematography was
pretty good for a TV film, and Viggo Mortensen displays shades of Aragorn in a
film about a man who played by his own rules. Most of the flashback sequences
were kind of cheesy, but the scene with the mountain lion was intense. I was kind
of annoyed by Jason Priestly's role in the film as a rebellious shock-jock, but
then again, it's a TV MOVIE! Despite all of the good things, the soundtrack was
atrocious. However, it was nice to see Tucson, Arizona prominently featured in
the film."
```

输出测试数据的影评文字转换成数字列表。

```
print(x_train_seq[100])
[248, 8, 12, 950, 2, 2, 29, 207, 17, 29, 218, 1, 1054, 157, 349, 133, 87,
244, 98, 19, 1, 4, 10, 18, 161, 44, 45, 1650, 5, 8, 1, 623, 12, 180, 48, 14, 3,
244, 18, 2, 4, 7, 3, 18, 40, 3, 128, 33, 252, 30, 23, 202, 87, 4, 1, 841, 67,
239, 4, 950, 17, 1, 132, 15, 1, 12, 1590, 9, 12, 239, 4, 30, 1651, 213, 7, 1,
18, 13, 3, 1461, 17, 91, 170, 41, 3, 244, 16, 463, 28, 4, 1, 48, 179, 1, 811,
12, 186, 8, 12, 323, 5, 63, 7, 1, 18]
```

显示数字序列的长度。

```
len(x_train_seq[100])
105
```

13.4.3 格式化数据操作

使用截长补短的操作,将数字列表总长度设置为100。

```
x_train=sequence.pad_sequences(x_train_seq,maxlen=100)
x_test=sequence.pad_sequences(x_test_seq,maxlen=100)
```

可以看到,随机选择一条影评,字数长度为78,经过处理后长度为100,若达不到100的,会在前面补全0。

```
print('len:',len(x_train_seq[40]))
print(x_train_seq[40])
len: 78
[2, 10, 303, 18, 6, 1, 146, 205, 1214, 546, 7, 1059, 1852, 7, 1305, 8, 404, 48, 4, 1, 4, 699, 11, 199, 69, 26, 4, 31, 46, 6, 53, 821, 7, 57, 326, 1, 872, 6, 2, 71, 22, 1, 1, 51, 4, 1942, 11, 2, 44, 676, 174, 79, 138, 36, 19, 90, 92, 5, 1, 2, 780, 15, 8, 6, 175, 31, 824, 581, 29, 218, 633, 111, 57, 2, 1, 168, 92, 170]
```

显示处理过后的数字列表。可以看到结果是不够长度的前面被补了0,直到100为止。

```
print('len:',len(x_train[40]))
print(x_train[40])
len: 100
[   0    0    0    0    0    0    0    0    0    0    0    0    0    0
     0    0    0    0    0    0    0    2   10  303   18    6    1
   146  205 1214  546    7 1059 1852    7 1305    8  404   48    4    1
     4  699   11  199   69   26    4   31   46    6   53  821    7   57
   326    1  872    6    2   71   22    1    1   51    4 1942   11    2
    44  676  174   79  138   36   19   90   92    5    1    2  780   15
     8    6  175   31  824  581   29  218  633  111   57    2    1  168
    92  170]
```

再次随机选择一条影评,字数长度为385,经过处理后长度为100,超出的部分会被截取掉。

```
# 显示之前的数字列表
print('len:',len(x_train_seq[30]))
print(x_train_seq[30])
len: 385
[10, 422, 24, 73, 124, 1, 562, 19, 1948, 422, 24, 73, 995, 7, 97, 81, 92, 823, 1541, 1, 114, 235, 4, 23, 607, 181, 31, 915, 391, 1, 105, 14, 1, 61, 2, 719, 404, 27, 4, 23, 114, 105, 350, 7, 3, 192, 54, 10, 18, 6, 444, 19, 3, 663, 30, 2, 742, 10, 6, 3, 332, 488, 61, 59, 688, 1, 103, 14, 1, 551, 1948, 65, 53, 332, 13, 3, 502, 34, 304, 558, 86, 7, 258, 3, 128, 439, 570, 305, 7, 818, 1614, 1, 4, 12, 60, 5, 26, 1533, 121, 7, 1232, 305, 7, 1, 966, 146, 44, 3, 318, 2, 103, 472, 2, 6, 265, 5, 397, 23, 472, 17, 29, 1, 168, 54, 986, 141, 23, 1406, 1, 683, 5, 790, 76, 2, 23, 1949, 15, 3, 83, 1250, 30, 624, 528, 1, 411, 262, 42, 17, 242, 51, 1, 61, 7, 3, 303, 953, 525, 494, 454, 30, 742, 15, 3, 461, 19, 1, 1559, 1946, 1, 61, 6, 385, 599, 7, 60, 50, 1666, 17, 1, 87, 670, 1754, 1421, 7, 1, 18, 6, 303, 1376, 10, 6, 45, 4, 1, 114, 623, 203, 106, 2, 9, 102, 3, 172, 4, 104, 1, 132, 50, 1948, 2, 484, 22, 7, 1, 516, 6, 175, 1155, 1, 320, 513, 29, 1, 1004, 4, 1, 516, 1948, 139, 1, 8, 183, 5, 1, 495, 4, 1, 516, 5, 63, 484, 2, 42, 23, 495, 13, 8, 1994, 8, 2, 141, 336, 183, 1, 516, 2, 3, 1483, 15, 3, 83, 173, 2,
```

```
1047, 1, 128, 3, 476, 18, 142, 659, 40, 1279, 33, 89, 23, 787, 18, 7, 15, 295,
930, 1195, 86, 994, 155, 295, 930, 948, 13, 3, 293, 163, 14, 1, 697, 747, 17,
868, 11, 25, 469, 5, 843, 19, 657, 11, 46, 12, 160, 158, 14, 86, 7, 747, 15, 60,
103, 104, 1279, 44, 305, 7, 57, 270, 13, 27, 4, 1, 83, 904, 7, 3, 1025, 4, 40,
1780, 673, 1, 18, 3, 508, 11, 44, 90, 1928, 2, 2, 1, 279, 752, 1, 1376, 112, 2,
61, 6, 142, 127, 1060, 14, 4, 158, 778, 17, 14, 146, 142, 1310, 7, 657, 11, 10,
6, 1, 114, 18, 4, 1, 287, 1065, 41, 1580, 3, 562]
```

显示处理过后的数字列表。可以看到结果超出的部分会被截取掉，长度只保留后面 100 个数字。

```
# 显示处理之后的数字列表
print('len:',len(x_train[30]))
print(x_train[30])
len: 100
[ 155  295  930  948   13    3  293  163   14    1  697  747   17  868
   11   25  469    5  843   19  657   11   46   12  160  158   14   86
    7  747   15   60  103  104 1279   44  305    7   57  270   13   27
    4    1   83  904    7    3 1025    4   40 1780  673    1   18    3
  508   11   44   90 1928    2    2    1  279  752    1 1376  112    2
   61    6  142  127 1060   14    4  158  778   17   14  146  142 1310
    7  657   11   10    6    1  114   18    4    1  287 1065   41 1580
    3  562]
```

13.5 建立模型

在上节中已处理好了数据，本次实验需要搭建多层感知机加入嵌入层的形式训练模型，实验需要建立多次模型作为测试，模型训练和测试实验分为多部分进行。

13.5.1 建立多层感知机进行预测

处理数据集，为了方便查阅代码，将上一节所处理的数据集的代码再次放入本节，后面的小节需要返回修改调试。

```
from keras.preprocessing import sequence
from keras.preprocessing.text import Tokenizer
from imdb_simple_util import read_files
import os
if not os.path.exists('./dataset/aclImdb'):
    tfile=tarfile.open('./dataset/aclImdb_v1.tar.gz','r:gz')
    result=tfile.extractall('./dataset/')

NUM_WORDS=2000
MAXLEN=100
aclImdbpath='./dataset/aclImdb/'

# 使用读取函数传入参数 train 读取训练数据
y_train,train_text=read_files('train', aclImdbpath)
# 使用读取函数传入参数 test 读取测试数据
```

第13章 自然语言处理——IMDb网络电影数据集分析

```
y_test,test_text=read_files('test', aclImdbpath)
# 建立2000个词的字典,并按照每个英文单词在影评中出现的次数排序
token=Tokenizer(num_words=NUM_WORDS)
token.fit_on_texts(train_text)
# 使用token.texts_to_sequences将训练数据与测试数据的影评文字转换成数字列表
x_train_seq=token.texts_to_sequences(train_text)
x_test_seq=token.texts_to_sequences(test_text)
### 进行截长补短操作,数字列表总长度设置为380
x_train=sequence.pad_sequences(x_train_seq,maxlen=MAXLEN)
x_test=sequence.pad_sequences(x_test_seq,maxlen=MAXLEN)
read train files: 25000
read test files: 25000
```

搭建模型,这里和以往不同的是加入了嵌入层,可以将数字列表转换成向量列表,input_length 输入数据的长度为 100,output_dim 输出维数为 32,input_dim 输入维数 NUM_WORDS=2000,代表之前的那2 000个单词字典。

```
from keras.models import Sequential
from keras.layers.core import Dense,Dropout,Activation,Flatten
from keras.layers.embeddings import  Embedding
# 建立模型
model=Sequential()
# 加入嵌入层
# 加入Dropout避免过度拟合,每次迭代训练随机丢弃20%神经元
model.add(Embedding(output_dim=32,
                    input_dim=NUM_WORDS,
                    input_length=MAXLEN))
model.add(Dropout(0,2))

# 加入平坦层,因为数字列表每一项有100个数字,所以每个数字转换成32维的向量,所以平坦
# 层有3 200个神经元

model.add(Flatten())
# 加入隐藏层
model.add(Dense(units=256,activation='relu'))
model.add(Dropout(0.35))
# 建立输出层
model.add(Dense(units=1,activation='sigmoid'))
# 查看模型摘要
model.summary()
Model: "sequential_1"
_____
Layer (type)                 Output Shape              Param #
=================================================================
embedding_1 (Embedding)      (None, 100, 32)           64000
_____
dropout_1 (Dropout)          (None, 100, 32)           0
_____
flatten_1 (Flatten)          (None, 3200)              0
_____
dense_1 (Dense)              (None, 256)               819456
```

```
dropout_2 (Dropout)          (None, 256)              0
_____
dense_2 (Dense)              (None, 1)                257
=================================================================
Total params: 883,713
Trainable params: 883,713
Non-trainable params: 0
```

搭建模型结构如图 13.2 所示。

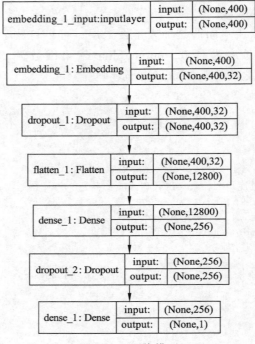

图 13.2　网络模型

开始训练，验证集划分比例设置为 0.2，训练周期设置为 10 次，单批次数据量为 100。

```
VALIDATION_SPLIT=0.2
EPOCHS=10
BATCH_SIZE=100
VERBOSE=2
# 格式化 label 字典
format_dict={1:'正面评价',0:"负面评价"}
# 定义训练方法
model.compile(loss='binary_crossentropy',optimizer='adam',metrics=['accuracy'])
# 开始训练
train_history = model.fit(x_train, y_train, batch_size=BATCH_SIZE, epochs=EPOCHS,verbose=VERBOSE, validation_split=VALIDATION_SPLIT)
```

评估模型准确度。

```
scores=model.evaluate(x_test,y_test)
print('loss=',scores[0])
```

```
print('accuracy=',scores[1])
25000/25000 [==============================] - 2s 89us/step
loss=0.9991980175465346
accuracy=0.8156
```

可视化显示预测结果。

```
import matplotlib.pyplot as plt
def show_train_history(train_history,train,validation):
    plt.plot(train_history.history[train])
    plt.plot(train_history.history[validation])
    plt.title('Train histoty')
    plt.ylabel(train)
    plt.xlabel('Epoch')
    plt.legend(['train','validation',],loc = 'upper left')
    plt.show()
show_train_history(train_history,'acc','val_acc')
show_train_history(train_history,'loss','val_loss')
```

准确率和误差率图像如图 13.3 所示。

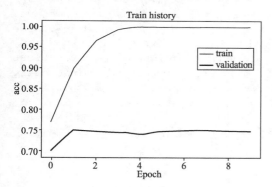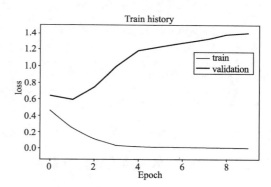

图 13.3　准确率与误差率图像

下面开始进行预测，把训练好的模型传入刚刚划分好的测试集数据进行预测。

```
predict=model.predict_classes(x_test)
```

查看测试结果前十项数据。

```
predict[:10].reshape(-1)
array([1, 1, 1, 1, 1, 1, 1, 1, 0, 1], dtype=int32)
```

将预测结果转换成一维数组。

```
predict_classes=predict.reshape(-1)
predict_classes[:10]
array([1, 1, 1, 1, 1, 1, 1, 1, 0, 1], dtype=int32)
```

创建 show_text_and_label 函数显示预测结果。

```
def show_text_and_label(i):
    print(test_text[i])
    print('label 的真实值: ', format_dict[y_test[i]],
        '   预测结果: ', format_dict[predict_classes[i]])
```

查看索引为 50 的预测结果。

```
show_text_and_label(50)
```

可见预测结果与真实结果是一样的。

```
show_text_and_label(50)
Latcho Drom, or Safe Journey, is the second film in Tony Gatlif's trilogy
of the Romany people. The film is a visual depiction and historical record of
Romany life in European and Middle Eastern countries. Even though the scenes are
mostly planned, rehearsed, and staged there is not a conventional story line and
the dialog does not explain activities from scene to scene. Instead, the film
allows the viewer to have sometimes a glimpse, sometimes a more in-depth view
of these people during different eras and in different countries, ranging from
India, Egypt, Romania, Hungary, Slovakia, France, and Spain.  The importance of
music in Romany culture is clearly expressed throughout the film. It is a vital
part of every event and an important means of communication. Everything they do
is expressed with music. Dance is another important activity. Like Romany music,
it is specialized and deeply personal, something they alone know how to do
correctly. We are provided glimpses into their everyday activities, but the film
is not a detailed study of their lives. Rather, it is a testament to their culture,
focusing on the music and dance they have created and which have made them unique.
Mr. Gatlif portrays the nomadic groups in a positive way. However, we also witness
the rejection, distrust, and alienation they receive from the non-Romany
population. It seems that the culture they have developed over countless
generations, and inspired from diverse countries, will fade into oblivion because
conventional society has no place for nomadic ways.  The other films in the trilogy
are Les Princes (1983) and Gadjo Dilo (1998).

label 的真实值:    正面评价     预测结果:   正面评价
```

13.5.2 尝试加大文字处理的规模

在 13.5.1 节时采用的是建立 1 000 个单词字典的方式，现在加大单词数量，将其改成 4 000 个单词，将文字截长补短长度改成 400。修改预处理数据集参数生成新的数据集。

```
from keras.preprocessing import sequence
from keras.preprocessing.text import Tokenizer
from imdb_simple_util import read_files
import os
import numpy as np

if not os.path.exists('./dataset/aclImdb'):
    tfile=tarfile.open('./dataset/aclImdb_v1.tar.gz','r:gz')
    result=tfile.extractall('./dataset/')
    NUM_WORDS=4000
MAXLEN=400
aclImdbpath='./dataset/aclImdb/'

# 使用读取函数传入参数 train 读取训练数据
y_train,train_text=read_files('train', aclImdbpath)

# 使用读取函数传入参数 test 读取测试数据
```

```
y_test,test_text=read_files('test', aclImdbpath)

# 建立4000个词的字典,并按照每个英文单词在影评中出现的次数排序
token=Tokenizer(num_words=NUM_WORDS)
token.fit_on_texts(train_text)

# 使用token.texts_to_sequences将训练数据与测试数据的影评文字转换成数字列表
x_train_seq=token.texts_to_sequences(train_text)
x_test_seq=token.texts_to_sequences(test_text)

### 进行截长补短操作,数字列表总长度设置为400
x_train=sequence.pad_sequences(x_train_seq,maxlen=MAXLEN)
x_test=sequence.pad_sequences(x_test_seq,maxlen=MAXLEN)
read train files: 25000
read test files: 25000
from keras.models import Sequential
from keras.layers.core import Dense,Dropout,Activation,Flatten
from keras.layers.embeddings import Embedding
```

加入嵌入层,输出维数为32,输入维数为4 000,代表之前的那4 000个单词字典,数字列表为400,加入Dropout避免过度拟合,每次迭代训练随机丢弃20%神经元。

```
# 建立模型
model=Sequential()

model.add(Embedding(output_dim=32,
                    input_dim=NUM_WORDS,
                    input_length=MAXLEN))
model.add(Dropout(0,2))
```

加入平坦层,因为数字列表每一项有400个数字,每一个数字转换成32维的向量,所以平坦层有12 800个神经元。

```
model.add(Flatten())
```

加入全连接层,记录输出层,并查看模型摘要。

```
model.add(Dense(units=256,activation='relu'))

model.add(Dropout(0.35))

model.add(Dense(units=1,activation='sigmoid'))

model.summary()
Model: "sequential_2"
_____
Layer (type)                 Output Shape              Param #
=================================================================
embedding_2 (Embedding)      (None, 100, 32)           64000
_____
dropout_3 (Dropout)          (None, 100, 32)           0
_____
flatten_2 (Flatten)          (None, 3200)              0
_____
```

```
dense_3 (Dense)                 (None, 256)              819456
_____
dropout_4 (Dropout)             (None, 256)              0
_____
dense_4 (Dense)                 (None, 1)                257
================================================================
Total params: 883,713
Trainable params: 883,713
Non-trainable params: 0
```

搭建模型结构如图 13.4 所示。

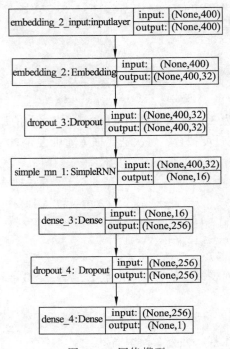

图 13.4　网络模型

开始训练，验证集划分比例设置为 0.2，训练周期设置为 10 次，单批次数据量为 100。

```
VALIDATION_SPLIT=0.2
EPOCHS=10
BATCH_SIZE=100
VERBOSE=1
format_dict={1:'正面评价',0:"负面评价"}
# 定义训练方法
model.compile(loss='binary_crossentropy',optimizer='adam',metrics=['accuracy'])
# 开始训练
train_history=model.fit(x_train, y_train, batch_size=BATCH_SIZE, epochs=EPOCHS,
verbose=VERBOSE, validation_split=VALIDATION_SPLIT)
Train on 20000 samples, validate on 5000 samples
Epoch 1/10
20000/20000 [==============================] - 34s 2ms/step - loss: 0.4736
- acc: 0.7511 - val_loss: 0.4240 - val_acc: 0.8098
```

第 13 章　自然语言处理——IMDb 网络电影数据集分析

```
.........
Epoch 9/10
20000/20000 [==============================] - 27s 1ms/step - loss:
2.7092e-04 - acc: 1.0000 - val_loss: 1.0613 - val_acc: 0.7980
Epoch 10/10
20000/20000 [==============================] - 27s 1ms/step - loss:
2.0728e-04 - acc: 1.0000 - val_loss: 1.0881 - val_acc: 0.7972
```

查看评估模型准确度。

```
scores=model.evaluate(x_test,y_test)
print('loss=',scores[0])
print('accuracy=',scores[1])
25000/25000 [==============================] - 4s 169us/step
loss=0.7162510861606896
accuracy=0.85664
```

进行预测并显示预测结果。

```
predict = model.predict_classes(x_test)

import matplotlib.pyplot as plt
def show_train_history(train_history,train,validation):
    plt.plot(train_history.history[train])
    plt.plot(train_history.history[validation])
    plt.title('Train histoty')
    plt.ylabel(train)
    plt.xlabel('Epoch')
    plt.legend(['train','validation',],loc = 'upper left')
    plt.show()

show_train_history(train_history,'acc','val_acc')
show_train_history(train_history,'loss','val_loss')
```

准确率与误差率图像如图 13.5 所示。

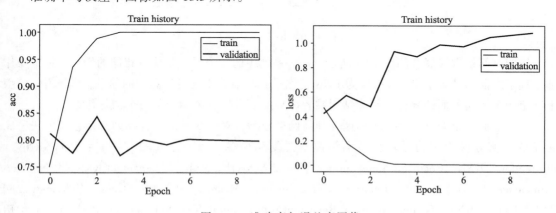

图 13.5　准确率与误差率图像

经过修改后的模型，把字典单词扩充到 4 000 和把数字长度扩充到 400 后，虽然训练时长较长，但是准确率从 0.81 提升到了 0.85。

13.5.3 使用循环神经网络模型进行模型建立和预测

本节将修改上一节定义的模型,使用循环神经网络(recurrent neural network, RNN)。循环神经网络是一种非常流行的模型,它在自然语言处理领域中最先被使用,已经被广泛用于语音识别、语义分析、情感分析、语言翻译、语言建模等领域。循环神经网络与卷积神经网络相结合的模型已用于计算机视觉问题中图像内容识别。

1. RNN 模型介绍

循环神经网络与传统的神经网络不同之处是,在层之间的神经元之间也建立了权值连接。与传统的神经网络不同,神经网络处理的是网格化数据,而循环神经网络能够处理序列数据。神经网络只能单独处理一个个输入,即前一个输入和后一个输入完全没有关系。但在处理序列数据时,前一个输入和后一个输入是有关系的,在处理语句语义分析序列中,单独理解每个词是不行的,句子的意思是需要将这些词连接起来才能理解。比如:"我看电影",在语义分析中想预测"看"在序列中的下一个词时,由于前面的"看"是一个动词,那么很显然"电影"作为名词的概率就会远大于动词的概率,因为动词后面接名词很常见,而动词后面接动词的情况较少见。

在很多文献中对 RNN 算法进行了详细介绍,这里仅对 RNN 做一个简单介绍。如图 13.6 所示,这是一个简单的循环神经网络,它由输入层、一个隐藏层和一个输出层组成,可以把 W 理解为循环层,也就是隐藏层上一次的 W 值作为这一次的输入权重。

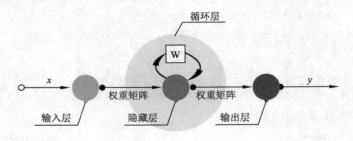

图 13.6 RNN 结构图

按照时间线方式展开如图 13.7 所示,针对系列中的每个元素都执行相同的操作,每个操作都依赖于之前的计算结果。可以认为 RNN 记忆了到当前为止已经计算过的信息,这与语言模型中给定一个语句前面的部分,就能预测或者影响接下来最有可能的下一个词是什么。

当然上面介绍的仅仅是简单的循环神经网络模型,对于复杂的语言模型来说它是无法完成建模的,实际应用中的循环神经网络模型要复杂很多,目前主要的方法有:Deep RNN、Bidirectional RNN、Recurrent Convolutional Neural Network、Multi-Dimensional RNN、Long-short term memory(LSTM)、Gated Recurrent Unit、Recurrent Memory Networks、Structurally Constrained RNN、Unitary RNN、Gated Orthogonal Recurrent Unit、Hierarchical Subsampling RNN 等,对于初学者而言,本章重点掌握长短记忆(LSTM)即可,其他方法不必做太深入的算法分析。

第 13 章 自然语言处理——IMDb 网络电影数据集分析

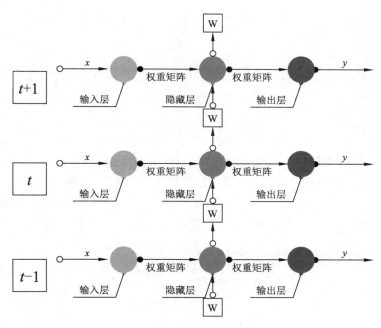

图 13.7 RNN 分解图

2. RNN 模型搭建

使用上节的数据继续作为本次的实验数据集。

```
from keras.preprocessing import sequence
from keras.preprocessing.text import Tokenizer
from imdb_simple_util import read_files
import os
import numpy as np
if not os.path.exists('./dataset/aclImdb'):
    tfile=tarfile.open('./dataset/aclImdb_v1.tar.gz','r:gz')
    result=tfile.extractall('./dataset/')
aclImdbpath='./dataset/aclImdb/'

# 使用读取函数传入参数 train 读取训练数据
y_train,train_text=read_files('train', aclImdbpath)

# 使用读取函数传入参数 test 读取测试数据
y_test,test_text=read_files('test', aclImdbpath)

# 建立 4000 个词的字典,并按照每个英文单词在影评出现的次数排序
token=Tokenizer(num_words=4000)
token.fit_on_texts(train_text)

# 使用 token.texts_to_sequences 将训练数据与测试数据的影评文字转换成数字列表
x_train_seq=token.texts_to_sequences(train_text)
x_test_seq=token.texts_to_sequences(test_text)

### 进行截长补短操作,数字列表总长度设置为 400
```

```
x_train=sequence.pad_sequences(x_train_seq,maxlen=400)
x_test=sequence.pad_sequences(x_test_seq,maxlen=400)
Using TensorFlow backend.
read train files: 25000
read test files: 25000
from keras.models import Sequential
from keras.layers.core import Dense,Dropout,Activation,Flatten
from keras.layers.embeddings import Embedding
from keras.layers.recurrent import SimpleRNN
```

加入嵌入层，输出维数为 32，输入维数为 4 000，代表之前的那 4 000 个单词字典，数字列表为 400，加入 Dropout 避免过度拟合，每次迭代训练随机丢弃 35%神经元。

```
# 建立模型
model=Sequential()

model.add(Embedding(output_dim=32,
            input_dim=4000,
            input_length=400))
model.add(Dropout(0.35))

model.add(SimpleRNN(units=16))
# 加入隐藏层
model.add(Dense(units=256,activation='relu'))
model.add(Dropout(0.35))
# 建立输出层
model.add(Dense(units=1,activation='sigmoid'))
# 查看模型摘要
model.summary()
_____
Layer (type)                 Output Shape              Param #
=================================================================
embedding_6 (Embedding)      (None, 400, 32)           128000

dropout_11 (Dropout)         (None, 400, 32)           0

simple_rnn_1 (SimpleRNN)     (None, 16)                784

dense_11 (Dense)             (None, 256)               4352

dropout_12 (Dropout)         (None, 256)               0

dense_12 (Dense)             (None, 1)                 257
=================================================================
Total params: 133,393
Trainable params: 133,393
Non-trainable params: 0
```

搭建的模型结果如图 13.8 所示。

第 13 章 自然语言处理——IMDb 网络电影数据集分析

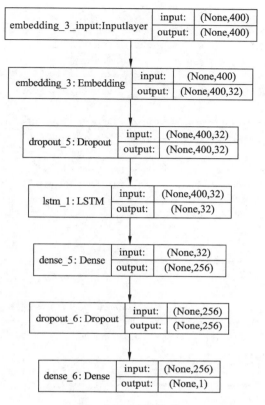

图 13.8 网络模型

开始训练，验证集划分比例设置为 0.2，训练周期设置为 10 次，单批次数据量为 100。

```
VALIDATION_SPLIT=0.2
EPOCHS=10
BATCH_SIZE=100
VERBOSE=1
format_dict={1:'正面评价',0:"负面评价"}

# 定义训练方法
model.compile(loss='binary_crossentropy',optimizer='adam',metrics=['accuracy'])
# 开始训练
train_history=model.fit(x_train, y_train, batch_size=BATCH_SIZE, epochs=EPOCHS,
verbose=VERBOSE, validation_split=VALIDATION_SPLIT)
Train on 20000 samples, validate on 5000 samples
Epoch 1/10
20000/20000 [==============================] - 65s 3ms/step - loss: 0.5016
- acc: 0.7487 - val_loss: 0.5265 - val_acc: 0.7658
Epoch 2/10
20000/20000 [==============================] - 60s 3ms/step - loss: 0.3322
- acc: 0.8646 - val_loss: 0.5412 - val_acc: 0.7652
Epoch 3/10
20000/20000 [==============================] - 61s 3ms/step - loss: 0.2743
- acc: 0.8917 - val_loss: 0.5810 - val_acc: 0.7660
```

```
    Epoch 4/10
    20000/20000 [==============================] - 60s 3ms/step - loss: 0.2420
- acc: 0.9053 - val_loss: 0.4979 - val_acc: 0.8010
    Epoch 5/10
    20000/20000 [==============================] - 60s 3ms/step - loss: 0.2199
- acc: 0.9159 - val_loss: 0.8347 - val_acc: 0.6836
    Epoch 6/10
    20000/20000 [==============================] - 60s 3ms/step - loss: 0.1971
- acc: 0.9236 - val_loss: 0.6687 - val_acc: 0.7688
    Epoch 7/10
    20000/20000 [==============================] - 61s 3ms/step - loss: 0.1661
- acc: 0.9377 - val_loss: 0.4780 - val_acc: 0.8248
    Epoch 8/10
    20000/20000 [==============================] - 61s 3ms/step - loss: 0.1677
- acc: 0.9360 - val_loss: 0.7464 - val_acc: 0.7804
    Epoch 9/10
    20000/20000 [==============================] - 63s 3ms/step - loss: 0.1170
- acc: 0.9568 - val_loss: 0.6739 - val_acc: 0.7964
    Epoch 10/10
    20000/20000 [==============================] - 62s 3ms/step - loss: 0.1065
- acc: 0.9601 - val_loss: 0.8532 - val_acc: 0.7836
    scores = model.evaluate(x_test,y_test)
    print('loss=',scores[0])
    print('accuracy=',scores[1])
    25000/25000 [==============================] - 37s 1ms/step
    loss= 0.5778125722301006
    accuracy= 0.8438
```

通过上面的输出显示结果来看，使用 RNN 模型准确率为 0.843 8，误差比较之前两次实验更低了些。

13.5.4　使用 LSTM 方法进行模型建立和预测

长短期记忆（long short term memory，LSTM）是为了解决长期以来问题而专门设计出来的，所有的 RNN 都具有一种重复神经网络模块的链式形式。在标准 RNN 中，这个重复的结构模块只有一个非常简单的结构。

之前介绍的 RNN 在训练时会有长期依赖的问题，因为 RNN 模型在训练过程中会遇到梯度消失或者梯度爆炸的问题，训练计算和反向传播时经过一定的时间，梯度会发散到无穷或收敛到零。有时侯只需要查看最近的信息来执行当前任务。例如，考虑一种语言模型，试图根据之前的单词预测下一个单词。如果试图预测"云在天空中"的最后一个词，不需要任何进一步的背景，很明显下一个词将是天空。在这种情况下，如果相关信息与所需信息之间的差距很小，则 RNN 可以学习使用过去的信息。通俗地说，长期依赖问题会使得 RNN 丢失学习能力，所以需要 LSTM 能更好地处理这些问题。

尝试搭建 LSTM 模型，使用上一节的数据继续作为本次的实验数据集。

```
from keras.preprocessing import sequence
from keras.preprocessing.text import Tokenizer
from imdb_simple_util import read_files
```

第 13 章 自然语言处理——IMDb 网络电影数据集分析

```
import os
import numpy as np
if not os.path.exists('./dataset/aclImdb'):
    tfile=tarfile.open('./dataset/aclImdb_v1.tar.gz','r:gz')
    result=tfile.extractall('./dataset/'  )
NUM_WORDS=4000
MAXLEN=400
aclImdbpath='./dataset/aclImdb/'
# 使用读取函数传入参数 train 读取训练数据
y_train,train_text=read_files('train', aclImdbpath)
# 使用读取函数传入参数 test 读取测试数据
y_test,test_text=read_files('test', aclImdbpath)
# 建立 4000 个词的字典，并按照每个英文单词在影评中出现的次数排序
token=Tokenizer(num_words=NUM_WORDS)
token.fit_on_texts(train_text)
# 使用 token.texts_to_sequences 将训练数据与测试数据的影评文字转换成数字列表
x_train_seq=token.texts_to_sequences(train_text)
x_test_seq=token.texts_to_sequences(test_text)
### 进行截长补短操作，数字列表总长度设置为 400
x_train=sequence.pad_sequences(x_train_seq,maxlen=MAXLEN)
x_test=sequence.pad_sequences(x_test_seq,maxlen=MAXLEN)
Using TensorFlow backend.
read train files: 25000
read test files: 25000
from keras.models import Sequential
from keras.layers.core import Dense,Dropout,Activation,Flatten
from keras.layers.embeddings import  Embedding
from keras.layers.recurrent import LSTM
```

加入嵌入层，输出维数为 32，输入维数为 4 000，代表之前的那 4 000 个单词字典，数字列表为 400，加入 Dropout 避免过度拟合，每次迭代训练随机丢弃 20%神经元。

```
# 建立模型
model=Sequential()
# 加入 Dropout 避免过度拟合，每次迭代训练随机丢弃 20%神经元
model.add(Embedding(output_dim=32,
            input_dim=4000,
            input_length=400))
model.add(Dropout(0.2))
model.add(LSTM(32))
model.add(Dense(units=256,activation='relu'))
model.add(Dropout(0.2))
model.add(Dense(units=1,activation='sigmoid'))
# 查看模型摘要
model.summary()
```

```
_____
Layer (type)                 Output Shape              Param #
=================================================================
embedding_2 (Embedding)      (None, 400, 32)           128000
_____
dropout_3 (Dropout)          (None, 400, 32)           0
```

lstm_2 (LSTM)	(None, 32)	8320
dense_3 (Dense)	(None, 256)	8448
dropout_4 (Dropout)	(None, 256)	0
dense_4 (Dense)	(None, 1)	257

```
=================================================================
Total params: 145,025
Trainable params: 145,025
Non-trainable params: 0
```

开始训练，验证集划分比例设置为 0.2，训练周期设置为 10 次，单批次数据量为 100。

```
VALIDATION_SPLIT=0.2
EPOCHS=10
BATCH_SIZE=100
VERBOSE=1
format_dict={1:'正面评价',0:"负面评价"}

# 定义训练方法
model.compile(loss='binary_crossentropy',optimizer='adam',metrics=['accuracy'])
# 开始训练
train_history=model.fit(x_train, y_train, batch_size=BATCH_SIZE, epochs=EPOCHS,
verbose=VERBOSE, validation_split=VALIDATION_SPLIT)

Train on 20000 samples, validate on 5000 samples
Epoch 1/10
20000/20000 [==============================] - 290s 14ms/step - loss: 0.4723
- acc: 0.7614 - val_loss: 0.5991 - val_acc: 0.7300
Epoch 2/10
20000/20000 [==============================] - 268s 13ms/step - loss: 0.2604
- acc: 0.8936 - val_loss: 0.7511 - val_acc: 0.6710
Epoch 3/10
20000/20000 [==============================] - 304s 15ms/step - loss: 0.2313
- acc: 0.9110 - val_loss: 0.4142 - val_acc: 0.8198
Epoch 4/10
20000/20000 [==============================] - 239s 12ms/step - loss: 0.1929
- acc: 0.9264 - val_loss: 0.6525 - val_acc: 0.7644
Epoch 5/10
20000/20000 [==============================] - 312s 16ms/step - loss: 0.1767
- acc: 0.9324 - val_loss: 0.4321 - val_acc: 0.8326
Epoch 6/10
20000/20000 [==============================] - 264s 13ms/step - loss: 0.1485
- acc: 0.9448 - val_loss: 0.4275 - val_acc: 0.8234
Epoch 7/10
20000/20000 [==============================] - 290s 14ms/step - loss: 0.1418
- acc: 0.9464 - val_loss: 0.4818 - val_acc: 0.8426
Epoch 8/10
20000/20000 [==============================] - 247s 12ms/step - loss: 0.1115
- acc: 0.9597 - val_loss: 0.5610 - val_acc: 0.8140
```

```
    Epoch 9/10
    20000/20000 [==============================] - 243s 12ms/step - loss: 0.1135
- acc: 0.9584 - val_loss: 0.6222 - val_acc: 0.8334
    Epoch 10/10
    20000/20000 [==============================] - 338s 17ms/step - loss: 0.1037
- acc: 0.9622 - val_loss: 0.6642 - val_acc: 0.8306
```

训练时间相对较长，建议使用 GPU 进行训练可节约时间，完成模型的训练后对模型进行评估。

```
scores=model.evaluate(x_test,y_test)
print('loss=',scores[0])
print('accuracy=',scores[1])
25000/25000 [==============================] - 105s 4ms/step
loss= 0.495558518127203
accuracy= 0.8608
```

与 RNN 模型 0.8438 准确率相比较，LSTM 准确率达到了 0.860 8，执行下面语句保存该模型。

```
model.save_weights('model.h5')
```

13.6 随机预测影评

将模型训练好之后，开始准备进行自由影评测试，首先打开 IMDb 官网，选择自己喜欢的电影进行预测。这里选择《美丽心灵》和《复仇者联盟 4：终局之战》中的影评（见图 13.9）进行预测。

- 《复仇者联盟 4：终局之战》影评网址为 https://www.imdb.com/title/tt4154796/reviews。
- 《美丽心灵》影评网址为 https://www.imdb.com/title/tt0268978/reviews。

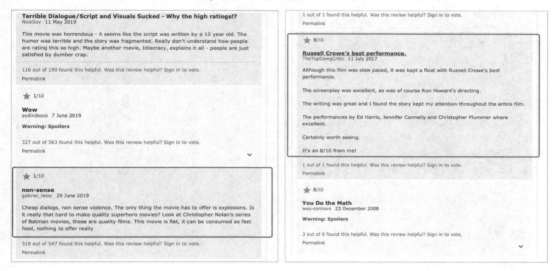

图 13.9 影评记录

这里分别从两部影片的影评中选择两条评价作为测试数据，选择的《复仇者联盟 4：终局之战》的一条影评记录的评价比较负面。

```
text_1='''Cheap dialogs, non sense violence. The only thing the movie has to
```

```
offer is explosions.  Is it really that hard to make quality superhero movies?  Look
at Christopher Nolan's series of Batman movies,  those are quality films. This movie
is flat, it can be consumed as fast food,  nothing to offer really. '''
```

选择的《美丽心灵》的一条影评比较正面。尝试建立预测:

```
text_2='''Although this film was slow paced, it was kept a float with Russell
Crowe's best performance.
The screenplay was excellent, as was of course Ron Howard's directing.The
writing was great and I found the story kept my attention throughout the entire
film.The performances by Ed Harris, Jennifer Connelly and Christopher Plummer
where excellent.Certainly worth seeing. '''
# 建立将文字转换成预测预处理的函数
def text2data(text, maxlen=400):
# 将影片文字转换成数字列表
    text_seq=token.texts_to_sequences([text])
    # 查看数字列表
    print('seq:', text_seq[0])
    # 查看长度
    print('len:', len(text_seq[0]))
    # 截长补短操作
    pad_input_seq=sequence.pad_sequences(text_seq,maxlen=maxlen)
    return pad_input_seq
# 转换《复仇者联盟4:终极之战》的影评
text_1_data=text2data(text_1)
seq: [701, 3242, 696, 277, 563, 1, 60, 150, 1, 16, 44, 5, 1465, 6, 3977, 6,
8, 62, 11, 250, 5, 93, 485, 3787, 98, 164, 29, 1363, 197, 4, 1353, 98, 144, 22,
485, 104, 10, 16, 6, 1031, 8, 66, 26, 13, 698, 1646, 160, 5, 1465, 62]
len: 50
# 转换《美丽心灵》的影评
text_2_data=text2data(text_2)
seq: [258, 10, 18, 12, 546, 1781, 8, 12, 825, 3, 15, 2609, 114, 235, 1, 877,
12, 317, 13, 12, 4, 260, 2708, 936, 1, 483, 12, 83, 2, 9, 254, 1, 61, 825, 57, 687,
465, 1, 432, 18, 1, 350, 30, 1660, 2161, 2097, 2, 1363, 116, 317, 430, 286, 315]
len: 53
# 读取模型
from keras.models import load_model
model=load_model('model.h5')
# 合并两条数据
concat=np.concatenate([text_1_data, text_2_data], axis=0)
# 预测
res=model.predict_classes(concat)
res
array([[0],
       [1]], dtype=int32)
format_dict[res[0][0]], format_dict[res[1][0]]
('负面评价', '正面评价')
```

可以看到,评价的结果符合实验的预期,读者可以使用更多的影评进行尝试,检查预测结果。

第13章 自然语言处理——IMDb网络电影数据集分析

小　　结

本章介绍了Keras对自然语言处理过程，并使用循环神经网络模型进行模型建立和预测，最后介绍了利用LSTM方法解决RNN模型在训练过程中会遇到梯度消失或者梯度爆炸的问题。有兴趣的读者可以继续深入了解，例如翻译算法和中文的情感分析该如何实现等。

第 14 章 人脸检测器的使用

本章内容
- DataFrame 分析数据和数据预处理
- 使用 Haar 分类器进行人脸检测
- 使用 MTCNN 人脸检测

人脸检测一直是机器学习中一个非常经典的话题。在深度学习还未得到广泛研究之前，人脸检测最为经典的方法是 Haar 特征+AdaBoost 分类器，很多人认为采用 AdaBoost 分类器的方式已经是人脸检测问题的最佳解决方案，但是经过实际测试发现，AdaBoost 分类器仍然存在误检和漏检的情况，例如逆光、人脸佩戴物遮挡、侧脸和黑种人等问题。在深度学习开始得到广泛研究后，不断地在图像上取得突破，尤其在人脸方向方面，人脸检测和人脸识别（见图 14.1）的精度在不断上升。

图 14.1　人脸识别

14.1　准备工作

在指定的磁盘路径创建存放当前项目的目录，Linux 或 macOS 可使用 mkdir 命令创建文件夹目录，Windows 直接使用图形化界面右键新建文件夹。例如，存放项目的目录名为 project10，并创建 dataset 和 models 文件：

```
(dlwork) jingyudeMacBook-Pro:~ jingyuyan$ mkdir project10
(dlwork) jingyudeMacBook-Pro:~ jingyuyan$ cd project10
(dlwork) jingyudeMacBook-Pro:project10 jingyuyan$ mkdir dataset
(dlwork) jingyudeMacBook-Pro:project10 jingyuyan$ mkdir models
(dlwork) jingyudeMacBook-Pro:project10 jingyuyan$ jupyter notebook
```

经过一系列操作后会得到如下文件夹结构。

```
project10/
├──demo10.ipynb
├──models/
└──dataset/
```

14.2 测试数据集

本章数据集是由笔者自行收集整理的 person1000 数据集，其中包含图片 1 000 张，每张图片包含一张或一张以上的人脸。另外，还有一个 imgs 文件夹存放着几张本次实验需要测试的图片文件。

14.2.1 数据下载与安放

这些数据可在本书的网盘资源中进行下载，下载后将 person1000 和 imgs 放入 dataset 文件夹中，得到如下目录。

```
project10/
├──demo10.ipynb
├──models/
└──dataset/
    ├──imgs/
    │   ├──00.jpg
    │   ├──01.jpg
    │   └── ...
    └──person1000/
        ├──00.png
        ├──01.png
        └── ...
```

14.2.2 数据的读取和可视化

定义 readimagesrandom 函数，输入文件夹地址进行批量预测，默认提取出 30 张样本，最后返回检测结果的一组图片。图片采用 opencv(cv2) 读取，可以将图片直接以 Numpy 的多维数组形式存储。

```
import cv2
import os
import matplotlib.pyplot as plt
```

```
import random
import numpy as np
def read_images_random(dir_path, num=30):
    imgs=[]
    all_images=[]
    for parent, dirnames, filenames in os.walk(dir_path):
        imgs=filenames
    # 随机不重复地挑选 num 张照片
    test_files_name=random.sample(range(0, len(imgs) - 1), num )
    test_img=[imgs[index] for index in test_files_name]
    for test_file in test_img:
        path=os.path.join(dir_path, test_file)
        taget=cv2.imread(path)
        all_images.append(taget)
    return all_images
```

利用 matplotlib 绘制一组图片，默认 30 张为一组。由于 OpenCV 的颜色通道顺序为 BGR，而 matplotlib 的通道顺序为 RGB，所以需要将 BGR 转换为 RGB 进行输出。

```
def rbg2bgr(img):
    try:
        b, g, r=cv2.split(img)
        out=cv2.merge([r, g, b])
    except BaseException:
        return img
    return out
def show_images(images, num=30):
    fig=plt.gcf()
    fig.set_size_inches(12, 14)
    if (num>len(images)):
        num=len(images)
    for i in range(0, num):
        target=images[i]
        # 利用 rbg2bgr 进行通道转换
        out=rbg2bgr(target)
        ax=plt.subplot(5, 6, 1+i)
        ax.imshow(out)
        title=str(i+1)
        ax.set_title(title, fontsize=10)
        ax.set_xticks([])
        ax.set_yticks([])
    plt.show()
```

在 ipython 下使用 matplotlib 显示图片比较直观，舍弃 cv2.imshow() 函数。由于 OpenCV 输出图片的顺序是 BGR，可以自行编写一个转换函数，读者也可以用其他函数库进行转换。

```
def imshow(img, size=(7, 7)):
    plt.figure(figsize=size)
    if len(img.shape)==3:
```

```
        img2=img[:,:,::-1]
        plt.imshow(img2)
    elif len(img.shape)==2:
        img2=img[:,:]
        plt.imshow(img2, cmap='gray')
    else:
        print('error')
```

设定好数据集的地址。

```
# 获取项目根目录
ROOT=os.getcwd()
# 获取数据集目录
DATASET_PATH=os.path.join(ROOT, 'dataset')
# 获取图片数据集目录
IMGS_PATH=os.path.join(DATASET_PATH, 'imgs')
# 获取person1000数据集目录
PERSON1000_PATH=os.path.join(DATASET_PATH, 'person1000')
```

利用定义好的读取函数和可视化函数进行测试，先读取 person1000 数据集中的随机 30 项数据，查看数据集（见图 14.2）。

```
imgs=read_images_random(PERSON1000_PATH)
show_images(imgs)
```

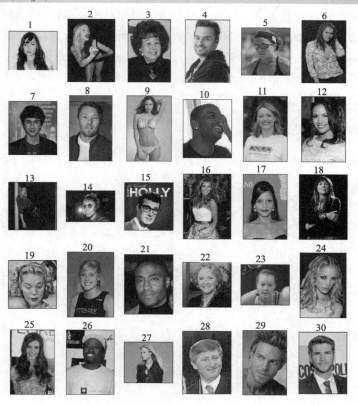

图 14.2　person1000 数据集中的随机 30 项数据

使用单个显示函数显示一个图片（见图 14.3）。

```
imshow(imgs[11])
```

图 14.3　imgs[11]

14.3　使用 haar 分类器进行人脸检测

使用基于 Haar 特征的级联分类器的对象检测是 Paul Viola 和 Michael Jones 在 2001 年发表的文章《使用简单特征的增强级联的快速对象检测》中提出的一种有效的对象检测方法。它是基于机器学习的方法，其中级联功能是从许多正面和负面图像进行训练，然后用它检测其他图像中的对象。OpenCV 已经包含许多用于面部、眼睛、笑脸等的预先分类器。这些 XML 文件存储在 https://github.com/opencv/opencv/tree/master/data/haarcascades 中，读者可以自行下载，当然，也可通过本书提供的网盘资源下载并提取文件。

14.3.1　安放 Haar 模型文件

将下载好的 haarcascades 文件夹放入项目的 models 目录下，会得到如下所示文件夹结构：

```
project10/
├──demo10.ipynb
├──models/
│   └──haarcascades/  <-------------haarcascades 放在这里
│       ├──haarcascade_eye.xml
│       ├──haarcascade_frontalcatface_extended.xml
│       ├──haarcascade_frontalface_alt_tree.xml
│       ├──haarcascade_frontalface_alt.xml
│       ├──haarcascade_frontalface_alt2.xml
│       └── ...
└──dataset/
    ├──imgs/
    │   ├──00.jpg
    │   ├──01.jpg
    │   └── ...
```

```
└──person1000/
    ├──00.png
    ├──01.png
    └  ...
```

14.3.2 使用 haarcascade 进行人脸检测实验

本节实验需要使用到 GitHub 网站下载的 haarcascadefrontalfacealt2.xml 文件。该文件是一个人脸检测器模型，速度比较快，并且使用方法相对简单方便。下面分别构建 haarcascade_frontalface_alt2 文件夹目录、haarcascades 目录，以及 models 文件夹目录。

```
MODELS_PATH=os.path.join(ROOT, 'models')
HARRCASCADES_PATH=os.path.join(MODELS_PATH, 'haarcascades')
FRONTAFACE_ALT2_WEIGHT_PATH=os.path.join(HARRCASCADES_PATH,
'haarcascade_frontalface_alt2.xml')
```

使用 cv2.CascadeClassifier 加载 haar 级联分类器。

```
facesDetector=cv2.CascadeClassifier(FRONTAFACE_ALT2_WEIGHT_PATH)
```

进行单张人脸检测（见图 14.4）。准备一张图片进行测试，首次可挑选 imgs 文件夹下的 00.jpg 文件进行测试。

```
test_img=cv2.imread(os.path.join(IMGS_PATH, '00.jpg'))
```

图 14.4　单张检测

可视化图像 test_img，并输出其 shape。

```
imshow(test_img), test_img.shape
(None, (479, 400, 3))
```

将 test_img 转换成灰度图像（见图 14.5），因为检测器使用单通道图像可以加快检测速度。转换完毕可视化结果，并输出其 shape。

```
test_img_gray=cv2.cvtColor(test_img, cv2.COLOR_BGR2GRAY)
imshow(test_img_gray), test_img_gray.shape
(None, (479, 400))
```

图 14.5 灰度图像

使用 OpenCV 中的 detectMultiScale 函数，可以检测图片中所有的人脸，并返回各个人脸矩形的坐标和长宽位置。detectMultiScale 的常用参数如下：

- image：输入一张图片。
- scaleFactor：扫码窗口扩大比例，如默认为 1.1，扩展比例以次为 10%。
- minNeighbors：表示相邻目标下，两个矩形框最小距离，如果小于这个最小距离，那么将会被排除。
- minSize、maxSize：通常用来限制目标最大和最小的范围。

检测过程中，可以计算出检测时长。

```
import time
current_time=time.time()

# 检测test_img_gray对象
faces=facesDetector.detectMultiScale(test_img_gray, 1.3, 5)

# 计算检测用时
use_time=time.time() - current_time
```

打印输出检测结果 faces。

```
print("检测到的人脸数量: ", len(faces))
print("检测结果的形状: ",faces.shape)
print("人脸矩形框: ", faces)
print("检测用时: ", str(round(use_time, 5))+'秒')

检测到的人脸数量: 1
检测结果的形状: (1, 4)
人脸矩形框: [[124  82 188 188]]
检测用时: 0.09075秒
```

可以发现，模型检测到一张人脸，并返回一组矩形框，如何判断检测是否正确？可以将检测到的人脸框在图片上绘制出来，查看结果。(x1, y1)和(x2, y2)分别表示人脸框对角两个点，第二点需要通过第一个点加上延伸的宽度 w 和高度 h 进行相加得出。

```
# 矩形框四个属性分别对应起始点 x、起始点 y、延伸宽度 w 和延伸高度 h
```

```
x1, y1 , w, h=faces[0]
x2=x1+w
y2=y1+h
```

将矩形框绘制到原图的复制品上,输入两个坐标的参数,两对坐标分别是矩形两个对角的点,绘制一个像素值为(B:200, G:200, R:0)、宽度为 3 像素的边框。

```
# 复制一张原图进行绘制
test_img_draw = test_img.copy()
# 使用 cv2.rectangle 进行绘制矩形框
cv2.rectangle(test_img_draw, (x1, y1), (x2, y2), (200, 200,0), 3)
# 可视化结果,见图 14.6
imshow(test_img_draw)
```

图 14.6　人脸位置检测

一张人脸图片的检查速度比较快,用时仅 0.05646 s,且也能找对正确的人脸位置。

14.3.3　多张人脸检测实验

笔者在 imgs 中准备了多张图片,其中人脸数量由少到多,尝试从人数较少的人像图片开始测试。先读取、处理和显示 01.jpg 图片(见图 14.7)。

```
test_img_muli=cv2.imread(os.path.join(IMGS_PATH, '01.jpg'))
imshow(test_img_muli)
```

图 14.7　人像图片

发现 01.jpg 图中有四个帅气的男生,尝试能否将几位的脸都检测出来。

```
# 灰度化,见图14.8
test_img_muli_gray=cv2.cvtColor(test_img_muli, cv2.COLOR_BGR2GRAY)
imshow(test_img_muli_gray)
```

图 14.8 灰度化人像图片

开始检测图片。

```
current_time=time.time()
# 检测 test_img_gray 对象
faces=facesDetector.detectMultiScale(test_img_muli_gray, 1.3, 3)
# 计算检测用时
use_time=time.time()-current_time
```

查看输出检测结果。

```
print("检测到的人脸数量: ", len(faces))
print("检测结果的形状: ",faces.shape)
print("人脸矩形框: ", faces)
print("检测用时: ", str(round(use_time, 5))+'秒')
检测到的人脸数量:  3
检测结果的形状:  (3, 4)
人脸矩形框:  [[123  83 114 114]
 [434 176 132 132]
 [162 311 129 129]]
检测用时:  0.07301 秒
```

检测结果显示,检测到了 3 个人脸,尝试绘制出所有的人脸框位置。

```
test_img_muli_draw=test_img_muli.copy()
for (x1, y1, w, h) in faces:
    x2=x1+w
    y2=y1+h
    cv2.rectangle(test_img_muli_draw, (x1, y1), (x2, y2), (200, 200,0), 3)
imshow(test_img_muli_draw)
```

由图 14.9 可以发现，漏了一个人的脸，是这么回事呢？尝试调整已经输入的参数，重新进行检测，如设置 minSize 为 3，尝试是否能成功检测到漏检的人脸。

图 14.9　人脸检测

```
current_time=time.time()
# 检测test_img_gray对象
faces=facesDetector.detectMultiScale(test_img_muli_gray, 1.3, 2)
# 计算检测用时
use_time=time.time()-current_time

print("检测到的人脸数量: ", len(faces))
print("检测结果的形状: ",faces.shape)
print("人脸矩形框: ", faces)
print("检测用时: ", str(round(use_time, 5))+'秒')

test_img_muli_draw = test_img_muli.copy()
for (x1, y1, w, h) in faces:
    x2=x1+w
    y2=y1+h
    cv2.rectangle(test_img_muli_draw, (x1, y1), (x2, y2), (200, 200,0), 3)
imshow(test_img_muli_draw)
检测到的人脸数量:  4
检测结果的形状:  (4, 4)
人脸矩形框:  [[325  50  97  97]
 [123  83 114 114]
 [434 176 132 132]
 [162 311 129 129]]
检测用时:  0.10057 秒
```

由图 14.10 可以发现，检测出了 4 个人脸，之前未检测到的那位人脸头部稍微侧头，偏移了一些角度，检测器框出的部分不太准确，所以可以发现该检测器虽然速度快，但是只能应对一些头部姿态较为正的人脸。构建一个检测加绘制函数 facesdetectioncv2，接下去的测试会比较方便。

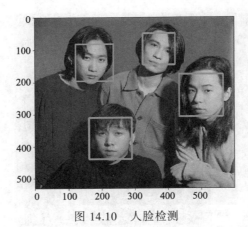

图 14.10　人脸检测

```python
def faces_detection_cv2(facesDetector, target, scaleFactor=1.3, minSize=3, showSize=(12,12)):
    
    # 图片灰度化
    target_gray=cv2.cvtColor(target, cv2.COLOR_BGR2GRAY)
    
    # 记录当前时间
    current_time=time.time()
    
    # 检测 test_img_gray 对象
    faces=facesDetector.detectMultiScale(target_gray,scaleFactor,minSize)
    
    # 计算检测用时
    use_time=time.time()-current_time
    
    # 复制一张原图用于绘制
    target_draw=target.copy()
    if(len(faces)!=0):
        
        print("检测到的人脸数量: ", len(faces))
        print("检测结果的形状: ",faces.shape)
        print("人脸矩形框: ", faces)
        print("检测用时: ", str(round(use_time, 5))+'秒')
        
        for(x1, y1, w, h) in faces:
            x2=x1+w
            y2=y1+h
            cv2.rectangle(target_draw, (x1, y1), (x2, y2), (200, 200,0), 2)
    else:
        print("未检测到人脸")
    
    imshow(target_draw, size=showSize)
```

继续对下一张人脸较多的 02.jpg 图片（见图 14.11）进行检测，查看效果如何。

```python
test_img_muli_2=cv2.imread(os.path.join(IMGS_PATH, '02.jpg'))
imshow(test_img_muli_2, size=(12, 12))
```

第 14 章 人脸检测器的使用

图 14.11 较多人数检测

直接使用 facesdetectioncv2 检测图片中的人脸。

```
faces_detection_cv2(facesDetector,test_img_muli_2,scaleFactor=1.1,minSize=1)
检测到的人脸数量： 8
检测结果的形状： (8, 4)
人脸矩形框： [[302 203  28  28]
 [224 207  32  32]
 [401 216  28  28]
 [488 218  28  28]
 [263 326  32  32]
 [151 319  38  38]
 [545 322  37  37]
 [438 321  39  39]]
检测用时： 0.21675 秒
```

由图 14.12 可以发现，本次检测漏检了一个人，图上可以发现，此人捂嘴后便不容易被检测器检测出来。继续尝试场景较为复杂的 05.jpg 图片（见图 14.13），查看效果如何。

图 14.12 人脸识别

```
test_img_muli_3=cv2.imread(os.path.join(IMGS_PATH, '05.jpg'))
imshow(test_img_muli_3, size=(12, 12))
```

图 14.13 复杂环境检测

```
faces_detection_cv2(facesDetector,test_img_muli_3,showSize=(13,13),minSize=1,
scaleFactor=1.2)
    检测到的人脸数量： 16
    检测结果的形状： (16, 4)
    人脸矩形框： [[738 318  26  26]
     [578 332  27  27]
     [842 322  31  31]
     [644 375  28  28]
     [763 378  40  40]
     [851 378  22  22]
     [707 358  36  36]
     [883 357  39  39]
     [242 375  49  49]
     [313 382  48  48]
     [390 403  46  46]
     [822 432  41  41]
     [470 408  44  44]
     [198 410  55  55]
     [681 437  52  52]
     [767 552  61  61]]
    检测用时： 0.28707 秒
```

由图 14.14 可以发现，模型在检测人数非常多的场景中，仅检测出 16 个人脸。

图 14.14　人脸识别

14.3.4　使用 haarcascades 存在的问题和局限性

在检测 05.jpg 的实验中，得到了比较差的结果，仅仅输出少部分人脸。下面对被检测到的人脸进行剪切并分析，为什么这些人脸能被检测出来，他们和其他未被检测到的人脸有何不同。

```
# 读取和显示图片
test_img_muli_3=cv2.imread(os.path.join(IMGS_PATH,'05.jpg'))
faces_detection_cv2(facesDetector,test_img_muli_3,showSize=(13, 13), minSize=1, scaleFactor=1.2)
检测到的人脸数量： 16
检测结果的形状： (16, 4)
人脸矩形框： [[738 318  26  26]
 [842 322  31  31]
 [578 332  27  27]
 [851 378  22  22]
 [644 375  28  28]
 [707 358  36  36]
 [313 382  48  48]
 [198 410  55  55]
 [822 432  41  41]
 [681 437  52  52]
 [767 552  61  61]]
检测用时： 0.41683 秒
```

创建 cropfacesimgs 列表，收集以多维数组切片的形式剪切出人脸框的像素区域，利用前面定义的 show_images 函数显示出已切出的人脸。

```
# 检测人脸，剪切并收集检测到的人脸集合
test_img_muli_3_gray=cv2.cvtColor(test_img_muli_3, cv2.COLOR_BGR2GRAY)

# 传递与检测函数一样的参数
```

```
faces = facesDetector.detectMultiScale(test_img_muli_3_gray, 1.2,1)

crop_faces_imgs = []
for (x1, y1, w, h) in faces:
    x2 = x1 + w
    y2 = y1 + h
    # 以多维数组切片的形式剪切出人脸框的像素区域
    crop_faces_imgs.append(test_img_muli_3[int(y1):int(y2),
int(x1):int(x2)])
    show_images(crop_faces_imgs)
```

由图 14.15 可以发现，被检测出的人脸，都是头部姿态相对比较正，没有过多的偏移并且也没有过多的遮挡。

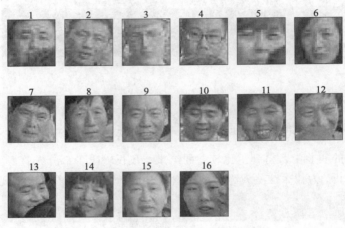

图 14.15　已识别的人脸集合

下面读取 04.jpg 图片（见图 14.16）尝试光照环境测试。

```
# 读取和显示图片
test_img_muli_4=cv2.imread(os.path.join(IMGS_PATH, '04.jpg'))
faces_detection_cv2(facesDetector, test_img_muli_4, showSize=(5, 5),minSize=1)
未检测到人脸
```

图 14.16　背光照片

第 14 章 人脸检测器的使用

由图 14.16 可以发现，图中是一张比较昏暗的背光人像，检测器并没有检测出任何人脸。将图片的亮度和对比度进行调整（见图 14.17）。定义 set_contrast 函数，用于调整图片的亮度和对比度。

```
def set_contrast(c, b):
    rows, cols, chunnel=test_img_muli_4.shape
    blank=np.zeros([rows, cols, chunnel], test_img_muli_4.dtype)
    dst=cv2.addWeighted(test_img_muli_4, c, blank, 1-c, b)
    return dst
test_img_muli_4_fix=set_contrast(5, 12)
imshow(test_img_muli_4_fix, size=(6, 6))
```

图 14.17　调整后的照片

将修复后的图片再次进行预测，可以很轻易发现图片的中人脸（见图 14.18）。

```
faces_detection_cv2(facesDetector, test_img_muli_4_fix, showSize=(6, 6))
检测到的人脸数量： 1
检测结果的形状： (1, 4)
人脸矩形框： [[ 74 108  83  83]]
检测用时： 0.02614 秒
```

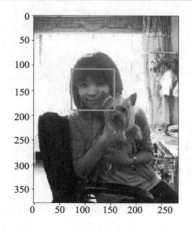

图 14.18　调整后图片的预测

通过上面的实验可以发现，在比较极端的光照环境下，也会影响到检测器的判断。所以，使用 OpenCV 的 haarcascades 进行人脸检测虽然速度相对比较快，使用方便，但是却在人脸头部姿态和一些复杂环境下（如背光、遮挡等）有比较不稳定的效果。

14.4 使用 MTCNN 进行人脸检测

MTCNN（Multi-task Cascaded Convolutional Networks）出自 *Joint Face Detection and Alignment using Multi-task Cascaded Convolutional Networks* 这篇论文，有效地解决了目标检测中人脸检测算法存在的一些性能功耗上的问题。

14.4.1 MTCNN 简单介绍

提出 MTCNN 的论文中心思想是，提出多任务级联卷积的方式，主要包括 PRO 三个子网络——P-Net、R-Net、O-Net，三个 stage 采用由浅到深的方式对图像进行处理。可以将 PRO 三个子网络理解为由低到高的三个网络。先由 P-Net 大致做分类，再由精度更高的 R-Net 做人脸选择框的定位，再由精度更加细致的 O-Net 做人脸关键点位置的回归。MTCNN 输出层中，分别对应人脸分类（face classification）、候选框（bounding box regression）、人脸关键点（facial landmark localization）三个类别，如图 14.19 所示，人脸分类是一个二分类，人脸候选框则输出矩形对角的两个坐标，输出 4 个数分别对应两组坐标：(x0,y0)和(x1,y1)，而人脸关键点的输出分别对应着眼、鼻、嘴角共五个关键点，输出 10 个数对应 5 组坐标。

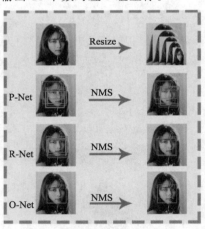

图 14.19 关键点的输出

14.4.2 MTCNN 人脸检测器下载与安装

读者可通过本书提供的网盘资源下载 mtcnnplug 文件夹。下载好文件夹后，将文件夹放置在项目根目录的 models 目录下。目录结构如下所示：

```
project10/
├──demo10.ipynb
├──models/
```

```
│       ├─mtcnn.mlz          <------------mtcnn.mlz 存放目录
│       └─haarcascades/
│           ├─haarcascade_eye.xml
│           ├─haarcascade_frontalcatface_extended.xml
│           ├─haarcascade_frontalface_alt_tree.xml
│           ├─haarcascade_frontalface_alt.xml
│           ├─haarcascade_frontalface_alt2.xml
│           └─...
├─mtcnnplug/     <------------mtcnnplug 存放目录
│       ├─__init__.py
│       ├─native.py
│       └─core/
│           ├─libface_python_ext.dll
│           └─libface_python_ext.so
└─dataset/
        ├─imgs/
        │   ├─00.jpg
        │   ├─01.jpg
        │   └─...
        └─person1000/
            ├─00.png
            ├─01.png
            └─...
```

安放完毕后即可使用 MTCNN 的人脸检测器进行预测。

14.4.3　使用 MTCNN 人脸检测器进行实验

使用 MTCNN 检测，首先从多张人脸的实验开始。需要注意的是，文件夹中有两个动态链接库 libfacepythonext.dll 和 libfacepythonext.so，其中 libfacepythonext.dll 适用于 Windows 用户使用，而 libfacepythonext.so 适用于 Linux 用户或 macOS 用户使用，读者可根据自己的操作系统自行选择所需使用的动态链接库。

```
# 构建mtcnnplug 目录
MTCNN_PLUG_PATH=os.path.join(ROOT, 'mtcnnplug')
# 构建mtcnn 中的core 目录
MTCNN_CORE_PATH=os.path.join(MTCNN_PLUG_PATH, 'core')
# 构建mtcnn 中的model 路径
MTCNN_MODEL=os.path.join(MODELS_PATH, 'mtcnn.mlz')
# 构建core 目录下的动态链接库路径，根据系统选择不一样的动态链接库
MTCNN_LIBFACE=os.path.join(MTCNN_CORE_PATH, 'libface_python_ext.so')
#Windows 用户使用 libfacepythonext.dll 动态链接库
# MTCNN_LIBFACE = os.path.join(MTCNN_CORE_PATH, 'libface_python_ext.dll')
```

构建目录地址和文件路径地址完成后，尝试读取和载入 MTCNN 人脸检测器模型。

```
from mtcnnplug.native import MtcnnFaceDetector
```

传入参数，构造一个 MTCNN 人脸检测器对象。

```
mtcnnFaceDetector=MtcnnFaceDetector(MTCNN_LIBFACE, MTCNN_MODEL)
```

14.4.4 多张人脸进行预测

直接使用 MTCNN 人脸检测器尝试多个人脸的检测，依旧使用文件夹中的 02.jpg 文件（见图 14.20）进行测试。

```
test_img_muli_2=cv2.imread(os.path.join(IMGS_PATH, '02.jpg'))
imshow(test_img_muli_2, size=(12, 12))
```

图 14.20　多人测试

利用前面构造好的检测器对 testimgmuli_2 进行检测，使用 simpleDetection 简单地识别一张图片，返回最小人脸尺寸为 10，同时计算检测用时 use_time。值得注意的是，这次不需要将图像进行灰度处理。

```
current_time=time.time()
bboxes=mtcnnFaceDetector.simpleDetection(test_img_muli_2, minSizeImage=10)
use_time=time.time()-current_time
print("检测到的人脸数量：", len(bboxes))
print("检测结果的形状：", bboxes.shape)
print("检测用时：", str(round(use_time, 5))+'秒')
检测到的人脸数量： 9
检测结果的形状： (9, 15)
检测用时： 0.41989 秒
```

可以发现，使用 mtcnn 返回结果的形状与之前的 haarcascades 检测结果不一样。将其中第一个形状输出。

```
bboxes[0], bboxes[0].shape
(array([  1.      , 404.      , 217.      , 427.      , 244.      , 410.0276 ,
        228.12885, 420.4683 , 227.67918, 414.61334, 232.27853, 410.79736,
        238.83467, 419.70242, 238.54521], dtype=float32), (15,))
```

可以发现，输出的结果是 15 个浮点数，其中索引为 0 的第一个数为检测结果的置信度，通常会设置一个阈值（threshold）对该数值进行一个约束，通俗地讲，通过该数可以判断检测器对这项结果是否是一个人脸的自我评分，而阈值便是给定的评分标准，阈值在 0～1 浮动。而索引 1~4 这个 4 个数分别代表矩形框的(x1, y1)和(x2, y2)两个坐标点。剩下的 5~15 这 10 个数分别代表 mtcnn 的 5 个关键点位置的 x 和 y 坐标数。使用可视化函数，将其结果绘制出来。

```
test_img_muli_2_draw=test_img_muli_2.copy()
# 绘制
for bbox in bboxes:
    x1, y1, x2, y2=bbox[1:5]
    # 绘制人脸矩形框，见图 14.21
    cv2.rectangle(test_img_muli_2_draw, (x1, y1), (x2, y2), (200,200,0), 2)
    # 绘制人脸五个关键点
    for i in range(5,15,2):
        cv2.circle(test_img_muli_2_draw, (int(bbox[i+0]), int(bbox[i+1])), 2, (200,200,0))
imshow(test_img_muli_2_draw, size=(12,12))
```

图 14.21　识别人脸

由图 14.21 可以看见，检测器将图片中 9 个人的人脸位置均检测出来，并将所有人脸的位置和关键点准确标定好了,用时也不过 1 s。将本次实验所使用的函数构造成 facesdetectionmtcnn 函数，方便下面的实验运行。

```
def faces_detection_mtcnn(mtcnnFaceDetector, target, minSize=10, bdsize=2):
    
    # 记录当前时间
    current_time=time.time()
    
    # 检测 test_img_gray 对象
    bboxes=mtcnnFaceDetector.simpleDetection(target, minSizeImage=10)
    
    # 计算检测用时
    use_time=time.time()-current_time
    
    # 复制一张原图用于绘制
    target_draw=target.copy()
```

```
        if (len(bboxes)!=0):
            print("检测到的人脸数量: ", len(bboxes))
            print("检测结果的形状: ",bboxes.shape)
            print("检测用时: ", str(round(use_time, 5))+'秒')


            # 绘制
            for bbox in bboxes:
                x1, y1, x2, y2 = bbox[1:5]
                # 绘制人脸矩形框
                cv2.rectangle(target_draw,(x1,y1),(x2,y2),(200, 200,0),bdsize)
                # 绘制人脸五个关键点
                for i in range(5, 15, 2):
                    cv2.circle(target_draw, (int(bbox[i + 0]), int(bbox[i + 1])),
bdsize, (200, 200,0), -1)
        else:
            print("未检测到人脸")

        return target_draw
```

14.4.5 复杂场景检测

使用上节使用过的 05.jpg 文件（见图 14.22），对相对复杂的场景进行人脸检测。

```
test_img_muli_3=cv2.imread(os.path.join(IMGS_PATH, '05.jpg'))
imshow(test_img_muli_3, size=(12, 12))
```

图 14.22 复杂场景

使用 mtcnn 对 testimgmuli_3 进行预测，并显示结果。

```
res_3=faces_detection_mtcnn(mtcnnFaceDetector, test_img_muli_3)
imshow(res_3, size=(12, 12))
检测到的人脸数量:    65
```

```
检测结果的形状: (65, 15)
检测用时: 1.33573 秒
```

从图 14.23 可以看到，用时约 1.3 s，共检测出人脸 65 张，相比之前的 haarcascades 人脸检测器的结果要好很多，在复杂环境下的大转角头部姿态的人脸提取效果也有了明显提升。

图 14.23 人脸识别

14.4.6 昏暗场景检测

继续使用背光较为昏暗的 04.jpg 图片（见图 14.24）进行测试，此次在不对照片进行任何效果增强手段的情况下（如曝光调整、对比度和亮度调整等），使用 MTCNN 人脸检测器进行检测。

```
# 读取和显示图片
test_img_muli_4=cv2.imread(os.path.join(IMGS_PATH, '04.jpg'))
imshow(test_img_muli_4)
```

使用 MTCNN 进行检测。

```
res_4=faces_detection_mtcnn(mtcnnFaceDetector, test_img_muli_4)
imshow(res_4, size=(9, 9))
检测到的人脸数量: 1
检测结果的形状: (1, 15)
检测用时: 0.10095 秒
```

由图 14.25 可以发现，使用 MTCNN 耗时约 0.1 s 便可在昏暗的环境下检测出人脸的位置，并精确地标出关键点位置。

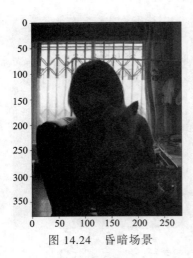
图 14.24 昏暗场景

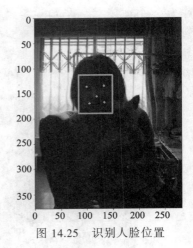
图 14.25 识别人脸位置

14.4.7 大型合照测试

读取 03.jpg（见图 14.26），这是 imgs 文件夹中单张人脸数量最多的一张图片，用它进行测试，看看 MTCNN 的检测结果范围可覆盖原图中多少人脸。

```
# 读取和显示图片
test_img_muli_5=cv2.imread(os.path.join(IMGS_PATH, '03.jpg'))
imshow(test_img_muli_5, size=(25, 25))
```

图 14.26 测试照片

使用 MTCNN 进行检测。

```
res_5 = faces_detection_mtcnn(mtcnnFaceDetector, test_img_muli_5, minSize=10)
imshow(res_5, size=(25, 25))
检测到的人脸数量： 258
检测结果的形状： (258, 15)
检测用时： 3.89879 秒
```

检测效果如图 14.27 所示，耗时 3.898 79 s，虽然时间有点长，但是可以检测出 258 张人脸，这是 haarcascades 人脸检测无法达到的成绩。

第 14 章 人脸检测器的使用

图 14.27 使用 MTCNN 进行人脸检测

14.4.8 损坏或遮挡的图像检测

有时候，在一些特殊场景，可能会因为图像上的人脸被遮挡或者人脸区域图像损坏，未能被检测器检测出来，所以用 MTCNN 人脸检测器对受损图像的人脸进行检测。

首先需要导入图像 06.jpg（见图 14.28），并使用 opencv 对图像进行处理，创建遮挡区域，将人脸进行遮挡后，对被破坏的人脸图层进行检测，观察检测器是否能完成任务。

图 14.28 遮挡人脸

```
test_image_oringin=cv2.imread(os.path.join(IMGS_PATH, '06.jpg'))
test_image_pollution=test_image_oringin.copy()
# 建立遮挡区
p_w=30
p_h=80
s_y=int(test_image_pollution.shape[0]/2)-150
s_x=int(test_image_pollution.shape[1]/2)-30
pollution=np.zeros((p_w, p_h, 3), np.uint8)
```

```
test_image_pollution[s_x : s_x + p_w, s_y : s_y + p_h]=pollution
```
显示原图和被遮挡的图像。
```
# 间隔条
def border_axis_1(img, size=5):
    border=np.zeros((img.shape[0], size, 3), np.uint8)
    return border

origin_and_pollution=np.concatenate([test_image_oringin,border_axis_1
(test_image_oringin), test_image_pollution], axis=1)
imshow(origin_and_pollution, size=(10, 10))
```
对已遮挡图像 testimagepollution 进行人脸检测后，显示所有图像的对比图（见图14.29）。
```
res_p=faces_detection_mtcnn(mtcnnFaceDetector,test_image_pollution,bdsize=3)
res_concat=np.concatenate([origin_and_pollution,border_axis_1(test_image_oringin),
res_p], axis=1)
imshow(res_concat, size=(13, 13))
检测到的人脸数量： 1
检测结果的形状： (1, 15)
检测用时： 0.14965 秒
```

图 14.29 人脸识别

可以发现，就算人脸图像被破坏，MTCNN 依旧能找出人脸的位置。

14.4.9 对 person1000 进行随机检测

构建预测函数，默认随机筛选 30 张照片进行检测，并将人脸全部剪切出来，并排列绘制结果。

```
def pre_images(dir_path, num=30, minsize=30):
    """输入文件夹地址进行批量预测，返回出检测结果的一组 Face 类的列表"""
    imgs=[]
    all_face=[]
    for parent, dirnames, filenames in os.walk(dir_path):
        imgs=filenames
    # 随机不重复的挑选 num 张照片
    test_files_name=random.sample(range(0, len(imgs)), num-1)
    test_img=[imgs[index] for index in test_files_name]
    for test_file in test_img:
        path=os.path.join(dir_path, test_file)
```

第 14 章 人脸检测器的使用

```
        target=cv2.imread(path)
        # 使用 mtcnn 进行人脸检测和关键点检测
        bboxes = mtcnnFaceDetector.simpleDetection(target, minSizeImage=minsize)
        # 绘制
        for bbox in bboxes:
            x1, y1, x2, y2=bbox[1:5]
            bdsize=int(target[int(y1):int(y2), int(x1):int(x2)].shape[0] / 40)
            # 绘制人脸矩形框
            cv2.rectangle(target, (x1, y1), (x2, y2), (200, 200,0), bdsize)
            # 绘制人脸五个关键点
            for i in range(5, 15, 2):
                cv2.circle(target, (int(bbox[i+0]), int(bbox[i+1])), bdsize,
(200, 200,0), -1)
            face=target[int(y1):int(y2), int(x1):int(x2)]
            all_face.append(face)
    return all_face
```

检测并绘制出裁剪结果（见图 14.30）。

```
res=pre_images(PERSON1000_PATH)
show_images(res)
```

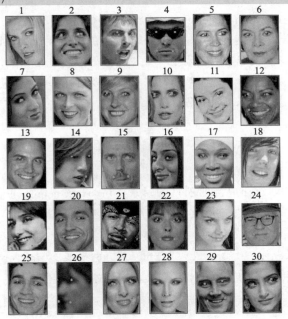

图 14.30　随机测试

小　　结

　　本章详细阐述了 OpenCV 的 haarcascades 与 MTCNN 两种常用的人脸检测器的使用，haarcascades 进行人脸检测的速度相对比较快，使用方便，但是特殊场景下不稳定，值得注意的限制是，输出边界框是一个正方形。MTCNN 输出的是一个覆盖整个面的任意矩形，如果你不关心速度，MTCNN 的表现要好很多。两种检测器在速度和性能方面各有千秋，请读者根据自身需求选择使用。

第 15 章 基于深度学习的面部情绪识别算法

本章内容

- 人脸表情数处理
- 情绪分类器训练
- EmotionDetector 和 MtcnnFaceDetector 检测器的使用

图像影像中的人物情绪识别技术一直是一个非常热门的话题,它能够改善人机交互或者在法政、医疗等方面都有非常广泛的应用。在上一章人脸检测的基础上,本章将介绍基于深度学习的人脸面部情绪识别算法。深度学习模型能对数据进行有效的特征提取,将深度学习引入面部表情识别,可以使计算机深度理解人脸表情图像的表达意义。

15.1 准备工作

在指定的磁盘路径创建存放当前项目的目录,Linux 或 macOS 可使用 mkdir 命令创建文件夹目录,Windows 直接使用图形化界面右键新建文件夹。例如,存放项目的目录名为 project11:

```
(dlwork) jingyudeMacBook-Pro:~ jingyuyan$ mkdir project11
```

进入 project11 文件夹后,启动 jupyter,创建一个文件开始实验。

```
(dlwork) jingyudeMacBook-Pro:~ jingyuyan$ cd project11
```

```
(dlwork) jingyudeMacBook-Pro:project11$ jupyter notebook
```

15.2 Fer2013 人脸表情数据处理

读者可通过本书提供的网盘资源下载 fer2013.csv 数据集和 test_set 文件夹。Fer2013 人脸表情数据集由 35 886 张人脸表情图片组成,其中,训练集 28 708 张,测试集和私有验证集各 3 589 张图片,每张图片是由大小固定为 48×48 的灰度图像组成,共有 7 种表情,分别对应于数字标签 0~6,具体表情对应的标签和中英文如表 15.1 所示。

第 15 章 基于深度学习的面部情绪识别算法

表 15.1 表情标签

数字标签	英　文	中　文
0	anger	生气
1	disgust	厌恶
2	fear	恐惧
3	happy	开心
4	sad	伤心
5	surprised	惊讶
6	normal	自然

在根目录下创建 build 目录，将 fer2013.csv 文件放入 build 中、test_set 文件夹放入项目根目录下；并在根目录创建 datasets 文件夹，同时将上一章所提及的 models 文件夹和 mtcnnplug 文件夹复制到根目录下（仅使用到 mtcnn 功能，读者可以自行删除 haarcascades 相关的部分文件或者原封不动复制也不影响项目运行）。读者可以得到以下目录：

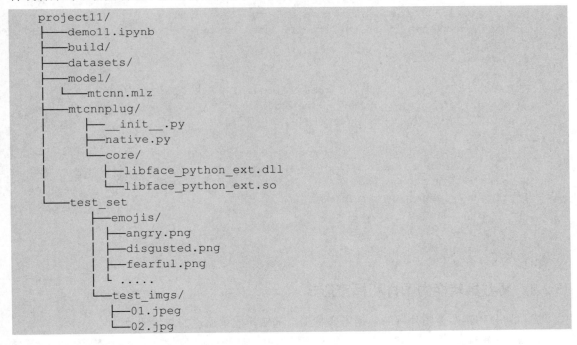

15.2.1 数据集拆解与划分

首先读取并构建各个数据集存放的目录，并将数据集文件划分成训练集、测试集和验证集三个集合。

```
# 导包
import matplotlib.pyplot as plt
import csv
import os
import csv
```

```
import os
from PIL import Image
import numpy as np
import cv2
# 将 CSV 文件划分成训练集、测试集和验证集三个集合

datasets_path='datasets/'
csv_file=datasets_path+'fer2013.csv'
train_csv=datasets_path+'train.csv'
val_csv=datasets_path+'val.csv'
test_csv=datasets_path+'test.csv'

with open(csv_file) as f:
    csvr=csv.reader(f)
    header=next(csvr)
    print(header)
    rows=[row for row in csvr]

    trn=[row[:-1] for row in rows if row[-1]=='Training']
    csv.writer(open(train_csv, 'w+'), lineterminator='\n').writerows([header[:-1]]+trn)
    print('Training :', len(trn))

    val=[row[:-1] for row in rows if row[-1]=='PublicTest']
    csv.writer(open(val_csv,'w+'),lineterminator='\n').writerows([header[:-1]]+val)
    print('PublicTest : ', len(val))

    tst=[row[:-1] for row in rows if row[-1]=='PrivateTest']
    csv.writer(open(test_csv, 'w+'), lineterminator='\n').writerows([header[:-1]]+tst)
    print('PrivateTest', len(tst))
['emotion', 'pixels', 'Usage']
Training : 28709
PublicTest :  3589
PrivateTest 3589
```

15.2.2 将数据转换为图片和标签形式

成功划分和转换为图片后的数据需要将其全部转换成单通道的灰度图片。

```
# 转换图片和标签
datasets_path='datasets/'
train_csv=os.path.join(datasets_path, 'train.csv')
val_csv=os.path.join(datasets_path, 'val.csv')
test_csv=os.path.join(datasets_path, 'test.csv')
train_set=os.path.join(datasets_path, 'train')
val_set=os.path.join(datasets_path, 'val')
test_set=os.path.join(datasets_path, 'test')

for  save_path,csv_file  in[(train_set,  train_csv),(val_set,val_csv),(test_set, test_csv)]:
```

```python
    if not os.path.exists(save_path):
        os.makedirs(save_path)

    num=1
    with open(csv_file) as f:
        csvr=csv.reader(f)
        header=next(csvr)
        for i, (label, pixel) in enumerate(csvr):
            pixel=np.asarray([float(p) for p in pixel.split()]).reshape(48, 48)
            subfolder=os.path.join(save_path, label)
            if not os.path.exists(subfolder):
                os.makedirs(subfolder)
            im=Image.fromarray(pixel).convert('L')
            image_name=os.path.join(subfolder, '{:05d}.jpg'.format(i))
            im.save(image_name)
```

编写可视化函数，将转换后的数据绘制出来，方便查看

```python
from matplotlib.font_manager import FontProperties
font_zh=FontProperties(fname='./fz.ttf')
EMOTION_LABELS=['angry', 'disgust', 'fear', 'happy', 'sad', 'surprise', 'neutral']
EMOTION_LABELS_CH=['生气', '厌恶', '恐惧', '开心', '伤心', '惊讶', '自然']
def plot_image_labels_prediction(images,labels,num=35):
    fig=plt.gcf()
    fig.set_size_inches(12,14)
    for i in range(0,num):
        ax=plt.subplot(7,5,1+i)
        ax.imshow(images[i],cmap='binary')
        title=str(i+1)+' ' +EMOTION_LABELS_CH[labels[i]]
        ax.set_title(title,fontproperties=font_zh, fontsize=10)
        ax.set_xticks([]);ax.set_yticks([])
    plt.show()
```

选取训练集中的前五张图片进行查看并绘制出表情图像。

```python
images=[]
labels=[]
start=50
count=5

for typ in range(0, 7):
    for file in os.listdir(os.path.join(train_set, str(typ)))[start : start+count]:
        images.append(cv2.imread(os.path.join(train_set, str(typ), file)))
        labels.append(typ)

# 绘制图像
plot_image_labels_prediction(images, labels)
images[0].shape
```

尝试提取出表情数据集中的 7 种表情，每种表情前 5 项的图片和标签作为需要展示的样本，使用 plot_image_labels_prediction 函数显示出需要展示的样本内容。如图 15.1 所示，每一列均为

一种表情样本。

图 15.1　Fer2013 人脸表情

15.3　情绪分类器训练

设置训练参数，并采用 VGG16 网络进行改进，组成一个更加深度的卷积神经网络。

```
# 导包
import keras
from keras.layers import Dense, Dropout, Activation, Flatten,Conv2D, MaxPooling2D
from keras.layers.normalization import BatchNormalization
from keras.models import Sequential
from keras.preprocessing.image import ImageDataGenerator
from keras.callbacks import EarlyStopping
from keras.optimizers import SGD
Using TensorFlow backend.
```

设置训练所用到的参数：每次输入训练数据量为 128，分类数量为 7 种表情，训练批次 70，图像尺寸 48，并设置好数据集根目录与模型存储目录。

```
batch_siz=128
num_classes=7
nb_epoch=70
img_size=48
datasets_path='datasets/'
models_path='models/'
```

在 class Model 模型类中分别创建三个模型。

```
class Model:
    """
        build_model - 构建模型
        train_model - 训练模型
        save_model  - 存储模型权重
    """
    def __init__(self):
        self.model=None
```

构建网络模型，它是一个线性堆叠模型，各神经网络层会被顺序添加，CNN 采用 VGG16 网络进行改进，组成一个更加深度的卷积神经网络。

```
def build_model():
    #以下代码将顺序添加CNN网络需要的各层，一个add就是一个网络层
    model = Sequential()
    #卷积层
    model.add(Conv2D(32, (1, 1), strides=1, padding='same', input_shape=(img_size, img_size, 1)))
    #激活函数层
    model.add(Activation('relu'))
    #卷积层
    model.add(Conv2D(32, (5, 5), padding='same'))
    model.add(Activation('relu'))
    #池化层
    model.add(MaxPooling2D(pool_size=(2, 2)))
    model.add(Conv2D(32, (3, 3), padding='same'))
    model.add(Activation('relu'))
    model.add(MaxPooling2D(pool_size=(2, 2)))
    model.add(Conv2D(64, (5, 5), padding='same'))
    model.add(Activation('relu'))
    model.add(MaxPooling2D(pool_size=(2, 2)))
    # Flatten层
    model.add(Flatten())
    #Dense全连接层
    model.add(Dense(2048))
    model.add(Activation('relu'))
    #Dropout层，防止过拟合提高效果
    model.add(Dropout(0.5))
    #Dense全连接层
    model.add(Dense(1024))
    model.add(Activation('relu'))
    model.add(Dropout(0.5))
    #Dense全连接层
    model.add(Dense(num_classes))
    #分类层，输出最终结果
```

```
    model.add(Activation('softmax'))
    model.summary()

    return model
```

构建 train_model 训练模型函数，采用 SGD 优化器进行训练。

```
def train_model(model):
    sgd=SGD(lr=0.01, decay=1e-6, momentum=0.9, nesterov=True)
    model.compile(loss='categorical_crossentropy',
        optimizer=sgd,
        metrics=['accuracy'])

    #训练样本的扩充设置
    train_datagen = ImageDataGenerator(
     rescale = 1./255,
     shear_range = 0.2,
     zoom_range = 0.2,
     horizontal_flip=True)

    #验证集仅需要将数据归一化
    val_datagen = ImageDataGenerator(rescale = 1./255)

    #读取训练数据样本
    train_generator = train_datagen.flow_from_directory(
        os.path.join(datasets_path, 'train'),
        target_size=(img_size, img_size),
        color_mode='grayscale',
        batch_size=batch_siz,
        class_mode='categorical')

    # 读取验证数据样本
    val_generator = val_datagen.flow_from_directory(
        os.path.join(datasets_path, 'val'),
        target_size=(img_size, img_size),
        color_mode='grayscale',
        batch_size=batch_siz,
        class_mode='categorical')

    #设置早停法
    early_stopping = EarlyStopping(monitor='loss',patience=3)
    history = model.fit_generator(
        train_generator,
        steps_per_epoch=800/(batch_siz/32),
        nb_epoch=nb_epoch,
        validation_data=val_generator,
        validation_steps=2000,
        )

    return history
```

构建模型存储函数，保存模型网络结构和训练权重。

```
# 模型存储函数
def save_model(model):
    model_json = model.to_json()
```

第15章 基于深度学习的面部情绪识别算法

```
        with open(models_path+"/model_json.json", "w") as json_file:
            json_file.write(model_json)
        model.save_weights(models_path+'/model_weight.h5')
        model.save(models_path+'/model.h5')
        print('model saved')

#创建模型，输出模型摘要
model = build_model()
#开始训练模型
train_model(model)
#保存训练好的模型
save_model(model)

Model: "sequential_1"
```

Layer (type)	Output Shape	Param #
conv2d_1 (Conv2D)	(None, 48, 48, 32)	64
activation_1 (Activation)	(None, 48, 48, 32)	0
conv2d_2 (Conv2D)	(None, 48, 48, 32)	25632
activation_2 (Activation)	(None, 48, 48, 32)	0
max_pooling2d_1 (MaxPooling2	(None, 24, 24, 32)	0
conv2d_3 (Conv2D)	(None, 24, 24, 32)	9248
activation_3 (Activation)	(None, 24, 24, 32)	0
max_pooling2d_2 (MaxPooling2	(None, 12, 12, 32)	0
conv2d_4 (Conv2D)	(None, 12, 12, 64)	51264
activation_4 (Activation)	(None, 12, 12, 64)	0
max_pooling2d_3 (MaxPooling2	(None, 6, 6, 64)	0
flatten_1 (Flatten)	(None, 2304)	0
dense_1 (Dense)	(None, 2048)	4720640
activation_5 (Activation)	(None, 2048)	0
dropout_1 (Dropout)	(None, 2048)	0
dense_2 (Dense)	(None, 1024)	2098176
activation_6 (Activation)	(None, 1024)	0
dropout_2 (Dropout)	(None, 1024)	0
dense_3 (Dense)	(None, 7)	7175

```
activation_7 (Activation)        (None, 7)              0
=================================================================
Total params: 6,912,199
Trainable params: 6,912,199
Non-trainable params: 0
```

详细的网络模型结构如图 15.2 所示。

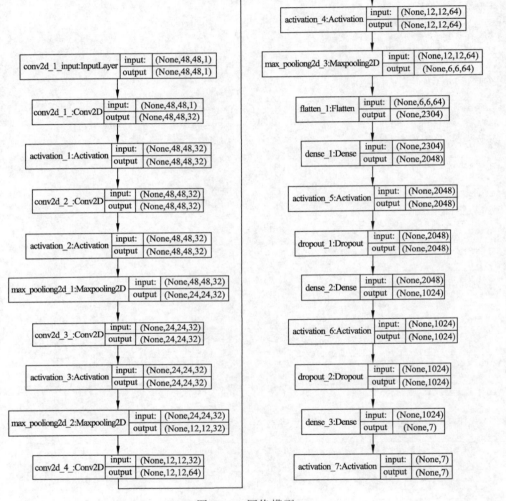

图 15.2　网络模型

在训练深度学习算法时，通常采用梯度下降法。常用的梯度下降法具体包含三种：批量梯度下降法 BGD、随机梯度下降法 SGD、小批量梯度下降法 MBGD，三种梯度下降算法以及各自的优缺点有很多相关文献资料，这里不展开介绍。在说明构建训练模型时采用 SGD 优化器，SGD(lr=0.01, decay=1e-6, momentum=0.9, nesterov=True)，SGD 中有四个重要参数，分别是 lr（learning rate）学习率决定了权值更新的速度，设置得太大会使结果超过最优值，太小会使下降速度过慢；decay（weight decay）权值衰减；momentum 可以理解为物体运动时的惯性，更新时在一定程度上保留之前更新的方向可以在一定程度上增加稳定性，从而学习得更快，并且还有一定摆脱局部最优的能力；nesterov 是对传统 momentum 方法改进。

开始训练模型，训练时间较长，推荐使用 GPU。

```
# 开始训练 并且保存模型权重
model.train_model()
model.save_model()
Found 28709 images belonging to 7 classes.
Found 3589 images belonging to 7 classes.
Found 3589 images belonging to 7 classes.

/home/tunm/anaconda3/envs/dlwork/lib/python3.6/site-packages/ipykernel_l
auncher.py:81: UserWarning: The semantics of the Keras 2 argument
'steps_per_epoch' is not the same as the Keras 1 argument 'samples_per_epoch'.
'steps_per_epoch' is the number of batches to draw from the generator at each
epoch. Basically steps_per_epoch = samples_per_epoch/batch_size. Similarly
'nb_val_samples'->'validation_steps' and 'val_samples'->'steps' arguments have
changed. Update your method calls accordingly.
  /home/tunm/anaconda3/envs/dlwork/lib/python3.6/site-packages/ipykernel_l
auncher.py:81: UserWarning: Update your 'fit_generator' call to the Keras 2 API:
'fit_generator(<keras_pre..., steps_per_epoch=200.0, validation_data=<keras_pre...,
validation_steps=2000, epochs=70)'
Epoch 1/70
200/200 [==============================] - 79s 396ms/step - loss: 1.8232 - acc: 0.2451 - val_loss: 1.8019 -
model trained
model saved
```

15.4　使用 MTCNN 人脸检测模块

在人脸检测器的使用一章中具体阐述过 MTCNN 人脸检测的使用，请读者通过本书提供的网盘资源下载作者训练好的 MTCNN 模型进行实验。首先，构建 MTCNN 的各个组建路径。

```
# 获取项目根目录
ROOT=os.getcwd()
# 构建 models 文件夹目录
MODELS_PATH=os.path.join(ROOT, 'models')
# 构建 mtcnnplug 目录
MTCNN_PLUG_PATH=os.path.join(ROOT, 'mtcnnplug')
# 构建 mtcnn 中的 core 目录
MTCNN_CORE_PATH=os.path.join(MTCNN_PLUG_PATH, 'core')
# 构建 mtcnn 中的 model 路径
MTCNN_MODEL=os.path.join(MODELS_PATH, 'mtcnn.mlz')
# 构建 core 目录下的动态链接库路径，根据系统选择不一样的动态链接库
MTCNN_LIBFACE=os.path.join(MTCNN_CORE_PATH, 'libface_python_ext.so')
# MTCNN_LIBFACE=os.path.join(MTCNN_CORE_PATH, 'libface_python_ext.dll')
```

构建 mtcnn 人脸检测器对象。

```
from mtcnnplug.native import MtcnnFaceDetector
mtcnnFaceDetector=MtcnnFaceDetector(MTCNN_LIBFACE, MTCNN_MODEL)
```

构建 facesdetectionmtcnn 和单图显示函数 imshow。

```python
import time

def faces_detection_mtcnn(mtcnnFaceDetector, target, minSize=10, bdsize=2):
    # 记录当前时间
    current_time=time.time()
    # 检测test_img_gray对象
    bboxes=mtcnnFaceDetector.simpleDetection(target, minSizeImage=10)
    # 计算检测用时
    use_time=time.time()-current_time
    # 复制一张原图用于绘制
    target_draw=target.copy()
    if(len(bboxes)!=0):
        print("检测到的人脸数量: ", len(bboxes))
        print("检测结果的形状: ",bboxes.shape)
        print("检测用时: ", str(round(use_time, 5))+'秒')
        # 绘制
        for bbox in bboxes:
            x1, y1, x2, y2=bbox[1:5]
            # 绘制人脸矩形框
            cv2.rectangle(target_draw,(x1,y1),(x2,y2),(200,200,0), bdsize)
            # 绘制人脸五个关键点
            for i in range(5, 15, 2):
                cv2.circle(target_draw, (int(bbox[i+0]), int(bbox[i+1])),bdsize,(200,200,0), -1)
    else:
        print("未检测到人脸")
    # 这边添加一个输出属性bboxes
    return target_draw, bboxes
def imshow(img, size=(7, 7)):
    plt.figure(figsize=size)
    if len(img.shape)==3:
        img2=img[:,:,::-1]
        plt.imshow(img2)
    elif len(img.shape)==2:
        img2=img[:,:]
        plt.imshow(img2, cmap='gray')
    else:
        print('error')
```

随机测试一个图像来检测人脸识别矩形框与人脸五个关键点的。

```
# 读取和显示图片，见图15.3
test_img=cv2.imread('./test_set/test_imgs/01.jpeg')
res_test, _=faces_detection_mtcnn(mtcnnFaceDetector, test_img)
imshow(res_test, size=(9, 9))
检测到的人脸数量:  2
检测结果的形状:  (2, 15)
检测用时:  0.17764 秒
```

图 15.3　人脸五个关键点

15.4.1　预测模型

预测训练结果并查看效果，首先构建表情检测器。

```
# 导包
import numpy as np
import cv2
import sys
import json
import os
from keras.models import model_from_json
import time
from PIL import Image, ImageDraw, ImageFont
```

配置一些模型需要用到的基本属性，在 emoji 表情中找 7 个与表情预测结果的 7 个分类比较符合的表情进行匹配。

```
# 基本配置
emojie_path='test_set/emojis'
md_json_path='models/model_json.json'
md_weight_path='models/model_weight.h5'
EMOTION_LABELS=['angry', 'disgust', 'fear', 'happy', 'sad', 'surprise', 'neutral']
EMOTION_LABELS_CH=['生气', '厌恶:', '害怕', '高兴', '悲伤', '惊讶', '自然']
emojis=['angry', 'disgusted', 'fearful', 'happy', 'sad', 'surprised', 'neutral']
emoji_size=20
text_color=(255, 255, 0)
font_path='fz.ttf'
IMG_SIZE=48
NUM_CLASS=len(EMOTION_LABELS)
```

获取 emoji 表情图片文件。

```
# 获取 emoji 表情图片
def getPathEmoji(index):
    emoji=emojis[index]
    efile=os.path.join(emojie_path, emoji)+'.png'
```

```python
        if os.path.exists(efile):
            return(efile)
        else:
            return('error path')
```

构建 EmotionDetector 表情检测器。

```python
class EmotionDetector:
    """ 表情检测器 """

    def __init__(self, md_json_path, md_weight):
        """ 加载模型 """
        json_file=open(md_json_path)
        loaded_model_json=json_file.read()
        json_file.close()
        self.model=model_from_json(loaded_model_json)
        self.model.load_weights(md_weight)

    def predict_emotion(self, face_img):
        """ 预测结果 """
        face_img=face_img*(1./255)
        resized_img=cv2.resize(face_img, (IMG_SIZE, IMG_SIZE))
        rsz_img=[]
        rsh_img=[]
        results=[]
        rsz_img.append(resized_img[:, :])
        rsz_img.append(resized_img[2:45, :])
        rsz_img.append(cv2.flip(rsz_img[0], 1))
        i=0
        for rsz_image in rsz_img:
            rsz_img[i]=cv2.resize(rsz_image, (IMG_SIZE, IMG_SIZE))
            i+=1
        for rsz_image in rsz_img:
            rsh_img.append(rsz_image.reshape(1, IMG_SIZE, IMG_SIZE, 1))
        i=0
        for rsh_image in rsh_img:
            list_of_list=self.model.predict_proba(
                rsh_image, batch_size=32, verbose=0)
            result=[prob for lst in list_of_list for prob in lst]
            results.append(result)
        return results

    def detection(self, img):
        """ 预测结果+格式化结果数据 """
        results=self.predict_emotion(img)
        result_sum=np.array([0] * NUM_CLASS)
        for result in results:
            result_sum=result_sum+np.array(result)
        angry,disgust, fear, happy, sad, surprise, neutral=result_sum
        label=np.argmax(result_sum)
        emo=EMOTION_LABELS[label]
```

第 15 章 基于深度学习的面部情绪识别算法

```
        emo_ch=EMOTION_LABELS_CH[label]
        result_dict={"label": label, "emotion": emo, "emotion_ch": emo_ch}
        return result_dict
```

建立绘制函数：

```
def drawImgaeOfCH(image, text ,position, font_path, fontsize, fillColor):
    """ 图片绘制中文函数 """
    img_PIL=Image.fromarray(cv2.cvtColor(image, cv2.COLOR_BGR2RGB))
    font=ImageFont.truetype(font_path, fontsize)
    draw=ImageDraw.Draw(img_PIL)
    draw.text(position, text, font=font, fill=fillColor)
    img_OpenCV=cv2.cvtColor(np.asarray(img_PIL),cv2.COLOR_RGB2BGR)
    return img_OpenCV
```

绘制出检测结果，在检测到的人脸上绘制矩形框，并将检查后的表情检测结果用中文显示。

```
def drawing_image_emotion(image, faces, emotionDetector, isCh=False, isDrawEmoji=False):
    draw=image.copy()
    for face in faces:
        x1, y1, x2, y2=face[1:5]
        # 裁剪出检测到的人脸图片
        crop=image[int(y1): int(y2),int(x1): int(x2)]
        crop=cv2.cvtColor(crop, cv2.COLOR_BGR2GRAY)
        # 表情检测
        emotion_res=emotionDetector.detection(crop)
        # 绘制矩形框
        cv2.rectangle(draw, (int(x1), int(y1)), (int(x2), int(y2)),text_color, 4)
        if isCh:
            """ 是否显示中文结果 """
            draw=drawImgaeOfCH(draw, emotion_res['emotion_ch'], (int(x1),
int(y1-30)), font_path, 30, text_color)
        else:
            cv2.putText(draw, emotion_res['emotion'], (int(x1), int(y2-3)),
cv2.FONT_HERSHEY_SIMPLEX, 0.6,text_color, 2)
            if isDrawEmoji:
                """ 是否显示emoji表情 """
                emoji_path=getPathEmoji(int(emotion_res['label']))
                emoji=cv2.imread(emoji_path)
                emoji=cv2.resize(emoji, (emoji_size, emoji_size))
                draw[int(y1):int(y1+emoji_size),int(x1):int(x1+emoji_size)]=emoji[:, :]

    return draw

def time_it(method):

    def timed(*args, **kw):
        start_time=time.time()
        result=method(*args, **kw)
        end_time=time.time()
        print('%r(%r,%r)%2.2f sec'%(method.__name__,args,kw,end_time-start_time))
        return result

    return timed
```

15.4.2 测试模型

使用 EmotionDetector 表情检测器和 MtcnnFaceDetector 人脸检测器检测图像中人脸的表情。

```
# 绘制预测结果
# 读取和显示图片
test_img=cv2.imread('./test_set/test_imgs/01.jpeg')
# 先检测出人脸所在的位置
boxes=mtcnnFaceDetector.simpleDetection(test_img, minSizeImage=15)
# 创建表情检测器
detector=EmotionDetector(md_json_path, md_weight_path)
# 执行表情检测并绘制出检测结果，见图 15.4
res_img=drawing_image_emotion(test_img, boxes, detector, isCh=True, isDrawEmoji=True)
# 显示出图片
imshow(res_img, size=(12, 12))
```

图 15.4 高兴表情

生气表情照片（见图 15.5）测试：

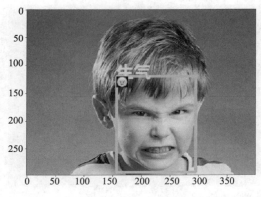

图 15.5 生气表情

```
img_2=cv2.imread('./test_set/test_imgs/02.jpg')
boxes=mtcnnFaceDetector.simpleDetection(img_2, minSizeImage=15)
res_img=drawing_image_emotion(img_2, boxes, detector, isCh=True,
```

```
isDrawEmoji=True)
    imshow(res_img, size=(9, 9))
```

经过测试，图 15.4 和图 15.5 两张图像都可以准确预测，读者尝试其他的数据集，找出模型的问题，并加以修正。

小　　结

本章面部情绪识别使用数据集 FER2013，这些数据集中保存着剪裁过的人脸图像，当人们的面部表情模糊或难以区分时，无法获得令人满意的性能。有兴趣的读者可以了解延世大学和洛桑联邦理工学院（EPFL）的研究团队最近开发了一种新的技术，可以通过分析图像中的人脸和上下文特征来识别情绪。他们在 arXiv 上预先发表的一篇论文中介绍并概述了他们基于深度学习的架构，称为 CAER-Net。

第 16 章 人脸面部关键点检测

本章内容

- DataFrame 分析数据和数据预处理
- 使用 Haar 分类器进行人脸检测
- 使用 MTCNN 人脸检测

近年来,深度学习模型尤其是卷积神经网络,在语义分割、分类、目标检测等视觉任务上均取得了优异的成绩。人脸检测与关键点检测及应用是计算机视觉中两个较为重要的研究问题,其主要目标是从人脸的姿态和面部表情中取出丰富的信息。人脸检测是一项分类任务,目的是给定图像后,找出图像中所有人脸,并将其标定。人脸关键点检测是一项回归任务,目的是给定人脸图像后,将该图像中所有人脸的五官以及轮廓的某些位置进行标定。该项任务是很多实际应用场景下的基础工作,例如美颜技术、人脸分析与表情识别、表情重建等。人脸关键点检测又称关键点标定或关键点定位,是给指定的人脸图像的面部关键点区域进行识别检测,包括面部轮廓、鼻子、眼睛、眉毛、嘴巴等。本章需要学习的内容是通过 kaggle 提供的关键点数据集进行关键点模型的训练和预测。

16.1 准备工作

构建项目在指定的磁盘路径创建存放当前项目的目录,Linux 或 macOS 可使用 mkdir 命令创建文件夹目录,Windows 直接使用图形化界面右键新建文件夹。例如,存放项目的目录名为 project12。在项目内构建 dataset 文件夹,用于存放数据集。

```
(dlwork) jingyudeMacBook-Pro:~ jingyuyan$ mkdir project12

(dlwork) jingyudeMacBook-Pro:~ jingyuyan$ cd project12

(dlwork) jingyudeMacBook-Pro:project12 jingyuyan$ mkdir dataset
```

下载和解压数据集,用户可以通过 kaggle 官网进行数据集的下载 https://www.kaggle.com/c/facial-keypoints-detection/data,鉴于该网站在国外,下载数据集的速度较慢,读者可通过本书提供的网盘资源下载数据集文件 facial-keypoints-detection.zip,放入 dataset 目录下并解压,进入 facial-keypoints-detection 文件夹中，对 test.zip 和 train.zip 文件进行解压，最终得到的目录如下：

```
project12/
├──demo12.ipynb
├──dataset/
    ├──facial-keypoints-detection.zip
    └──facial-keypoints-detection/
        ├──IdLookupTable.csv
        ├──SampleSubmission.csv
        ├──test.csv
        └──...
```

16.2 数据集预处理

该数据集由 7 049 张 96×96 的灰度图像组成。其中每个图像都标有 15 个关键点的坐标(x,y)，该数据集的关键点较为不平整，有的关键点高达 7 000 个标签可以进行训练，而有的标签只有 2 000 多个。

16.2.1 对数据集进行预处理

利用 pandas 的 DataFrame 对数据集进行预处理后，利用 numpy 将其转换成 ndarray。

```python
import os
import sys
from pandas import DataFrame
from sklearn.utils import shuffle
import matplotlib.pyplot as plt
import numpy as np
import pandas as pd
train_cvs='./dataset/facial-keypoints-detection/training.csv'
test_cvs='./dataset/facial-keypoints-detection/test.csv'
lookup_cvs='./dataset/facial-keypoints-detection/IdLookupTable.csv'
```

定义加载数据集的函数，has_label 用于识别训练集和测试集，因为该任务是回归任务，所以测试不选择使用 label。

```python
def load_data(cvs_file, has_label=True):
    rc=pd.read_csv(cvs_file)
    rc['Image']=rc['Image'].apply(lambda im: np.fromstring(im, sep=' '))
    rc=rc.dropna()
    x=np.vstack(rc['Image'].values)/255.
    x=x.astype(np.float32)
    y=None
    if has_label:
        y=rc[rc.columns[:-1]].values
        y=(y-48)/48
```

```
        x, y=shuffle(x, y, random_state=42)
        y=y.astype(np.float32)

    return x, y
```

通过 load_data 生成训练集:

```
x_img_train, y_label_train=load_data(train_cvs)
```

查看训练集的各个属性,将数据一维化(96×96=9 216)后,将有效的 2 140 个训练集合形成新的集合。

```
x_img_train.shape
(2140, 9216)
```

查看第一项的 ylabeltrain,会发现输出了 30 个浮点数,分别代表 15 个关键点的(x,y)坐标位置。

```
y_label_train[0], len(y_label_train[0])
(array([ 0.3816111 , -0.21757638, -0.40208334, -0.21338195,  0.21397223,
        -0.20919445,  0.56600696, -0.21338195, -0.20930555, -0.2008125 ,
        -0.5739097 , -0.18404861,  0.167875  , -0.37682638,  0.6707778 ,
        -0.33072916, -0.16739583, -0.37263888, -0.70382637, -0.23852777,
         0.03376389,  0.22246528,  0.4193264 ,  0.5116389 , -0.38531944,
         0.5158264 ,  0.02538195,  0.4403889 ,  0.03376389,  0.8259514 ],
      dtype=float32), 30)
```

16.2.2 分析数据集

为了更加清晰地分析数据集,先定义 plotimg 和 plotdata 函数对数据集进行显示处理。

```
def plot_img(img, label, axis, c=['c'], s=10, cmap='gray'):
    img=img.reshape(96, 96)
    axis.imshow(img, cmap=cmap)
    if not label is None:
        axis.scatter(label[0::2]*48+48,label[1::2]*48+48, marker='o', s=s,c=c)

def plot_data(x, y, begin=0, title=None):
    fig=plt.figure(figsize=(6, 6))
    fig.subplots_adjust(left=0,right=1,bottom=0,top=1,hspace=0.05,wspace=0.05)
    plt.title(title)
    for i in range(16):
        ax=fig.add_subplot(4, 4, i+1, xticks=[], yticks=[])
        plot_img(x[begin+i], y[begin+i], ax)

    plt.show()
```

显示训练集中从第 60 项数据开始往后的 16 项数据,如图 16.1 所示。

```
plot_data(x_img_train, y_label_train, begin=60)
```

第 16 章 人脸面部关键点检测

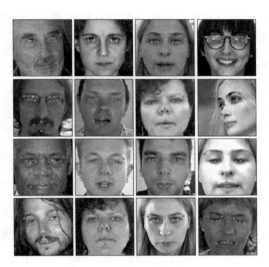

图 16.1 人脸关键点标注 1

可以看到，该数据集的 label 数据在数据集的人脸中标注了 16 个关键点，利用 DataFrame 读取训练集显示出这些关键点的原始数据，如表 16.1 所示。

```
rc = pd.read_csv(train_cvs)
rc[:1]
```

表 16.1 关键点数据

left_eye_center_x	left_eye_center_y	right_eye_center_x	right_eye_center_y	left_eye_inner_corner_x
66.033564	39.002274	30.227008	36.421678	59.582075
nose_tip_y	mouth_left_corner_x	mouth_left_corner_y	mouth_right_corner_x	mouth_right_corner_y
57.066803	61.195308	79.970165	28.614496	77.388992
left_eye_inner_corner_y	left_eye_outer_corner_x	left_eye_outer_corner_y	right_eye_inner_corner_x	right_eye_inner_corner_y
39.647423	73.130346	39.969997	36.356571	37.389402
mouth_center_top_lip_x	mouth_center_top_lip_y	mouth_center_bottom_lip_x	mouth_center_bottom_lip_y	Image
43.312602	72.935459	43.130707	84.485774	238 236 237 238 240 240 239 241 241 243 240 23…

从表 16.1 中可以发现，这些关键点数据都有标注相应的意义，例如 left_eye_center_x、right_eye_center_x、right_eye_inner_corner_x 等。

使用 print(rc.count())查看数据集的数量。

```
print(rc.count())
left_eye_center_x          7039
left_eye_center_y          7039
right_eye_center_x         7036
right_eye_center_y         7036
…….
right_eyebrow_inner_end_x  2270
```

```
right_eyebrow_inner_end_y        2270
right_eyebrow_outer_end_x        2236
right_eyebrow_outer_end_y        2236
nose_tip_x                       7049
nose_tip_y                       7049
mouth_left_corner_x              2269
mouth_left_corner_y              2269
mouth_right_corner_x             2270
mouth_right_corner_y             2270
mouth_center_top_lip_x           2275
mouth_center_top_lip_y           2275
mouth_center_bottom_lip_x        7016
mouth_center_bottom_lip_y        7016
Image                            7049
dtype: int64
```

将点绘制到图像当中，随机选出训练集中的一副图像，并标出序号，方便后续理解。

```
idx = 23
img = x_img_train[idx].copy()
label = y_label_train[idx].copy()
print('样本和标签维度: ', img.shape, label.shape)

#由于原图像素过小，为了更加清晰地显示文字，将原有图片尺寸放大到 3 倍
img = cv2.resize(img, (img.shape[0]*3, img.shape[1]*3))
for idx, loc in enumerate(label.reshape(15, 2)):
    #将 30 个浮点数转换成 shape 为（15,2）的数组，分别代表 15 个由（x,y）组成的关键点位置
    x, y = loc
    # 坐标换算，
    x = int(x * 48 + 48) * 3
    y = int(y * 48 + 48) * 3
    #绘制点的位置
    cv2.line(img, (x, y), (x, y), 1, 2)
    cv2.putText(img, str(idx), (x, y), cv2.FONT_HERSHEY_SIMPLEX, 0.4, 2)

#显示图片
fig = plt.figure(figsize=(12, 12))
ax = fig.add_subplot(1, 2, 2, xticks=[], yticks=[])
ax.imshow(img, cmap='gray')
plt.show()
```

样本和标签维度： (96, 96, 1) (30,)

关键点标注如图 16.2 所示。

图 16.2　人脸关键点标注 2

16.3 搭建简单的神经网络进行预测

首先使用相对简单的神经网络模型进行拟合，尝试少量的参数是否能满足预期效果，这样比较节约时间，后期可以根据训练结果继续调整模型结构和一些参数，以达到预期效果的需求。

16.3.1 搭建模型

该模型比较简单，仅仅只有一个隐藏层。

```
from keras.models import Sequential
from keras.layers import Dense, Activation
from keras.optimizers import SGD

# 设置模型参数和训练参数
# 输出神经元
OUTPUT_NUM=30
# 模型输入层数量
INPUT_SHAPE=(9216,)
# 验证集划分比例
VALIDATION_SPLIT=0.2
# 训练周期，设置120个周期
EPOCHS=120
# 单批次数据量
BATCH_SIZE=64
# 训练LOG打印形式
VERBOSE=1
# 损失函数
LOSS='mean_squared_error'
# 训练集
x_img_train, y_label_train=load_data(train_cvs)
Using TensorFlow backend.
```

设置训练120批次，单批次传入数据量为64，验证集按8:2划分，输出的30个神经元表示30个(x, y)坐标。

```
model=Sequential()
model.add(Dense(100, activation='relu', input_shape=INPUT_SHAPE))
model.add(Dense(OUTPUT_NUM))

sgd=SGD(lr=0.01, momentum=0.9, nesterov=True)
model.compile(loss='mean_squared_error', optimizer=sgd)

model.summary()
Model: "sequential_1"
_____
Layer (type)                 Output Shape              Param #
=================================================================
dense_1 (Dense)              (None, 100)               921700
```

```
dense_2 (Dense)                 (None, 30)                3030
=================================================================
Total params: 924,730
Trainable params: 924,730
Non-trainable params: 0
```

构建的模型如图 16.3 所示。

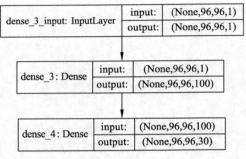

图 16.3　网络模型

16.3.2　训练模型

设置好模型参数后开始进行训练，虽然需要训练 120 轮，但是只有一个隐藏层，参数只有 924 730 个，时间不会太长。

```
history=model.fit(train_x, lable_y,
                batch_size=BATCH_SIZE,
                epochs=EPOCHS,
                validation_split=VALIDATION_SPLIT # 保留20%用来验证
                )
Train on 1712 samples, validate on 428 samples
Epoch 1/120
1712/1712 [==============================] - 3s 2ms/step - loss: 0.1144 - val_loss: 0.0195
 ……
1712/1712 [==============================] - 1s 577us/step - loss: 0.0032 - val_loss: 0.0043
```

定义绘制函数，绘制出训练结果。由于训练结果数值较小，所以设置函数的 y 轴浮动区间为（0.001，0.01）。

```
def show_train_history(train_history,train,validation):
    plt.plot(train_history.history[train])
    plt.plot(train_history.history[validation])
    plt.title('Train histoty')
    plt.grid()
    plt.ylabel(train)
    plt.xlabel('Epoch')
    plt.ylim(0.001, 0.01)
    plt.legend(['train','validation',],loc='upper left')
```

```
    plt.yscale('log')
    name=train+'.png'
    plt.savefig(name)
    plt.show()
show_train_history(history,'loss','val_loss')
```

由图 16.4 可以看到，最终的训练误差约为 0.32，验证误差约为 0.43。

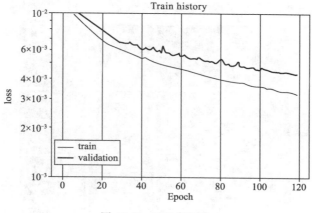

图 16.4　误差率图像

16.3.3　测试模型

对测试集进行预测，从第 60 个开始显示，显示 16 个人脸关键点标注结果，如图 16.5 所示。

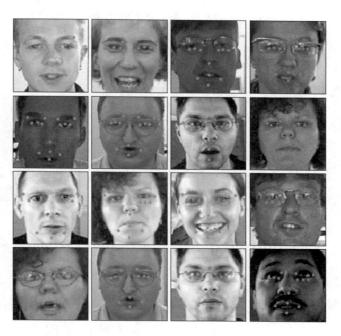

图 16.5　人脸关键点标注 3

```
x_img_test, _=load_data(test_cvs, has_label=False)
pred_y=model.predict(x_img_test)
plot_data(x_img_test, y_pred, begin=60)
```

从图 16.5 所示结果上来看，虽然大体上关键点能标对，但是有些细节部分不是那么精确，多处嘴巴、眉毛、眼睛等位置的标注出现了偏移现象，可以多观察几组结果看看，从图 16.6 看到的情况也是一样的。

```
plot_data(x_img_test, y_pred, begin=400)
```

图 16.6　人脸关键点标注 4

由于该模型仅使用一个隐藏层，多处嘴巴、眉毛、眼睛等位置的标注出现了偏移现象，下面将建立更加复杂的模型提高精确度。

16.3.4　保存模型

把训练好的模型保存起来，下面还会用到。

```
model.save('./model/model.h5')
model.save_weights('./model/model_weights.h5')
model_json=model.to_json()
with open('./model/model.json', 'w') as file:
    file.write(model_json)
```

16.4　搭建更加精确的卷积神经网络模型进行预测

16.4.1　定义数据扩充方法

对数据进行扩充，利用水平镜像的方法对数据扩充类 ImageDataGenerator 添加新的扩充方法。

第 16 章 人脸面部关键点检测

```python
import numpy as np
import matplotlib.pyplot as plt
from keras.models import Sequential
from keras.optimizers import SGD
from keras.layers import Dense, Dropout, Flatten
from keras.layers import Conv2D, MaxPooling2D
from keras.callbacks import EarlyStopping, LearningRateScheduler
from keras.preprocessing.image import ImageDataGenerator
from sklearn.model_selection import train_test_split
from keras import callbacks
class FlippedImageDataGenerator(ImageDataGenerator):
    flip_indices=[(0, 2), (1, 3), (4, 8), (5, 9),
                  (6, 10), (7, 11), (12, 16), (13, 17),
                  (14, 18), (15, 19), (22, 24), (23, 25)]

    def next(self):
        X_batch, y_batch=super(FlippedImageDataGenerator, self).next()
        batch_size=X_batch.shape[0]
        indices = np.random.choice(batch_size, batch_size / 2, replace=False)
        X_batch[indices]=X_batch[indices, :, :, ::-1]

        if y_batch is not None:
            y_batch[indices, ::2]=y_batch[indices, ::2] * -1

            for a, b in self.flip_indices:
                y_batch[indices, a], y_batch[indices, b]=(y_batch[indices,b],
y_batch[indices, a])

        return X_batch, y_batch
```

16.4.2 建立模型

建立一个 6 个卷积层的深度模型,设置训练周期为 100,使用数据扩充的方法对数据进行扩充处理。

```python
# 设置模型参数和训练参数
OUTPUT_NUM=30                          # 输出神经元
INPUT_SHAPE=(96, 96, 1)                # 模型输入层数量
EPOCHS=100                             # 训练周期,设置100个周期
VERBOSE=1                              # 训练LOG打印形式
LOSS='mean_squared_error'              # 损失函数
# 训练集
x_img_train, y_label_train=load_data(train_cvs)
x_img_train=x_img_train.reshape(-1, 96, 96, 1)
def Model2():
    model=Sequential()
    model.add(Conv2D(32, (3, 3),
                     padding='same', activation='relu',
                     kernel_initializer='he_normal',
                     input_shape=INPUT_SHAPE))
```

```
    model.add(Conv2D(32, (3, 3), activation='relu'))
    model.add(MaxPooling2D(pool_size=(2, 2)))
    model.add(Dropout(0.2))

    model.add(Conv2D(64, (3, 3), padding='same', activation='relu'))
    model.add(Conv2D(64, (3, 3), activation='relu'))

    model.add(MaxPooling2D(pool_size=(2, 2)))
    model.add(Dropout(0.2))

    model.add(Conv2D(128, (3, 3), padding='same', activation='relu'))
    model.add(Conv2D(128, (3, 3), activation='relu'))

    model.add(MaxPooling2D(pool_size=(2, 2)))
    model.add(Dropout(0.2))

    model.add(Flatten())
    model.add(Dense(128, activation='relu'))
    model.add(Dropout(0.5))

    model.add(Dense(30))

    return model

model2=Model2()
model2.summary()
sgd=SGD(lr=0.01, momentum=0.9, nesterov=True)
model2.compile(loss=LOSS, optimizer=sgd)
WARNING: Logging before flag parsing goes to stderr.
W0115 01:13:11.906343 4495103424 deprecation_wrapper.py:119]
From /Users/jingyuyan/anaconda3/envs/dlwork/lib/python3.6/site-packages/keras/backend/tensorflow_backend.py:4070: The name tf.nn.max_pool is deprecated. Please use tf.nn.max_pool2d instead.

Model: "sequential_2"
_____
Layer (type)                 Output Shape              Param #
=================================================================
conv2d_1 (Conv2D)            (None, 96, 96, 32)        320
_____
conv2d_2 (Conv2D)            (None, 94, 94, 32)        9248
_____
max_pooling2d_1 (MaxPooling2 (None, 47, 47, 32)        0
_____
dropout_1 (Dropout)          (None, 47, 47, 32)        0
```

```
...
max_pooling2d_3 (MaxPooling2    (None, 10, 10, 128)       0
dropout_3 (Dropout)             (None, 10, 10, 128)       0
flatten_1 (Flatten)             (None, 12800)             0
dense_3 (Dense)                 (None, 128)               1638528
dropout_4 (Dropout)             (None, 128)               0
dense_4 (Dense)                 (None, 30)                3870
=================================================================
Total params: 1,928,830
Trainable params: 1,928,830
Non-trainable params: 0
```

构建的模型如图 16.7 所示。

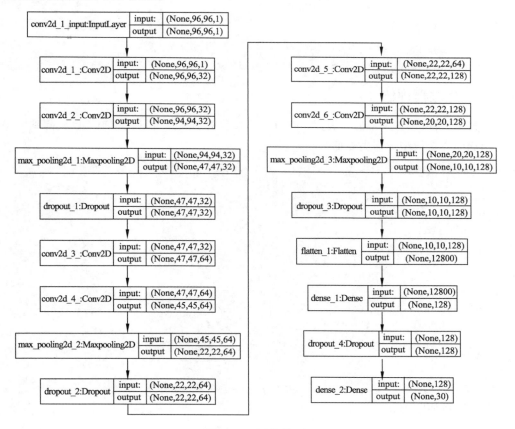

图 16.7 网络模型

16.4.3 开始训练

训练过程比较漫长,建议读者使用 GPU 进行训练,训练完毕后保存模型权重。使用 callbacks.ModelCheckpoint 函数设置训练过程中保存最佳效果的模型。

```
x_train,x_val,y_train,y_val=train_test_split(x_img_train, y_label_train, test_size=0.2, random_state=42)
# 设置保存最佳模型
cbks=[callbacks.ModelCheckpoint("best_model2.h5", save_best_only=True)]
# 设置数据扩充生成器
flipgen=FlippedImageDataGenerator()
# 开始训练
history=model2.fit_generator(flipgen.flow(x_train, y_train),
                             steps_per_epoch=len(x_train),
                             epochs=EPOCHS,
                             callbacks=cbks,
                             validation_data=(x_val, y_val)
                             )
```

保存模型和权重。

```
model2.save('model/model2.h5')
model2.save_weights('model/model2_weight.h5')
```

16.4.4 训练过程评估

建立显示 show_train_history 函数,查看训练过程的损失。可以发现损失已经降到了 0.001 左右,相比前一个模型,损失降低了不少。

```
def show_train_history(train_history,train,validation):
    plt.plot(train_history.history[train])
    plt.plot(train_history.history[validation])
    plt.title('Train histoty')
    plt.grid()
    plt.ylabel(train)
    plt.xlabel('Epoch')
    plt.ylim(0.001, 0.01)
    plt.legend(['train','validation',],loc='upper left')
    plt.yscale('log')
    name=train+'.png'
    plt.savefig(name)
    plt.show()

show_train_history(history,'loss','val_loss')
```

误差率图像如图 16.8 所示。

第 16 章 人脸面部关键点检测

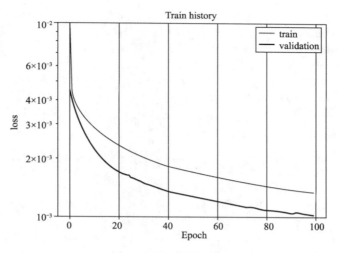

图 16.8 误差率图像

16.4.5 对模型进行预测

使用上一节训练的模型对测试集进行预测,没有自行训练模型的读者,可以通过本书提供的网盘资源下载已经训练好的模型。使用 load_weights 加载预训练模型。

```
from keras.models import load_model
from keras.models import model_from_json
model2=Model2()
model2.load_weights('./model/model2_weight.h5')
model_json=model2.to_json()
with open('./model/model2.json', 'w') as file: file.write(model_json)
```

使用之前定义好的加载函数加载测试集。

```
import os
import sys
from pandas import DataFrame
from sklearn.utils import shuffle
import matplotlib.pyplot as plt
import numpy as np
import pandas as pd
train_cvs='./dataset/facial-keypoints-detection/training.csv'
test_cvs='./dataset/facial-keypoints-detection/test.csv'
lookup_cvs='./dataset/facial-keypoints-detection/IdLookupTable.csv'
def load_data(cvs_file, has_label=True):
    rc=pd.read_csv(cvs_file)
    rc['Image']=rc['Image'].apply(lambda im: np.fromstring(im, sep=' '))
    rc=rc.dropna()
    x=np.vstack(rc['Image'].values) / 255.
    x=x.astype(np.float32)
    y=None
    if has_label:
        y=df[df.columns[:-1]].values
```

```
        y=(y-48)/48
        x, y=shuffle(x, y, random_state=42)
        y=y.astype(np.float32)
            return x, y
x_img_test_4d ,_=load_data(test_cvs, has_label=False)
x_img_test_4d=x_img_test.reshape(-1, 96, 96, 1)
y_pred_2=model2.predict(x_img_test_4d)
```

使用之前定义的 plot_data 函数绘制结果。

```
def plot_img(img, label, axis, c=['c'], s=10, cmap='gray'):
    img=img.reshape(96,96)
    axis.imshow(img, cmap=cmap)
    axis.scatter(label[0::2] * 48+48, label[1::2]*48+48, marker='o', s=s,c=c)

def plot_data(x, y, begin=0, title=None, cmap='gray'):
    fig=plt.figure(figsize=(6,6))
    fig.subplots_adjust(left=0,right=1,bottom=0,top=1,hspace=0.05,wspace=0.05)
    plt.title(title)
    for i in range(16):
        ax=fig.add_subplot(4, 4, i+1, xticks=[], yticks=[])
        plot_img(x[begin+i], y[begin+i], ax, cmap=cmap)
    plt.show()
plot_data(x_img_test_4d, y_pred_2, begin=40, title='Model_2')
```

使用 plot_data 函数显示出使用 model2 预测的结果，尤其是在人脸存在张嘴状态时，如图 16.9 所示，model2 预测出来的结果能更加贴近嘴巴的四个位置。

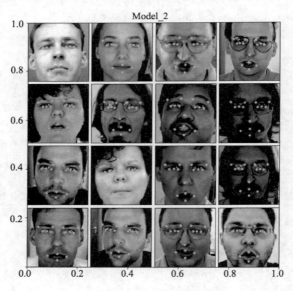

图 16.9 人脸关键点标注 5

```
with open('./model/model.json', 'r') as file:
    model_json=file.read()
model=model_from_json(model_json)
model=load_model('model/model.h5')
```

```
x_img_test , _=load_data(test_cvs, has_label=False)
y_pred_1=model.predict(x_img_test)
plot_data(x_img_test, y_pred_1, begin=40, title='Model_1')
```

使用上一个模型对同一组测试数据进行预测，可以发现 model1 预测的结果如图 16.10 所示，贴近嘴巴的四个位置不是那么准确。查看两个模型对比效果仔细的读者会发现，在同一组测试数据下 Model2 的预测效果比 Model1 更加的精准。下面单独对单张人脸进行测试，随机选择一张人脸。

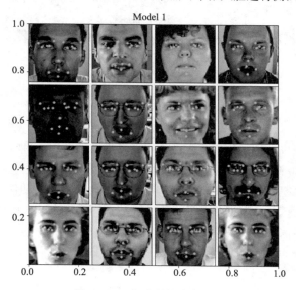

图 16.10　人脸关键点标注 6

```
fig=plt.figure(figsize=(8, 8))
idx=93
point_size=30
fig.subplots_adjust(left=0,right=1,bottom=0,top=1,hspace=0.05,wspace=0.05)

# model 1
ax=fig.add_subplot(1, 2, 1, xticks=[], yticks=[])
ax.set_title('Model_1')
plot_img(x_img_test[idx], y_pred_1[idx], ax, s = point_size)

# model 2
ax=fig.add_subplot(1, 2, 2, xticks=[], yticks=[])
ax.set_title('Model_2')
plot_img(x_img_test[idx], y_pred_2[idx], ax, c=['r'], s= point_size)
plt.show()
```

由图 16.11 可见，Model1 的关键点基本都是漂移的状态，Model2 相对精准许多。

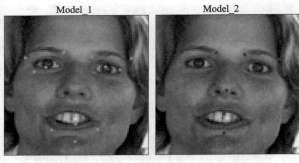

图 16.11　人脸关键点标注 7

16.5　自定义测试集预测

在测试过数据集提供的测试集后，尝试使用自己准备的数据集进行预测。使用本书提供的网盘资料下载 faces1000 测试集进行预测，下载文件后放入文件目录，或者也可自行安放路径。faces1000 是作者收集整理的一个小批量的人脸图片集，主要用于一些简单的可视化测试，其中包含 985 张有效的人脸图片。数据集是通过人脸检测器筛查出来的，所以每张图片只有一个完整的人脸，适合用于本次关键点预测的实验。

首先定义 read_directory 函数，读取文件夹中的人脸图片。

```
from keras.models import load_model
from keras.models import model_from_json
import os
import cv2

# 定义图片读取函数
def read_directory(directory):
    imgs=[]
    for filename in os.listdir(directory):
        img=cv2.imread(os.path.join(directory, filename))
        imgs.append(img)
    return imgs
```

从文件夹中读取已经预训练好的 Model2 模型：

```
with open('./model/model2.json', 'r') as file:
    model_json=file.read()
model2=model_from_json(model_json)
model2.load_weights('./model/model2_weight.h5')
```

由于实验用的自由图片集是彩色三通道的图片格式，所以修改之前的图像显示函数，得到 showimg 和 showimg_list 函数。

```
def show_img(img, axis, c=['c'], s=10, label=None):
    img=img.reshape(96, 96, 3)
    axis.imshow(img)
    if label is not None:
        axis.scatter(label[0::2]*48+48, label[1::2]*48+48, marker='o', s=s,c=c)
```

```
def show_img_list(x, begin=0, title=None, y=None):
    fig=plt.figure(figsize=(8, 8))
    fig.subplots_adjust(left=0,right=1,bottom=0,top=1,hspace=0.05,wspace=0.05)
    plt.title(title)
    for i in range(25):
        ax=fig.add_subplot(5, 5, i+1, xticks=[], yticks=[])
        if y is not None:
            show_img(x[begin+i],ax, c=['w'], s=15, label=y[begin+i],)
        else:
            show_img(x[begin+i], ax, label=None)
    plt.show()
```

查看从 189 开始的原图（见图 16.12）效果，如果不需要传入关键点数据，令 y=None 即可。

```
show_img_list(faces1000_imgs, y=None,begin=189)
```

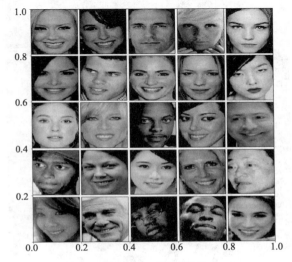

图 16.12　测试图片

读取 faces1000 文件夹下所有图片，使用 imgs 列表存储。

```
faces1000_path='./faces1000/'
imgs=read_directory(faces1000_path)
```

将图片转换为和神经网络输入尺寸一致，并划分三通道图和单通道图，三通道图用于展示，单通道图用于预测。

```
faces1000_imgs=[]
faces1000_imgs_gray=[]
for img in imgs:
    if img is not None:
        im=cv2.resize(img, (96, 96))
        im=cv2.cvtColor(im, cv2.COLOR_BGR2RGB)
        im_gray=cv2.cvtColor(im, cv2.COLOR_BGR2GRAY)
        faces1000_imgs.append(im)
        faces1000_imgs_gray.append(im_gray)
```

将单通道图和三通道图的测试集进行数据转换。

```
faces1000_imgs=np.concatenate([faces1000_imgs])
```

```
faces1000_imgs=faces1000_imgs.reshape(faces1000_imgs.shape[0], 96, 96, 3)
faces1000_img_test=np.concatenate([faces1000_imgs_gray])
faces1000_img_test=faces1000_img_test.reshape(faces1000_img_test.shape[0], 96, 96, 1)
```

将需要传入模型的 faces1000_img_test 数据进行归一化处理。

```
faces1000_img_test=faces1000_img_test/255.
```

预测 faces1000imgtest 集合。

```
res=model2.predict(faces1000_img_test)
```

显示第 189 开始的后 25 个人脸（见图 16.13）。

```
show_img_list(faces1000_imgs, y=res, begin=189)
```

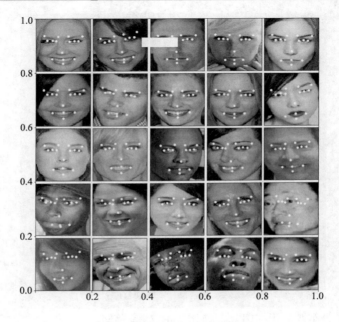

图 16.13　人脸关键点检测

进行单个人脸测试（见图 16.14）。

图 16.14　单个人脸关键点检测

```
idx=365
fig=plt.figure(figsize=(8, 8))
```

```
ax=fig.add_subplot(1, 2, 2, xticks=[], yticks=[])
show_img(faces1000_imgs[idx], label=res[idx], axis=ax, s=35, c=['r'])
plt.show()
```

可以发现，经过小批量的测试，头部姿态稍正的人脸，模型都能成功预测，而头部有偏移的人脸经过预测会出现偏移的情况。解决这个问题可能需要对数据再次进行增强，如添加角度偏移的数据增强方法，有兴趣的读者可以继续研究。

16.6　搭配人脸检测器使用模型

这里搭配第 14 章描述过的人脸检测器来使用搭配本章的关键点任务，鉴于 MTCNN 已经有自带的 5 个人脸关键点，所以这里采用 haarcascade 的人脸检测进行实验。首先将第 14 章 models 下的 haarcascades 文件夹复制到本章的 model 目录下。然后构建一系列图像类函数以及人脸检测器。

```
import cv2
import os
import matplotlib.pyplot as plt
import random
import numpy as np

def rbg2bgr(img):
    """由于 OpenCV 的颜色通道顺序为 BGR，
    而 matplotlib 的通道顺序为 RGB，
    所以需要将 BGR 转为 RGB 进行输出"""
    try:
        b, g, r = cv2.split(img)
        out = cv2.merge([r, g, b])
    except BaseException:
        return img
    return out

def show_images(images, num=30):
    fig = plt.gcf()
    fig.set_size_inches(20, 24)
    if (num>len(images)):
        num = len(images)
    for i in range(0, num):
        target = images[i]
        #利用 rbg2bgr 进行通道转换
        out = rbg2bgr(target)
        ax = plt.subplot(5, 6, 1 + i)
        ax.imshow(out)
        title = str(i+1)
        ax.set_title(title, fontsize=10)
        ax.set_xticks([])
        ax.set_yticks([])
    plt.show()
```

创建一个 haar 人脸检测器。

```
#构建检测器路径
WEIGHT_PATH='model/haarcascades/haarcascade_frontalface_alt2.xml'
facesDetector = cv2.CascadeClassifier(WEIGHT_PATH)
```

选择一张图片进行人脸检测+关键点检测的推理过程。

```
img = cv2.imread('face_00.jpeg')
gray = cv2.cvtColor(img, cv2.COLOR_BGR2GRAY)
faces = facesDetector.detectMultiScale(gray, 1.2, 3)
faces.shape
```

(1, 4)

获取结果中的第一个人脸进行绘制。

```
rect_draw_img = img.copy()
bbox = faces[0]
x1, y1, w, h = bbox
x2 = x1 + w
y2 = y1 + h
cv2.rectangle(rect_draw_img, (x1, y1), (x2, y2), (255, 255,255), 3)
show_images([rect_draw_img])
```

人脸检测过程如图 16.15 所示。

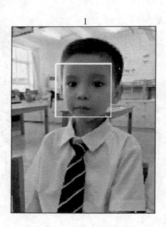

图 16.15　人脸检测

对检测到的人脸区域进行裁切，裁切后的图像（见图 16.16）才能进行关键点的提取。

图 16.16　人脸裁切图

第 16 章 人脸面部关键点检测

```
crop = img[int(y1):int(y2), int(x1):int(x2)]
show_images([crop])
#获得缩放比
scale = crop.shape[:2] / np.array((96, 96))
```

开始预测图像，需要将图像先 resize 到固定的输入尺寸再进行单通道转换处理。

```
point_draw_img = img.copy()
gray_crop = cv2.cvtColor(cv2.resize(crop, (96, 96)), cv2.COLOR_BGR2GRAY)
data = np.reshape(gray_crop, (1, 96, 96, 1))
loc = model2.predict(data)
for loc in label.reshape(15, 2):
    #将30个浮点数转换成shape为(15,2)的数组，分别代表15个由(x,y)组成的关键点位置的坐标
    x, y = loc
    #坐标换算，这里需要将crop的关键点坐标换算到原图坐标
    x = int((x * 48 + 48) * scale[0])
    y = int((y * 48 + 48) * scale[1])
    #绘制点的位置
    cv2.line(point_draw_img, (x1 + x, y1 + y), (x1 + x, y1 + y), (255, 255, 255), 5)

show_images([point_draw_img])
```

人脸检测过程如图 16.17 所示。

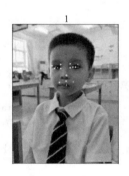

图 16.17　人脸关键点检测

小　　结

本章主要从两个模型，一浅一深地向读者展现深度神经网络下人脸关键点回归任务的实验，关键点在人脸领域是一个比较重要的技术支撑，当下比较火爆的 AI 换脸、特效相机和表情分析等功能都离不开它，希望读者们可以继续深入研究人脸关键点的其他实验，如 3D 人脸、68 个人脸关键点检测和更加稠密的关键点检测。

参考文献

[1] 萧磊. 走近复旦大学电子工程系图像与智能实验室—访神经网络与图像识别专家张立明[J]. 中国科技奖励，北京：国家科技奖励工作办公室，2008(6)：68-69.

[2] 肖莱. Python 深度学习[M]. 张亮，译. 北京：人民邮电出版社，2018.

[3] 周志华. 机器学习[M]. 北京：清华大学出版社，2016.

[4] SHALEV-SHWARTZ S, SINGER Y, SREBRO N. Pegasos: Primal estimated sub-GrAdient sOlver for SVM[C]// Machine Learning, Proceedings of the Twenty-Fourth International Conference (ICML 2007), Corvallis, Oregon, USA, June 20-24, 2007. ACM, 2007.

[5] BENGIO Y, COURVILLE A, VINCENT P. Representation Learning: A Review and New Perspectives[J]. IEEE Transactions on Pattern Analysis & Machine Intelligence，2013，35(8)：1798-1828.

[6] LUIGI F. Hottest Deep Learning Frameworks 2018[EB/OL].http://www.luigifreda.com/2018/09/26/hottest-deep-learning-frameworks-2018/，2018.

[7] GENNARO L D, CIPOLLI C, CHERUBINI A, et al. Amygdala and hippocampus volumetry and diffusivity in relation to dreaming[J]. Human Brain Mapping, 2011.

[8] 古利. keras 深度学习实战[M]. 王海玲，李昉，等译. 北京：人民邮电出版社，2018.

[9] 郑泽宇，梁博文，顾思宇. TensorFlow 实战 Google 深度学习框架[M] .2 版. 电子工业出版社，2018.

[10] KRIZHEVSKY A, SUTSKEVER I, HINTON G. ImageNet Classification with Deep Convolutional Neural Networks[J]. Advances in neural information processing systems, 2012, 25(2).

[11] SIMONYAN K, ZISSERMAN A. Very deep convolutional networks for large-scale image recognition[J]. In ICLR，2015.

[12] ZHANG K, ZHANG Z, LI Z, et al. Joint Face Detection and Alignment Using Multitask Cascaded Convolutional Networks[J]. IEEE Signal Processing Letters，2016，23(10)：1499-1503.

[13] 林大贵. TensorFlow+Keras 深度学习人工智能实践应用[M]. 北京：清华大学出版社，2018.

[14] LECUN Y, BOTTOU L. Gradient-based learning applied to document recognition[J]. Proceedings of the IEEE，1998，86(11)：2278-2324.